U0571961

电子技术基础与应用

主　编　侯立芬　张　娟　耿升荣
副主编　原　帅　唐国锋　全瑞花
参　编　王占奎（企业）　吴进元（企业）

北京理工大学出版社
BEIJING INSTITUTE OF TECHNOLOGY PRESS

内 容 简 介

本书是国家职业教育专业教学资源库子项目课程、山东省在线精品课程、山东省职业教育一流核心课程（线下）配套教材，本着"降低难度、培养能力、加强创新、突出应用"的原则，结合学科特点，精选实用的电子产品为项目载体，有效地将理论知识转化为实际操作技能，强化学生实践能力。

本书共分 5 个项目，主要内容包括集成稳压电源的分析与制作、简易助听器的分析与制作、红外线报警器的分析与制作、简易病房呼叫系统的分析与制作和数字钟电路的分析与制作。每个项目分为若干个任务，并配有项目引入、项目目标、项目制作、项目小结、思考与练习等内容。

本书配有大量的数字化学习资源，包括微课视频、模拟动画、知识拓展、技能训练等。此外，本书还提供演示课件、习题答案等，配套的省精品在线课程在国家职业教育智慧教育平台上线运行，可搜索课程进行学习使用。

本书可作为高等职业技术院校电子信息类、计算机类、机电类等电类相关专业的教材，也可作为企业相关工程技术人员和电子爱好者的学习参考用书。

版权专有　侵权必究

图书在版编目（CIP）数据

电子技术基础与应用／侯立芬，张娟，耿升荣

主编 . -- 北京：北京理工大学出版社，2025.1.

ISBN 978-7 -5763-4916-0

Ⅰ . TN

中国国家版本馆 CIP 数据核字第 20258UZ519 号

责任编辑：陈莉华　　**文案编辑**：陈莉华
责任校对：周瑞红　　**责任印制**：施胜娟

出版发行／北京理工大学出版社有限责任公司

社　　址／北京市丰台区四合庄路 6 号

邮　　编／100070

电　　话／（010）68914026（教材售后服务热线）
　　　　　　　（010）63726648（课件资源服务热线）

网　　址／http://www.bitpress.com.cn

版 印 次／2025 年 1 月第 1 版第 1 次印刷

印　　刷／河北盛世彩捷印刷有限公司

开　　本／787 mm×1092 mm　1/16

印　　张／18

字　　数／412 千字

定　　价／81.00 元

图书出现印装质量问题，请拨打售后服务热线，负责调换

前 言

　　本书遵循高职教育规律和学生学习特点，面向电子产品设计开发岗位，以培养学生的职业能力和职业素养为主线，结合真实生产项目、典型工作任务、案例等，将理论知识、项目制作与调试检测有机结合起来，使知识内容更贴近岗位技能的需要，强化应用和创新能力培养。

　　本书以习近平新时代中国特色社会主义思想为指导，贯彻落实党的二十大精神，推进产教融合，优化职业教育类型定位，深入实施科教兴国战略、人才强国战略、创新驱动战略。本书具有以下特点：

　　（1）编写理念上体现立德树人。本书对接高职电子信息类专业教学标准的要求，全面落实立德树人根本任务，紧扣高素质技术技能人才需求，知识学习、能力培养、价值塑造并重，在电子产品的设计、安装、调试、检测中注重专业精神、职业精神、工匠精神的培养，将显性的知识技能教育和隐性的价值观传达相统一，形成协同效应。

　　（2）编写体例顺应岗位需求。本书遵循学生的认知规律和实际岗位能力递进要求，按产品开发流程，分解典型工作任务，形成"项目并行—任务联动—能力递进"的融合式课程结构。工作任务下面编排任务描述、知识准备、任务实施等。由易到难，循序渐进讲解知识、训练技能，达到提升学生综合技术应用能力的目的。本书内容丰富、贴近实际、梯度明晰、图文并茂、职教特色分明、简洁实用。

　　（3）编写内容体现行业特色。课程专任教师与企业兼职教师合作，结合电子行业职业岗位能力需求对接最新国家标准以及行业、企业标准，智能硬件应用职业技能等级标准，将实际工作的技术要求、素质要求融入本书内容，本书中的案例均选自企业工作实际，便于在教学过程中进行引导和渗透，培养造就大批德才兼备的高素质人才。

　　本书顺应教育数字化转型，将二维码等数字技术融入其中，进一步丰富、优化、更新教材数字化资源，可通过微信扫一扫功能扫描书中二维码，查看书籍配套视频、动画等数字化资源，方便学生学习，激发学习兴趣，引导学生提升信息化学习、创新的能力。

　　本书开发团队由校企双方共同构成，其中烟台汽车工程职业学院的侯立芬、张娟、耿升荣担任主编，烟台理工学院信息工程学院的原帅、烟台汽车工程职业学院的唐国锋和全瑞花担任副主编，百科荣创（北京）科技发展有限公司王占奎、烟台倍达能电子科技有限公司吴进元参编。侯立芬统筹策划全书并编写了项目1，张娟、耿升荣和原帅编写了项目

1

2~3，唐国锋和全瑞花编写了项目4，百科荣创（北京）科技发展有限公司王占奎、烟台倍达能电子科技有限公司吴进元编写了项目5并负责企业案例、项目制作技术标准的提供等。同时烟台东方威思顿电气有限公司、松川自动化科技有限公司等企业的技术人员对项目任务的撰写提出了很多修改意见。

　　本书在编写过程中参考了兄弟院校、企业和科研院所的一些文献资料，在此一并致谢。由于时间仓促，加之编者能力有限，书中尚有需改进之处，敬请广大读者和专家批评指正。

编　者

目 录

项目 1

集成稳压电源的分析与制作

项目引入

我国电力电网技术在全球处于领先水平，提供到千家万户的是交流电，但在工业或民用电子产品中，其电子电路通常都需要稳定的直流电源供电，才能正常工作。对于直流电源的获取，除了直接采用蓄电池、干电池或直流发电机外，还可以将电网 380 V/220 V 交流电通过电路转换成直流电获取。

本项目从简易直流稳压电源入手，分析交流电转换为直流电的方法，为后续各项目所需直流电源的设计打下基础。常见的小功率直流稳压电源基本组成环节大致相同，一般由电源变压器、整流电路、滤波电路和稳压电路四部分组成，其原理框图如图 1-1 所示。

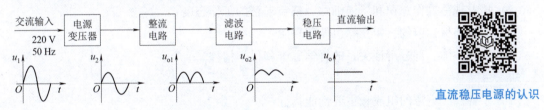

直流稳压电源的认识

图 1-1 直流稳压电源原理框图

图 1-1 中各环节的作用简要说明如下。

电源变压器：将电网 220 V 或 380 V 工频交流电压变换成符合整流需要的电压值。

整流电路：利用二极管的单向导电性把交流电压变成脉动的直流电压。

滤波电路：利用电容、电感等电路元件的储能特性，将脉动直流电压变成较恒定的直流电压。

稳压电路：自动维持直流输出电压的稳定性，使之不受电网波动或负载变化的影响。

正负对称输出的集成稳压电源电路原理图如图 1-2 所示，本电路是由桥式整流、电容滤波、三端集成稳压器 LM7815 和 LM7915 组成的具有 ±15 V 输出的直流稳压电源电路。

变压器 T 降压，一次绕组接交流 220 V，二次绕组中间有抽头，为双 20 V 输出，整流桥和电容 C_1、C_2 组成桥式整流电容滤波电路。在 C_3、C_4 两端有 24 V 左右不稳定的直流电压，经三端集成稳压器稳压，在 LM7815 集成稳压器输出端有 +15 V 的稳定直流电压，在 LM7915 集成稳压器的输出端有 −15 V 的稳定直流电压。在输入端接 C_3、C_4，在输出端接

C_5、C_6 的目的是使稳压器在整个输入电压和输出电流变化范围内，提高稳压器的工作稳定性和改善瞬态响应。为了进一步减小输出电压的纹波，在输出端并联电解电容 C_7、C_8。VL_1、VL_2 是发光二极管，用作电源指示灯。

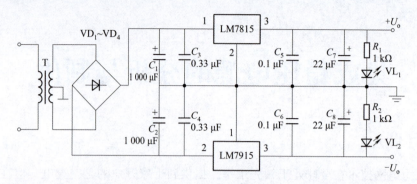

图 1-2　正负对称输出的集成稳压电源电路原理图

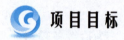 项目目标

素质目标

（1）提高专业认同感和科技强国的民族自豪感，强化责任意识；

（2）培养规范操作意识和严谨细致、精益求精的工作态度；

（3）注重环保、节约，树立绿色低碳理念；

（4）树立整体、部分辩证关系的哲学思维和科学精神。

知识目标

（1）了解稳压电源的组成和主要性能指标；

（2）明确常见二极管的应用场合及工作条件；

（3）理解整流、滤波、稳压电路的功能及应用；

（4）了解项目整体设计的过程及参数选择原则。

能力目标

（1）能正确完成二极管极性、好坏及参数的检测；

（2）能正确分析含二极管的基本应用电路；

（3）能理解整流、滤波、稳压电路的工作原理，能进行简单的工程计算；

（4）能正确使用软件完成整流、滤波、稳压电路的仿真测试；

（5）能根据要求完成项目的制作及测试，分析总结测试结果。

 **知识导图**

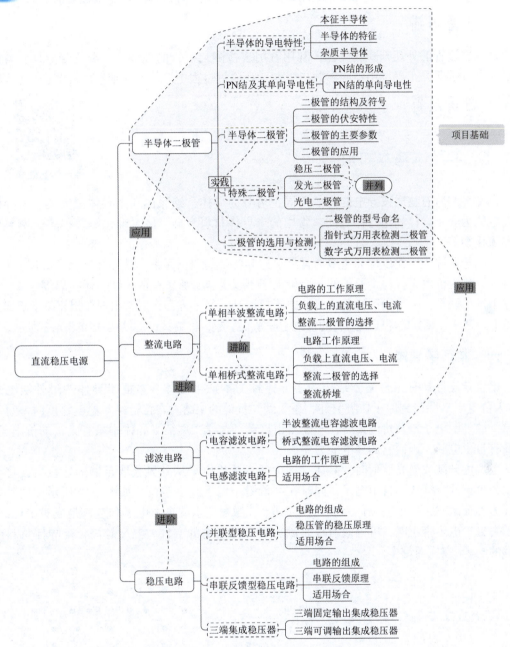

任务1.1　二极管的识别与检测

 **任务导入**

半导体二极管简称二极管，是最简单的半导体器件。二极管在电子电路中的应用非常

广泛，在现代电子产品中常用来整流、检波、稳压等，还可以作为开关使用，用来控制电路的通断。理解二极管的特性及其应用，能识别二极管并合理选择是非常必要的。

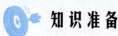

根据二极管的外观判断其极性；利用万用表检测二极管的极性，判断质量好坏；查阅电子元器件手册并正确选用不同参数二极管。在测量过程中培养严谨细致的规范操作意识。

知识准备

半导体基础知识

1.1.1　半导体基本知识

自然界的所有物质按导电能力的不同，可分为导体、绝缘体和半导体三大类。半导体的导电能力介于导体和绝缘体之间。常用的半导体材料有硅、锗、砷化镓及很多金属氧化物和硫化物等。

在电子器件中，尤以硅和锗最为常见。硅和锗都是四价元素，其最外层原子轨道上有4个电子，称为价电子。每个原子的4个价电子不仅受自身原子核的束缚，还与周围相邻的4个原子发生联系：一方面围绕着自身的原子核运动；另一方面，时常出现在相邻原子所属的轨道上。这样，相邻的原子被共有的价电子联系在一起，称为共价键结构，如图1-3所示。

一、本征半导体

不含杂质且具有完整晶体结构的半导体称为本征半导体。本征半导体的最外层电子（称为价电子）除受到原子核吸引外，还受到共价键的束缚。在接近绝对温度零度时，每一个原子的外围电子被共价键束缚，不能自由移动。这样，本征半导体中虽有大量的价电子，但没有自由电子，因而它的导电能力差。

当温度升高或受光照射时，晶体结构中的少数价电子从外界获取足够的能量后，将会挣脱共价键的束缚成为自由电子，同时在共价键中留下一个空位，如图1-4所示，这种现象称为本征激发，这个空位称为空穴。可见本征激发产生的自由电子和空穴是成对出现的。原子失去价电子带正电，可等效看成是因为有了带正电的空穴。温度越高，半导体材料中产生的电子-空穴对越多。

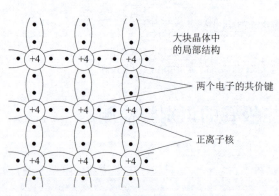

图1-3　硅和锗的共价键结构

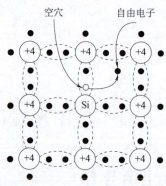

图1-4　本征激发现象

空穴很容易吸引邻近共价键中的价电子去填补，使空位发生转移，这种价电子填补空位的运动可以看成空穴在运动，但其运动方向与价电子运动方向相反。自由电子在运动中因能量的释放会与空穴相遇重新结合而成对消失，这种现象称为复合。温度一定时，自由电子和空穴的产生与复合将达到动态平衡，这时自由电子和空穴的浓度一定。

两种载流子

在电场作用下，自由电子和空穴可在半导体内做定向运动形成电流。自由电子又称电子载流子，空穴又称空穴载流子。因此，半导体中有自由电子和空穴两种载流子参与导电，分别形成电子电流和空穴电流，这是半导体导电区别于金属导体导电的一个重要特点。

▲点睛

由于运动具有相对性，共价键中价电子依次"跳进"空穴进行填补，也可看作空穴依次反方向移动，所以人们虚拟出了顺电场方向定向迁移的空穴载流子运动，实际上空穴本身是不能移动的。这就好比电影院有座位的人依次向前挪动，但看起来就像空座位依次向后移动，实际上座位并没有挪动一样。

二、半导体的特性

半导体在不同条件下的导电能力有显著差异，具有以下三个特性。

1. 热敏特性

外界环境温度升高时，半导体中价电子获得足够大的能量，挣脱共价键的束缚从而形成的电子-空穴对数目增多，导电能力也增强。利用半导体对温度十分敏感的特性，可以制成热敏电阻及其他热敏元件，用于自动控制电路中。

2. 光敏特性

有些半导体受到光照射时，导电能力变得很强，无光照时，就像绝缘体一样不导电，这种特性称为光敏特性。光照强度越强，半导体的导电性能越好。利用光敏性可制成光敏电阻、光电二极管、光电三极管和光电池等光电器件。

3. 掺杂特性

本征半导体的导电能力很差，但是在本征半导体中掺入微量杂质后，其导电能力可增加几十万甚至几百万倍。掺杂的浓度越高，导电性也就越强。因此，可以通过掺入不同种类和数量的杂质元素来制成二极管、三极管等各种不同用途的半导体器件。

三、杂质半导体

在本征半导体内部，自由电子和空穴总是成对出现的，因此，对外呈电中性。如果在本征半导体中掺入某些特定的微量杂质元素，可以使其导电性能显著改善。根据掺入杂质的不同，可形成两种不同的杂质半导体，即N（电子）型半导体和P（空穴）型半导体。

1. P型半导体

在本征半导体（硅或锗）中掺入少量的三价元素（如硼），就形成了P型半导体。在掺杂过程中，每个三价原子与相邻的4个四价半导体原子组成共价键时，因其中一个共价键中缺少一个电子而产生一个空位。在室温或其他能量激发下，相邻共价键中的价电子就可能填补这些空位，使杂质原子变成带负电的离子，而在价电子原来所处位置上形成带正电的空穴，如图1-5（a）所示。在P型半导体中，空穴为多数载流子，简称多子，因热激发等原因而形成的自由电子为少数载流子，简称少子。

2. N 型半导体

在本征半导体（硅或锗）中掺入五价元素（如磷），每个五价原子与相邻 4 个四价半导体原子组成共价键时，有一个多余电子，就形成了 N 型半导体，如图 1-5 (b) 所示。这个电子不受共价键的束缚，只受自身原子核的吸引，在室温下就可以被激发为自由电子。N 型半导体多子是电子，少子是空穴。

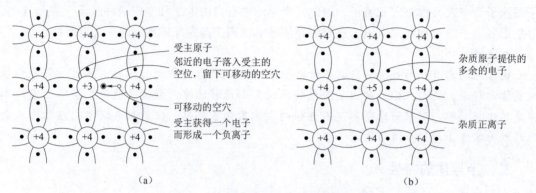

图 1-5　掺杂半导体共价键结构示意图

（a）P 型半导体；（b）N 型半导体

杂质半导体中的多数载流子浓度主要取决于掺杂的浓度，其值较大并稳定，因此杂质半导体导电性能得到显著的改善且受外界影响较小，同时控制掺杂浓度可有效改变其导电性能。杂质半导体中的少数载流子主要与本征激发有关，对温度和光照敏感，其数量随温度的升高和光照的增强而增大。

▲点睛

杂质离子虽然带电，但不能自由移动，因此它不是载流子；杂质半导体虽然都有一种载流子占多数，但多出的载流子数目与杂质离子所带电荷数目始终相平衡，整个晶体仍然呈电中性。

想一想

（1）本征半导体与杂质半导体的载流子有何异同？

（2）N 型半导体中的自由电子多于空穴，那么 N 型半导体是否带负电？

1.1.2　PN 结及其单向导电性

单一的 N 型半导体或 P 型半导体还不能直接制成半导体器件。只有将这两种类型的半导体以某种方式结合在一起，才能制成各种具有不同特性的半导体器件。利用掺杂工艺，在一块完整的半导体硅片两侧分别注入三价元素和五价元素，使其一边形成 N 型半导体，另一边形成 P 型半导体，它们的交界面就形成一个具有特殊性质的区域，称为 PN 结。PN 结能使半导体的导电性能受到控制，是构成各种半导体器件的技术基础。

一、PN 结的形成

由于 P 区的多子是空穴，少子是自由电子；N 区的多子是自由电子，少子是空穴。在交界面两侧，由于载流子浓度的差别，N 区的多子自由电子向 P 区扩散，同时 P 区的多子空穴向 N 区扩散。当电子与空穴相遇时，将发生复合而消失。

P 区一侧因失去空穴留下不能移动的负离子，N 区一侧因失去电子留下不能移动的正离子，这些离子被固定排列在半导体晶体的晶格中，不能自由运动，因此并不参与导电。于是在 P 区和 N 区的交界处产生了一个空间电荷区，在 PN 结内形成了一个由 N 区指向 P 区的内电场，如图 1-6 所示。

内电场有两个作用。一方面，它对多数载流子的扩散运动起阻挡作用；另一方面，它又可以推动少数载流子越过空间电荷区进入另一侧，形成少数载流子的漂移运动。显然，多数载流子的扩散运动方向和少数载流子的漂移运动方向是相反的。当扩散运动和漂移运动达到动态平衡时，空间电荷区的宽度便基本稳定下来。这个空间电荷区便称为 PN 结。

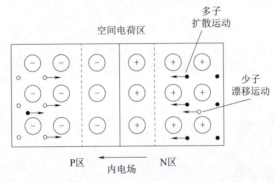

图 1-6　PN 结及其内电场

二、PN 结的单向导电性

PN 结在无外加电压的情况下，扩散运动和漂移运动处于动态平衡状态，PN 结的宽度固定不变。如果在 PN 结两端加上电压，扩散与漂移运动的平衡就会被破坏。

1. PN 结正向偏置

在 PN 结两端外加电压，若 P 端接电源正极，N 端接电源负极，则称为 PN 结外接正向电压或称 PN 结正向偏置。PN 结正偏时，外加电源产生的外电场方向与 PN 结产生的内电场方向相反，有利于多数载流子的扩散而不利于少数载流子的漂移，其结果是使空间电荷区变窄，内电场被削弱。多数载流子的扩散运动强于少数载流子的漂移运动，形成以扩散运动为主的正向电流。正向电流较大，PN 结呈现低电阻，称为 PN 结正向导通，如图 1-7（a）所示。

2. PN 结反向偏置

如图 1-7（b）所示，PN 结的 P 端接电源负极，N 端接电源正极，称为 PN 结反向偏置。此时外电场与内电场方向一致，增强了内电场，使空间电荷区加宽，阻碍了多数载流子的扩散运动，只形成了很小的反向电流，近似为零，PN 结呈现高电阻，处于截止状态。

应当指出，少数载流子是由于热激发产生的，因而 PN 结的反向电流受温度影响很大。

▲点睛

PN 结具有单向导电性，即加正向电压时导通，正向电流很大；加反向电压时截止，反

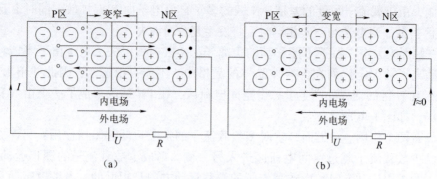

图 1-7　PN 结的单向导电性

（a）PN 结的正向偏置；（b）PN 结的反向偏置

向电流很小。

想一想

什么叫扩散运动？什么叫漂移运动？PN 结的正向电流和反向电流是何种运动的结果？

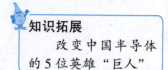

知识拓展

改变中国半导体的 5 位英雄"巨人"

1.1.3　半导体二极管

一、二极管的结构及符号

在一个 PN 结的两端加上电极引线并用外壳封装起来，就构成了二极管。二极管内部结构示意图如图 1-8（a）所示。由 P 区引出的电极，称为二极管正极（或阳极），由 N 区引出的电极，称为二极管负极（或阴极）。

二极管图形符号如图 1-8（b）所示，箭头指向为正向导通电流方向，二极管的文字符号在国际标准中用 VD 表示。

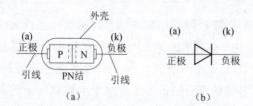

图 1-8　二极管内部结构示意图及图形符号

（a）内部结构示意图；（b）图形符号

二极管的种类很多，按结构工艺的不同，二极管有点接触型、面接触型和平面型三种。它们的结构示意图如图 1-9 所示。点接触型二极管 PN 结面积小，结电容小，允许通过的电流很小，适用于高频检波、脉冲数字电路，也可用于小电流整流电路。面接触型二极管 PN 结面积大，结电容大，允许通过的电流较大，适用于工作频率较低的场合，一般用作整流器件。平面型二极管 PN 结面积可大可小，用在高频整流和开关电路中。

按材料来分，最常用的二极管有硅管和锗管两种，一般锗二极管多为点接触型，硅二极管多为面接触型。按用途来分，二极管又可分为整流二极管、稳压二极管、变容二极管、发光二极管、光电二极管等。

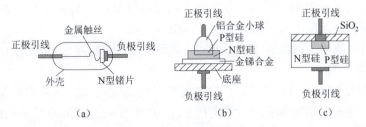

图 1-9　二极管结构类型

（a）点接触型；（b）面接触型；（c）平面型

二、二极管的伏安特性

二极管的伏安特性就是加在二极管两端的电压与流过二极管电流之间的关系，图 1-10 是通过实验测出的二极管的伏安特性曲线。

二极管的伏安特性

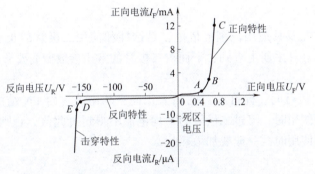

二极管的伏安特性曲线

图 1-10　二极管伏安特性曲线

1. 正向特性

当二极管正向偏置，在外加正向电压较低时，外电场较弱，还不足以克服 PN 结内电场对多数载流子扩散运动的阻力，故正向电流很小（几乎为零），二极管呈现出很大的电阻，这段电流几乎为零的范围称为死区，如图 1-10 中 OA 段所示。A 点电压 U_{th} 称为二极管的死区电压或阈值电压。死区电压的大小与材料的类型有关，一般硅管约为 0.5 V，锗管约为 0.1 V。

当正向电压超过死区电压以后，PN 结内电场被大大削弱，随着外加电压的增大，电流 I_F 急剧增大，曲线陡直上升，这一区间称为"正向导通区"，曲线如图中 BC 段所示。其中曲线 AB 段称为"缓冲带"。BC 段对应的电压称为二极管的正向管压降 U_F，硅二极管 U_F 为 0.6~0.8 V，一般取 0.7 V，锗管 U_F 为 0.2~0.3 V，通常取 0.2 V。在这一区间二极管正向管压降近似恒定。在实际使用中，二极管正向导通就是指工作在这一区间。

2. 反向特性

二极管加反向电压时，外电场与内电场方向一致，由少数载流子漂移而形成的反向电流很小，且在一定电压范围内基本上不随反向电压而变化，处于饱和状态，故这段电流称为反向饱和电流。这时，二极管呈现很高的反向电阻，处于截止状态，在电路中相当于开关处于关断状态，如图1-10中 OD 段所示。

二极管的反向电流越小，表明二极管的单向导电性越好。常温下硅管的反向电流一般只有几微安；锗管的反向电流可达几十至几百微安。

温度升高时，由于少数载流子数量增加，因而反向电流将随之急剧增加。

3. 反向击穿特性

当由 D 点继续增加反向电压时，反向电流在 E 处急剧增大，这种现象称为二极管反向击穿，击穿时对应的电压称为反向击穿电压 U_{BR}。产生反向击穿的原因是在强电场作用下，少数载流子急剧增加，引起反向电流急剧增大。

各类二极管的反向击穿电压大小各不相同。普通二极管、整流二极管等不允许反向击穿情况发生，因二极管反向击穿后，电流不加限制，会使二极管 PN 结过热而损坏。

▲点睛

二极管是一个非线性元件，电压和电流之间的关系不符合欧姆定律，阻值不是一个常数。

三、二极管的主要参数

二极管的参数是表征二极管性能及其适用范围的依据，是选择和使用二极管的重要参考依据，二极管的参数可从半导体器件手册上查到，下面对二极管的常用参数做简要介绍。

1. 最大整流电流 I_{FM}

最大整流电流是指二极管长期运行时，允许通过的最大正向平均电流。由 PN 结的面积、材料和散热条件决定。在实际使用时，流过二极管的平均电流不得超过此值，否则 PN 结将因过热而损坏。大功率二极管使用时，一般要加散热片。

2. 最高反向工作电压 U_{RM}

最高反向工作电压是指允许加在二极管两端的反向电压的最大值，其值通常取二极管反向击穿电压的 $1/2 \sim 2/3$。使用时，二极管上的实际反向电压值不能超过规定的最高反向工作电压值。点接触型二极管的 U_{RM} 一般为数十伏，而面接触型二极管的 U_{RM} 为数百伏。

3. 反向电流 I_R

反向电流 I_R 是指在室温下，二极管未击穿时的反向电流值，该值越小，二极管单向导电性能越好。反向电流随温度变化而变化。

4. 最高工作频率 f_M

二极管的最高工作频率 f_M 是指二极管正常工作时的上限频率值。此值由 PN 结的结电容大小决定，超过此值，二极管的单向导电性能变差。

▲点睛

元器件手册上给出的参数是在一定测试条件下测得的数值。如果条件发生变化，相应参数也会发生变化。因此，在选择使用二极管时应注意留有余量。

四、二极管的应用

二极管的应用范围很广，主要都是利用它的单向导电性。二极管

二极管的识别及应用

可用于整流、检波、限幅、钳位、隔离以及在脉冲与数字电路中作为开关元件，下面介绍二极管的一些应用。

1. 整流

利用二极管的单向导电性将交流电变成单方向脉动直流电的过程称为整流。简单的整流电路如图 1-11 所示，图中变压器的输入和输出电压 u_1、u_2 均为正弦波交流电压，由于二极管的单向导电性，只有当 u_2 的正半周大于死区电压时才能使二极管 VD 导通，其余时间均被二极管阻断，因此在电阻 R_L 上产生的电压降是单方向的脉动直流电压。

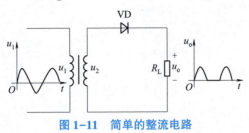

图 1-11　简单的整流电路

2. 限幅

在电子电路中，为了限制输出电压的幅度，常利用二极管构成限幅电路，如图 1-12（a）所示。设 u_i 为正弦波，且 $U_m > U_S$。当 $u_i < U_S$ 时，VD 截止，此时电阻 R 中无电流，故 $u_o \approx u_i$。当 $u_i > U_S$ 时，VD 导通，此时如果忽略二极管压降，则 $u_o \approx U_S$。输出波形如图 1-12（b）所示，可见达到了限幅的目的。

【例 1.1】在如图 1-12 所示的电路中，已知输入电压 $u_i = 10\sin \omega t$ V，电源电压 $U_S = 5$ V，二极管为理想元件，试画出输出电压 u_o 的波形。

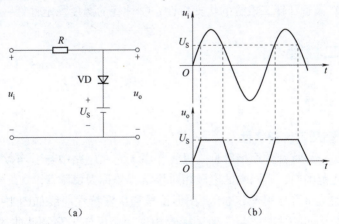

（a）　　　　　　　　　　　（b）

图 1-12　限幅电路

（a）电路；（b）输入与输出电压波形

解： 根据二极管的单向导电特性可知：

当 $u_i \leq 5$ V 时，二极管 VD 截止，相当于开路，电路中电流为零，$u_R = 0$ V，$u_o = u_i$。

当 $u_i > 5$ V 时，二极管 VD 导通，理想二极管导通时正向压降为零，$u_o = U_S$。

所以，在输出电压 u_o 的波形中，5 V 以上的波形均被削去，输出电压被限制在 5 V 以内，波形如图 1-12（b）所示。在这里，二极管起限幅作用。

3. 钳位与隔离

当二极管正向导通时，由于正向压降很小，可以忽略，所以强制使其阳极电位与阴极电位基本相等，这种作用称为二极管的钳位作用。当二极管加反向电压时，二极管截止，相当于断路，阳极与阴极被隔离，称为二极管的隔离作用。

【例 1.2】 在如图 1-13 所示的电路中，二极管均为理想二极管，已知输入端 A 的电位 $V_A = 3\ \text{V}$，B 的电位 $V_B = 0\ \text{V}$，电阻 R 接 $-12\ \text{V}$ 电源，求输出端 F 的电位 V_F。

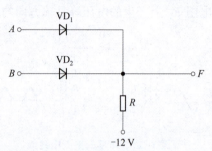

图 1-13　二极管的钳位与隔离作用

解： 因为 $V_A > V_B$，所以二极管 VD_1 优先导通，忽略二极管正向压降，则输出端 F 的电位为 $V_F = V_A = 3\ \text{V}$。当 VD_1 导通后，VD_2 上加的是反向电压，VD_2 因而截止。

在这里，二极管 VD_1 起钳位作用，把 F 端的电位钳位在 3 V；VD_2 起隔离作用，把输入端 B 和输出端 F 隔离开来。

想一想

（1）二极管两端加正向电压，是否一定导通？

（2）比较硅二极管和锗二极管的伏安特性，哪种管的温度稳定性好一些？

1.1.4　特殊二极管

一、稳压二极管

1. 稳压二极管及其伏安特性

稳压二极管是一种特殊的面接触型二极管，由于它在电路中与适当数值的电阻串联后，在一定的电流变化范围内，其两端的电压相对稳定，故称为稳压管。

稳压二极管的文字符号用 VZ 表示，图形符号和伏安特性曲线如图 1-14 所示。由图可知，稳压二极管的正向特性曲线与普通二极管相似，而反向击穿特性曲线很陡。当反向电流在很大范围变化（$I_{Zmin} \sim I_{Zmax}$），但端电压变化很小（ΔU_Z）时，可以认为管子两端的电压基本保持不变。可见稳压二极管能稳定电压正是用其反向击穿后电流剧变，而二极管两端的电压几乎不变的特性来实现的。

只要反向电流不超过其最大稳定电流，就不会形成破坏性的热击穿。因此，在电路中应与稳压二极管串联适当阻值的限流电阻。通过以上分析可知，稳压二极管若要实现稳压功能，则必须具备以下两个基本条件。

（1）稳压二极管两端需加上一个大于其击穿电压的反向电压。

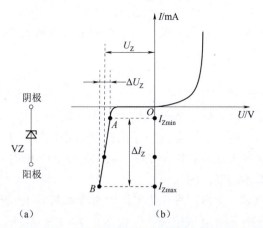

图1-14　稳压二极管的图形符号和伏安特性

（a）图形符号；（b）伏安特性

（2）采取适当措施限制击穿后的反向电流值。例如，将稳压二极管与一个适当的电阻串联后，再反向接入电路中，使反向电流和功率损耗均不超过其允许值。

2. 稳压二极管的主要参数

1）稳定电压 U_Z

U_Z 指流过规定电流 I_Z 时稳压管两端的反向电压值，其值取决于稳压二极管的反向击穿电压值。由于工艺方面的原因，同一型号稳压二极管的稳定电压允许有一定的范围，使用时要进行测试，但就某一个稳压二极管而言，U_Z 应为确定值。

2）动态内阻 r_Z

r_Z 指在稳压范围内，稳压二极管两端电压变化量 ΔU_Z 与对应电流变化量 ΔI_Z 之比，即 $r_Z = \Delta U_Z / \Delta I_Z$，它是衡量稳压性能好坏的指标。$r_Z$ 越小，反向击穿特性越陡，稳压性能越好。一般 r_Z 值很小，为几欧到几十欧。

3）稳定电流 I_Z

稳定电流也称为最小稳压电流 I_{Zmin}，即保证稳压二极管具有正常稳压性能的最小工作电流。稳压二极管工作电流低于此值时，稳压效果差或不能稳压。

4）最大耗散功率 P_M 和最大工作电流 I_{ZM}

P_M 为稳压二极管所允许的最大功耗，I_{ZM} 为稳压二极管允许流过的最大工作电流。超过 P_M 或 I_{ZM} 时，管子将因温度过高而损坏。

$$P_M = U_Z I_{ZM}$$

稳压二极管的极性检测及好坏判别与普通二极管的相同。另外，稳压二管两端需接大于击穿电压的反向电压。如果接反，稳压二极管工作于正向导通状态，如图1-14（b）的正向特性曲线所示，此时相当于普通二极管正向导通的情况，无法起到稳压的作用。

▲点睛

稳压二极管若要实现稳压功能，应注意以下问题：

（1）稳压二极管正常使用时应反向偏置。

（2）为使稳压二极管正常稳压且不过流损坏，应加接限流电阻，使工作电流 I_Z 满足以下条件：

$$I_{Zmin} < I_Z < I_{ZM}$$

式中，I_{Zmin} 在元器件手册中是用 I_Z 来表征的，不要和本式中的 I_Z 混淆。

二、发光二极管

1. 发光二极管的特性

发光二极管是最常见的电光转换器件，简称 LED。制作发光二极管的半导体中杂质浓度很高，当对管子加正向电压时，多数载流子的扩散运动加强，大量的电子和空穴在空间电荷区复合时释放出的能量大部分转换为光能，从而使发光二极管发光。采用不同的材料，可发出红、黄、蓝、绿等不同颜色的光。

发光二极管的外形封装、图形符号、伏安特性曲线如图 1-15 所示。其伏安特性与普通二极管相似，不过它的正向导通电压较大，通常在 1.7～3.5 V；同时发光的亮度随通过的正向电流增大而增强，工作电流为几个毫安到几十毫安，典型工作电流为 10 mA 左右，高强度时为 50 mA 即可。使用中应注意，发光二极管正常工作时必须正偏，且加限流电阻，保证其安全可靠工作。发光二极管的反向击穿电压一般大于 5 V，但为使器件长时间稳定而又可靠地工作，安全使用电压一般选择在 5 V 以下。

发光二极管主要用作显示器件，可单个使用，如用作电源指示灯、测控电路中的工作状态指示灯等；也常做成条状发光器件，制成七段或八段数码管，用以显示数字或字符；还可以发光二极管组成矩阵式显示器件，用以显示图像、文字等，在电子广告、影视传媒、交通管理等方面得到广泛应用。

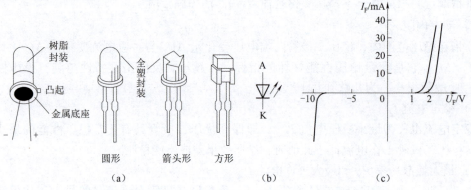

图1-15　发光二极管的外形封装、图形符号、伏安特性曲线
（a）外形封装；（b）图形符号；（c）伏安特性曲线

2. 发光二极管的主要参数

发光二极管的主要参数如下。

1）最大工作电流 I_{FM}

它是指发光二极管长期工作时，所允许通过的最大电流。

2）正向压降 U_F

它是指通过额定正向电流时，发光二极管两端产生的正向电压。

3）正常工作电流 I_F

它是指发光二极管两端加上规定正向电压时，发光二极管的正向电流。

4）反向电流 I_R

它是指发光二极管两端加上规定反向电压时，发光二极管内的反向电流，该电流又称为反向漏电流。

5）发光强度 I_V

它是表示发光二极管亮度大小的参数，其值为通过规定电流时，其管芯垂直方向上单位面积所通过的光通量，单位为 mcd。

三、光电二极管

光电二极管又称光敏二极管，是一种将光信号转换为电信号的半导体器件。光电二极管的外形、结构及符号如图 1-16 所示，管壳上开有嵌着玻璃的窗口，用于接收外部的光照。

半导体光电器件的基本工作原理是半导体中的光生伏特效应。由于 PN 结存在内建电场，在受到光照时，便有光电流流过外接电路。即使没有外加偏压，PN 结也会产生光生电动势，这种光电效应通常称为光生伏特效应。光电二极管有光伏和光电导两种工作模式。光伏模式不加偏置电压，而光电导模式则要加反向偏置电压。

光电二极管的正常工作状态是反向偏置。当没有光照射时，反向电流很小（约 0.1 μA）。当有光照射时，反向电流随光照强度的增加而上升，这时的反向电流称为光电流，光电流也与入射光的波长有关。

光电二极管广泛用于制造各种光敏传感器、光电控制器等，也可用作光的测量和用于光电自动控制系统，如光纤通信中的光接收机、电视机和家庭音响的遥控接收装置等。大面积的光电二极管可用来作为能源，即光电池。

将发光二极管和光电二极管组合起来可构成光电耦合器，如图 1-17 所示。将输入的电信号加到发光二极管的两端，使之发光，照射到光电二极管上，这样在器件的输出端产生与输入信号变化规律相同的电信号，从而实现了信号的光电耦合，将电信号从输入端传送到输出端，在信号传送和图形图像处理领域有广泛的应用。

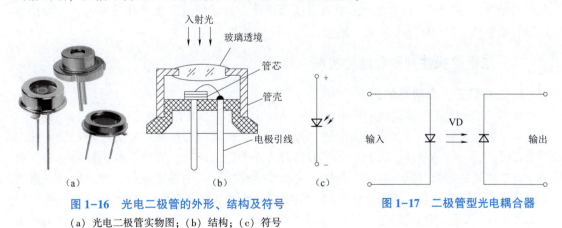

图 1-16　光电二极管的外形、结构及符号
（a）光电二极管实物图；（b）结构；（c）符号

图 1-17　二极管型光电耦合器

想一想

（1）稳压二极管正向偏置时能稳压吗？此时输出电压为多大？

（2）发光二极管的反向电压一般选多少伏？为保证其安全可靠工作，使用时必须采取什么措施？

1.1.5 二极管的选用与检测

一、二极管的型号命名

国家标准规定，国产半导体器件的型号由 5 部分组成，如表 1-1 所示。各部分的符号意义见附录 A。

表 1-1 国产二极管的命名方法

第一部分	第二部分	第三部分	第四部分	第五部分
用阿拉伯数字表示器件的电极数目	用汉语拼音字母表示器件的材料和极性	用汉语拼音字母表示器件的类型	用阿拉伯数字表示序号	用汉语拼音字母表示规格号

国产半导体器件命名方法示例：

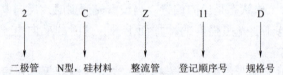

二极管的规格、功能和制造材料一般可以通过管壳上的标志和查阅手册来判断。

目前，市面上常见的是使用国外晶体管型号命名方法的二极管，如 1N4001、1N4004、1N4148 等，这类二极管采用的是美国电子工业协会对半导体器件的命名法，凡型号以"1N"开头的二极管都是美国制造或以美国专利在其他国家制造的产品，1N 后面的数字表示该器件在美国电子工业协会登记的顺序号。

而从日本进口的彩色电视机中，二极管的型号则以"1S"开头，如 1S1885，其中"1"表示二极管，"S"表示日本电子工业协会注册产品，最后的数字表示在日本电子工业协会登记的顺序号。登记顺序号的数字越大，表示产品越新。

二、二极管极性判别和性能检测

1. 二极管正、负极性的识别

使用中二极管正、负极性不可接反，否则有可能造成二极管的损坏。通常二极管的正、负极性一般在其管壳上都注有识别标记，有的印有二极管图形符号，带有三角形箭头的一端为正极，另一端是负极。对于玻璃或塑料封装外壳的二极管，有色点或黑环的一端为负极。若二极管是同端引出，有的在负极处有明显的标记，有的带定位标。判别时，观察者面对管底，由定位销起，按顺时针方向，引出线依次为正极和负极。二极管正负极性的识别如图 1-18 所示。对于发光二极管、变容二极管等，引脚引线较长的为正极，引脚引线短的为负极。

2. 指针式万用表检测判断

用指针式万用表判别二极管极性如图 1-19 所示，根据二极管正向电阻小，反向电阻大

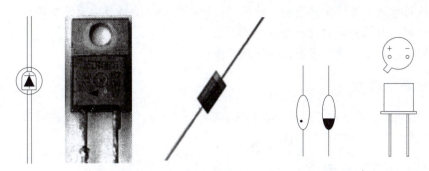

图 1-18　二极管正负极性的识别

的特点，用万用表的"R×100"或"R×1K"挡测量二极管的正、反向电阻。若两次阻值相差很大，说明该二极管性能良好。并根据测量电阻小的那次的表笔接法，判断出与黑表笔接触的一端为二极管正极，与红表笔接触的一端为二极管负极。如果两次测量的阻值都很小，说明二极管已经击穿或短路；如果两次测量的阻值都很大或接近无穷大，说明二极管内部已经开路。

3. 数字式万用表检测判断

用数字式万用表判别二极管时，如图 1-20 所示，把万用表挡位置于二极管挡，表笔分别接二极管两引脚，若数字式万用表显示屏显示"200~2000"数字时，说明二极管正向导通，显示数字为二极管正向压降（单位为 mV），此时红表笔所接为正极，黑表笔所接为负极；若显示为"1"，说明二极管反向偏置，处于截止状态，红表笔所接为负极，黑表笔所接为正极。

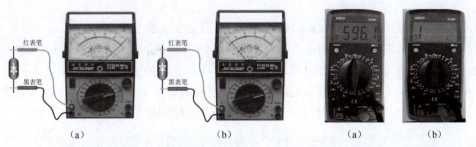

图 1-19　用指针式万用表检测二极管　　　图 1-20　用数字式万用表检测二极管
（a）正向测试；（b）反向测试　　　　　　（a）正向测试；（b）反向测试

▲点睛

同一二极管选用万用表的型号不同或同一万用表的挡位不同，测得的阻值会有不同，这是由于万用表的内电压、内电阻不同及二极管的非线性所致。但是二极管正反向电阻应相差几百倍这一原则是不变的。

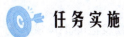 **任务实施**

一、任务要求

（1）熟悉二极管的外形及引脚识别方法；

（2）练习查阅半导体器件手册，熟悉二极管的类别、型号及主要性能参数；

（3）掌握用万用表判别二极管好坏的方法；

（4）测量过程中培养严谨细致的规范操作意识。

二、设备与器件

指针式万用表，数字式万用表，电工电子实验台，不同规格、类型二极管若干（1N4007、2AP9、2CW53、FG313003、2CU1B 等）。

三、任务内容及步骤

1. 常用二极管的识别

观察二极管的外形，根据外壳标志或封装形状，区分两引脚的正、负极性；根据二极管的型号查阅资料，确定二极管的符号、类型与用途，并填于表 1-2 中。

表 1-2　常用二极管的识别

序号	型号	符号	类型与用途
1	1N4007		
2	2AP9		
3	2CW53		
4	FG313003		
5	2CU1B		

2. 二极管的判别及检测

1）用指针式万用表检测 1N4007 整流二极管、2AP9 检波二极管

将指针式万用表置于 "$R\times100$" 挡，按图 1-19（a）所示，首先假定 1N4007 的一端为正极，用两表笔分别接触 1N4007 的两引脚，测量电阻的大小，记录于表 1-3 中。按图 1-19（b）所示，交换红、黑表笔再次测量并记录测量结果。将指针式万用表置于 "$R\times1K$" 挡，重复上述操作。以同样的步骤测试 2AP9，将检测结果记录于表 1-3 中。

表 1-3　指针式万用表检测二极管结果

元器件类型	万用表挡位	正向电阻	反向电阻
1N4007	$R\times100$		
	$R\times1K$		
2AP9	$R\times100$		
	$R\times1K$		

2）用数字式万用表检测 1N4007 整流二极管、2AP9 检波二极管

将数字式万用表置于标有二极管符号的挡位（数字式万用表红、黑表笔的正负极性与指针式万用表相反）。用红表笔接触 1N4007 的黑色环侧引脚，黑表笔接触其银色环侧引脚，即二极管处于正偏状态，将显示结果记录于表 1-4 中。交换两表笔，再次测量并记录测试结果。

以同样的步骤对 2AP9 进行测试，将检测结果记录于表 1-4 中。

表 1-4　数字式万用表检测二极管结果

二极管	二极管的状态	数字式万用表的显示结果
1N4007	正偏	
	反偏	
2AP9	正偏	
	反偏	

3）用数字式万用表检测发光二极管

目测全新红、黄发光二极管，判断发光二极管正、负极；用万用表分别测量两种颜色发光二极管的正向压降值分别为_____ V、_____ V。

4）用数字式万用表检测光电二极管

在正常光照下，用数字式万用表分别测量光电二极管正反向电阻阻值，测得 $R_正$ = _____，$R_反$ = _____；改变光照强度，再次测量光电二极管正反向电阻阻值，测得 $R_正$ = _____，$R_反$ = _____。

3. 二极管单向导电性实验

按图 1-21 所示连接电路，观察小灯泡的亮灭情况并将实验结果填入下段文字中。

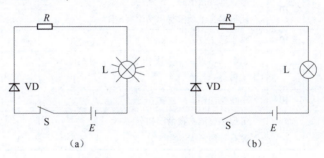

图 1-21　二极管单向导电性实验

（a）二极管正向偏置；（b）二极管反向偏置

当二极管的正极连接电源的_____极时灯泡发光；当二极管的正极连接电源的_____极时灯泡不发光。该现象说明二极管具有_____特性。

四、巩固练习

（1）同型号的整流二极管用不同的挡位测出来的电阻值_____（相同/不同），说明二极管是_____（线性/非线性）器件。

（2）观察表 1-3 的测试数据，无论是整流二极管还是检波二极管，在"R×100"或者"R×1K"挡位，测量结果都是一次测得的电阻值_____，一次测得的电阻值_____。电阻小的那次二极管处于_____（导通/截止）状态；电阻大的那次二极管处于_____（导通/截止）状态。

（3）用数字式万用表测量整流二极管，当所测的结果为数字"1"时，说明二极管处于_____，红表笔接二极管的_____极，黑表笔接二极管的_____极。

（4）硅二极管和锗二极管的导通压降不同，硅二极管的导通压降一般为 0.6~0.8 V，锗二极管的导通压降一般为 0.2~0.3 V。由表 1-4 的测试数据可判定 1N4007 为_____（硅管/锗管），2AP9 为_____（硅管/锗管）。

（5）当光照强度增强时，光电二极管正向电阻阻值变化_____（明显/不明显），反向电阻阻值变化_____（明显/不明显），所以光电二极管_____（正向/反向）接于电路中时处于正常工作状态。

五、任务评价

完成表 1-5。

表 1-5　二极管的识别与检测职业能力评比计分表

项目	配分	评分标准	自评	互评	师评	合计
常用二极管的识别	10	能正确识别不同类型二极管（10 分）				
二极管的检测	40	能正确使用指针式、数字式万用表（10 分）； 能使用万用表进行二极管正反向电阻的测量（20 分）； 能根据测量结果正确判断二极管的极性和质量（10 分）				
二极管单向导电性实验	10	能正确连接电路（5 分）； 能根据实验现象得出结论（5 分）				
巩固练习	10	每小题 2 分				
学习态度	10	迟到、早退，一人次扣 2 分；学习态度不端正不得分				
安全文明操作	10	不规范操作，一次扣 5 分				
7S 管理规范	10	工位不整洁，视情况扣分； 没有节约意识，扣 5 分				

任务 1.2　单相整流滤波电路的分析与测试

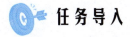

任务导入

能将大小和方向都随时间变化的交流电变换成单方向脉动直流电的过程称为整流。利用二管的单向导电性，就能组成整流电路。整流电路虽将交流电变为直流电，输出的却是脉动电压。这种大小变动的脉动电压，除了含有直流分量外，还含有不同频率的交流分量，这就远不能满足大多数电子设备对电源的要求。为了改善整流电压的脉动程度，提高其平滑性，在整流电路中都要加滤波电路。滤波电路利用电抗性元件对交直流阻抗的不同，实现滤波。

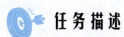

任务描述

通过整流滤波电路的分析与测试，掌握整流、滤波电路的工作原理和输入、输出电压之间的关系；加深理解桥式整流电路、电容滤波电路的工作过程；会使用示波器观察电路波形及使用万用表测量相关数据；培养规范操作的工作态度和严谨细致、爱岗敬业的工匠精神。

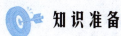

知识准备

利用二极管的单向导电性可以将交流电转换为单向脉动的直流电，这一过程称为整流，这种电路就称为整流电路。常见的整流电路有半波、全波和桥式整流电路。

1.2.1　单相半波整流电路

一、电路的工作原理

单相半波整流电路如图 1-22 所示，T 为电源变压器，用来将市电 220 V 交流电压变换为整流电路所要求的交流低电压，同时保证直流电源与市电电源有良好的隔离。设变压器二次绕组电压为 $u_2 = \sqrt{2}\,U_2\sin\omega t$，其工作波形如图 1-23（a）所示。

在 u_2 的正半周，二次绕组电压瞬时极性上端 a 点为正，下端 b 点为负，二极管 VD 正偏导通。二极管和负载上有电流流过，方向如图 1-22 所示。若忽略二极管的正向导通压降，则 $u_\text{o} = u_2$。在 u_2 的负半周，二次绕组电压瞬时极性上端 a 点为负，下端 b 点为正，二极管 VD 反偏截止，R_L 上电压为零，则 $u_\text{o} = 0$，二极管上反偏电压 $u_\text{D} = u_2$，如图 1-23（d）所示。

负载 R_L 上的电压和电流波形如图 1-23（b）、（c）所示。由图可见，负载上得到单方向的脉动电压。由于该电路只在 u_2 的正半周期有输出，所以称为半波整流电路。

单相半波整流电路

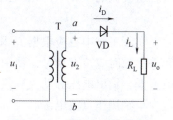

图 1-22　单相半波整流电路

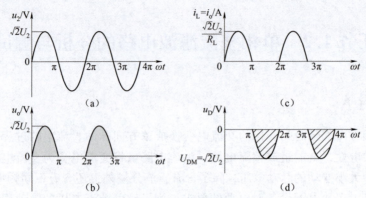

图 1-23　单相半波整流电路波形图

二、负载上直流电压和电流的计算

负载上的直流输出电压是指一个周期内脉动电压的平均值。单相半波整流电压平均值为

$$U_{O(AV)} = \frac{1}{2\pi}\int_0^\pi \sqrt{2}\,U_2\sin\omega t\,d(\omega t) \approx 0.45U_2 \qquad (1-1)$$

流过负载的直流电流平均值为

$$I_{O(AV)} = U_{O(AV)}/R_L = 0.45\frac{U_2}{R_L} \qquad (1-2)$$

三、整流二极管的选择

半波整流电路流经二极管的电流 i_D 与负载电流 i_L 相等，在选择二极管时，二极管的最大整流电流 $I_F \geqslant I_D$，即

$$I_F \geqslant I_D = I_{O(AV)} = 0.45U_2/R_L \qquad (1-3)$$

由图 1-21（d）可见，当二极管反向截止时所承受的最高反向电压 U_{RM} 就是变压器二次绕组交流电压 u_2 的峰值电压，故要求二极管的最大反向工作电压为

$$U_{RM} \geqslant U_{DM} = \sqrt{2}\,U_2 \qquad (1-4)$$

实际工作中，应根据 I_F 和 U_{RM} 的大小选择二极管。为保证二极管可靠地工作，在选择元件参数时应留有余量，使工作参数略大于计算值。单相半波整流电路虽然结构简单，但效率低，输出电压脉动大，仅适应对直流输出电压平滑程度不高和功率较小的场合，因此很少单独用作直流电源。

1.2.2　单相桥式整流电路

单相桥式整流电路如图 1-24 所示，电路由 4 个整流二极管 $VD_1 \sim VD_4$ 按电桥的形式连接而成。

单相桥式整流电路

一、电路的工作原理

设电源变压器二次绕组电压 u_2 正半周时瞬时极性上端 a 为正，下端 b 为负。二极 VD_1、VD_3 正偏导通，VD_2、VD_4 反偏截止。导电回路为 $a \rightarrow VD_1 \rightarrow R_L \rightarrow VD_3 \rightarrow b$，负载上电压极性上正下负。负半周时，$u_2$ 瞬时极性 a 端为负，b 端为正，二极管 VD_1、VD_3 反偏截止，VD_2、VD_4 正偏导通，电流路径为 $b \rightarrow VD_2 \rightarrow R_L \rightarrow VD_4 \rightarrow a$，负载上电压极性同样为上正下负。单相桥式整流电路中 u_2、i_D、u_o、u_D 波形如图1-24（b）所示。

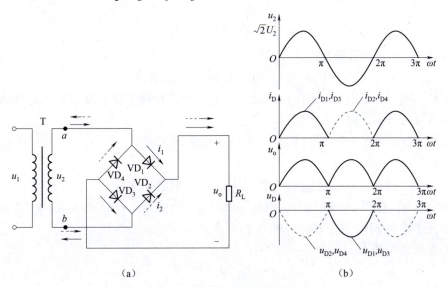

图1-24 单相桥式整流电路

（a）原理图；（b）波形图

▲点睛

桥式整流电路中4个二极管必须正确装接，否则会因形成很大的短路电流而烧毁。正确接法是：共阳端和共阴端接负载，而另外两端接变压器二次绕组。

二、负载上的电压、电流值

由此可见，VD_1、VD_3 与 VD_2、VD_4 轮流导通半个周期，但在整个周期内，负载 R_L 上均有电流流过，并且始终是一个方向，所以输出电压的平均值 $U_{O(AV)}$ 和电流平均值 $I_{L(AV)}$ 为

$$U_{O(AV)} = 0.9U_2 \qquad (1-5)$$

$$I_{L(AV)} = \frac{U_{O(AV)}}{R_L} = 0.9\frac{U_2}{R_L} \qquad (1-6)$$

三、整流二极管的选择

桥式整流电路中，4个二极管分两次轮流导通，流经每个二极管的电流，为负载电流 $I_{L(AV)}$ 的一半，选择二极管时 $I_F \geqslant I_D$，即

$$I_F \geqslant I_D = \frac{1}{2}I_{L(AV)} = 0.45\frac{U_2}{R_L} \qquad (1-7)$$

由图 1-24（b）可见，二极管截止时最大反向电压 U_{RM} 等于 u_2 的最大值，即

$$U_{RM} \geqslant U_{DM} = \sqrt{2}\,U_2 \tag{1-8}$$

【例 1.3】某直流负载电阻为 10 Ω，要求输出电压 $U_0 = 24$ V，采用单相桥式整流电路供电。（1）选择二极管；（2）求电源变压器的变比。

解：（1）根据题意可求得负载电流为

$$I_L = U_0/R_L = 24/10 = 2.4(V)$$

二极管平均电流为

$$I_D = \frac{1}{2}I_L = 1.2(A)$$

变压器二次电压有效值为

$$U_2 = U_{O(AV)}/0.9 = 24/0.9 = 26.6(V)$$

在工程实际中，变压器二次侧压降及二极管的导通压降，使变压器二次电压大约照理论计算值需提高 10%，即

$$U_2 = 1.1 \times 26.6 \approx 29.3(V)$$

二极管最大反向电压为

$$U_{RM} = \sqrt{2}\,U_2 = \sqrt{2} \times 29.3 \approx 41.1(V)$$

查阅附录 B，选用 2CZ56 型，它的额定正向整流电流 $I_F = 3$ A，最高反向工作电压查阅分挡标志，选择 2CZ56C 型，$U_{RM} = 100$ V 留有余量。

（2）变压器变比为

$$n = 220/29.3 \approx 7.5$$

四、整流桥堆

为了使用方便，实际应用中常将桥式整流电路的 4 个二极管制成一个整体封装起来，称为整流桥，如图 1-25 所示。整流桥有 4 个引脚，标注"~"的两个引脚外接交流电源，标注"+"和"-"的两个引脚分别为直流输出端的正、负极性端。

选择整流桥时主要考虑其整流电流和工作电压。整流桥最大整流电流有 0.5 A、1 A、1.5 A、2 A、…、20 A 规格；工作电压（最大反向电压）有 25 V、50 V、100 V、200 V、…、1 000 V 规格。

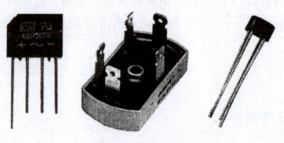

图 1-25　整流桥堆

想一想

（1）桥式整流电路中，其中一个二极管虚焊，输出电压会发生什么变化？加在其他二

极管的反向电压有无变化？

（2）桥式整流和半波整流电路，每个二极管的导通时间是否相同？

1.2.3　电容滤波电路

整流电路输出的脉动直流电中，含有较大的脉动成分。这种电压只能用于对输出电压平滑性要求不高的场合，如电镀、蓄电池充电设备等。为了获得平滑的直流电压，应在整流电路的后面加接滤波电路，以滤去其中的交流成分，保留直流成分。常用的滤波元件有电容和电感，滤波电路有电容滤波、电感滤波及 π 形滤波等电路，其中以电容滤波最为常见。

一、半波整流电容滤波电路

半波整流电容滤波电路如图 1-26 所示，在半波整流电路输出端与负载电阻 R_L 并联一个电容量较大的电容 C，利用电容的充放电作用（即二极管导通时电容 C 充电，二极管截止时电容 C 对负载 R_L 放电），可使负载的电压和电流趋于平衡。

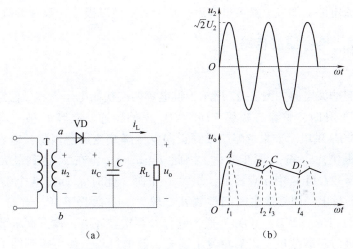

图 1-26　半波整流电容滤波电路及波形

（a）电路图；（b）波形图

设滤波电容 C 初始电压值为零，当 u_2 由零逐渐上升，在 $0 \sim t_1$ 期间，二极管 VD 正偏而导通，电流分成两路，一路流经负载 R_L，另一路对电容进行充电。忽略二极管导通压降，则 $u_C = u_o \approx u_2$，u_o 随电源电压 u_2 同步上升。由于充电时间常数很小，所以充电很快。在 t_1 时刻，u_C 达到 u_2 的峰值 $\sqrt{2} U_2$。之后 u_2 开始下降，其值小于电容电压。此时，二极管 VD 反偏截止，电容 C 经负载 R_L 放电，u_C 开始下降，由于放电时间常数很大，放电速度很慢，可持续到第二个周期的正半周来到时。当 $u_2 > u_C$ 时，二极管又因正偏而导通，电容 C 再次被充电，重复第一周期的过程。

综上所述，画出的输出电压 u_o 亦即电容 C 上电压 u_C 的波形，如图 1-26（b）所示，在 $0 \sim t_1$ 期间，u_o 的波形为 OA 段，近似按输入电压上升。$t_1 \sim t_2$ 期间，u_o 波形自 A 向 B 缓慢下降。$t_2 \sim t_3$ 期间，u_o 波形又开始按输入电压迅速上升，如此不断重复，使 u_o 趋于平滑。

半波整流电容滤波电路输出的直流电压平均值为

$$U_{O(AV)} = (1 \sim 1.1) U_2 \tag{1-9}$$

流过二极管的平均电流为

$$I_{D(AV)} \approx \frac{U_2}{R_L} \tag{1-10}$$

由图 1-26 可知，在二极管截止时，变压器二次电压瞬时极性为上端 a 为负，下端 b 为正，此时电容电压充至 $\sqrt{2} U_2$，极性为上正下负，因此二极管承受的最大反向电压为两电压之和，为此选二极管时

$$U_{RM} \geq U_{DM} = 2\sqrt{2} U_2 \tag{1-11}$$

此外，二极管的导通时间比不加滤波电容时短，导通角小于 π，流过二极管的瞬时电流很大，且滤波电容越大，导通角越小，冲击电流就越大。在选用二极管时，应考虑冲击电流对二极管的影响，一般选

$$I_F = (2 \sim 3) I_D \tag{1-12}$$

想一想

在原半波整流电路上加接上滤波电容后，是否要更换二极管（改变参数）？为什么？

二、桥式整流电容滤波电路

1. 工作原理

桥式整流电容滤波电路如图 1-27 所示，设电容两端初始电压为零，假定在 $t=0$ 时接通电路，当 u_2 由零上升时，整流二极管 VD_1、VD_3 正偏导通，电容 C 被充电，同时电流经 VD_1、VD_3 向负载 R_L 供电。如果忽略二极管正向电压降和变压器内阻，电容充电时间常数很小，充电速度很快，u_C 和 u_2 同步变化，因此 $u_o = u_C \approx u_2$，在 u_2 达到最大值时，u_C 也达到最大值，如图 1-27（b）中 a 点所示，然后 u_2 下降，此时 $u_C > u_2$，4 个整流二极管截止，电容 C 开始向 R_L 放电，因其放电时间常数 $R_L C$ 较大，u_C 缓慢下降。当 u_C 下降到图 1-27（b）中 b 点后，$|u_2| > u_C$，VD_2、VD_4 导通，电容 C 再次被充电，输出电压增大，达到 u_2 最大值后，电容又通过负载放电，以后重复上述充、放电过程，便可得到图 1-27（b）所示输出电压波形，它近似为一锯齿波直流电压。

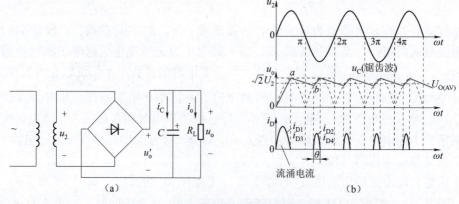

图 1-27　桥式整流电容滤波电路及波形图

（a）电路图；（b）波形图

2. 主要参数

1）输出电压平均值 $U_{O(AV)}$

由图 1-27（b）可见，整流电路接入滤波电容后，不仅使输出电压变得平滑，纹波显著减小，同时输出电压的平均值也增大了。工程上，一般按下式估算 $U_{O(AV)}$ 和 U_2 的关系

$$U_{O(AV)} \approx 1.2 U_2 \tag{1-13}$$

电容滤波电路中，若负载电阻开路，则

$$U_{O(AV)} = \sqrt{2} U_2$$

2）滤波电容的选择

负载上直流电压平均值及其平滑程度与放电时间常数 $\tau = R_L C$ 有关，τ 越大，电容 C 放电越慢，输出电压的波形就越平稳。为了获得良好的滤波效果，选择电容时一般按下式选取

$$R_L C \geq (3 \sim 5) T/2 \tag{1-14}$$

滤波电容数值一般在几十到几千微法，其耐压值 U_{CN} 应大于输出电压值，一般取输出电压 1.5 倍左右，且通常采用有极性的电解电容。使用时应注意它的极性，如果接反会造成损坏。

3）整流二极管的选择

二极管的平均电流仍按负载电流的一半选取，即

$$I_D = \frac{1}{2} I_{O(AV)} = \frac{1}{2} \frac{U_{O(AV)}}{R_L} \tag{1-15}$$

在整流电路采用电容滤波后，只有当 $|u_2| > u_C$ 时二极管才导通，故二极管的导通时间缩短，一个周期的导通角 $\theta < \pi$，如图 1-27（b）所示。由于电容 C 充电的瞬时电流很大，形成了浪涌电流，容易损坏二极管，故在选择二极管时，必须留有足够的电流余量。二极管的最大整流电流一般按下式选择：

$$I_{FM} = (2 \sim 3) I_D \tag{1-16}$$

二极管承受的最高反向工作电压仍为二极管截止时两端电压的最大值，则选取

$$U_{RM} \geq \sqrt{2} U_2 \tag{1-17}$$

电容滤波电路的优点是电路简单，输出电压较高，脉动较小。其缺点是输出电压受负载变化影响较大，所以电容滤波电路只适用于负载电流较小且变动不大的场合。

【例 1.4】有一单相桥式整流电容滤波电路如图 1-27（a）所示，市电频率为 $f = 50$ Hz，负载电阻 400 Ω，要求直流输出电压 $U_{O(AV)} = 24$ V，请选择整流二极管及滤波电容。

解：（1）选择二极管。

$$I_D = \frac{1}{2} \frac{U_{O(AV)}}{R_L} = \frac{1}{2} \times \frac{24}{400} = 0.03 (A)$$

$$I_{FM} = (2 \sim 3) I_D = 60 \sim 90 (mA)$$

因为

$$U_{O(AV)} \approx 1.2 U_2$$

所以

$$U_2 \approx U_{O(AV)} / 1.2 = 20 (V)$$

二极管承受的最高反向电压为

$$U_{RM} = \sqrt{2} U_2 = 20\sqrt{2}\,(V) = 28.2\,(V)$$

查阅手册或本书附录 B，2CZ52 型二极管 $I_F = 100$ mA，查阅电压分挡标志，2CZ52B 的最高反向工作电压 U_{RM} 为 50 V，符合要求。

（2）选择滤波电容。

根据公式（1-14），取

$$R_L C = 5 \times T/2 = 5 \times 0.02/2\,(s) = 0.05\,(s)$$

已知 $R_L = 400\ \Omega$，所以

$$C = 0.05/R_L = 0.05/400 = 125 \times 10^{-6}\,(F) = 125\,(\mu F)$$

电容耐压值

$$U_{CN} = 1.5 U_{O(AV)} = 36\,(V)$$

取标称耐压值 50 V、电容量 200 μF 或 500 μF 的电解电容。

▲点睛

电容滤波电路中常采用带极性的电解电容作滤波电容，使用中电解电容的正极应接输出电压的正极，负极接输出电压的负极，不能接反，否则电解电容很可能损坏。此外，电容的耐压应大于整流输出电压的最大值，通常耐压可按实际工作电压的两倍以上来确定。

1.2.4　电感滤波电路

在整流电路与负载之间串接一个电感线圈 L，就构成电感滤波电路，桥式整流电感滤波电路如图 1-28 所示。

若忽略电感线圈的电阻，根据电感的频率特性可知，频率越高，电感的感抗值越大，对整流电路输出电压中的高频成分压降就越大，而全部直流分量和少量低频成分则降在负载电阻上，从而起到了滤波作用。

当忽略电感线圈的直流电阻时，桥式整流电感滤波电路输出的平均电压为

$$U_{O(AV)} = 0.9 U_2$$

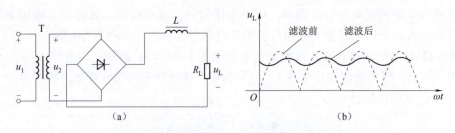

图 1-28　桥式整流电感滤波电路及波形图

(a) 电路图；(b) 波形图

如图 1-28（b）所示，经过电感滤波后，负载电流和电压的脉动减小，变得平滑。电感线圈的电感量越大，负载电阻越小，滤波效果越好。但电感量大会引起电感的体积过大，成本增加，输出电压下降。一般电感滤波电路只应用于低电压、大电流的场合。

单独使用电容或电感构成的滤波电路，滤波效果不够理想。为了满足较高的滤波要求，常采用复式滤波电路。复式滤波电路由滤波电容、滤波电感及电阻组合而成，如图1-29所示，通常有 LC、LC-π、RC-π 等复合滤波电路。

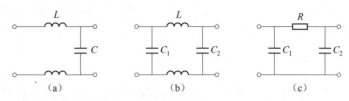

图1-29 常用复合滤波电路

（a）LC 滤波电路；（b）LC-π 滤波电路；（c）RC-π 滤波电路

想一想

电感、电容滤波各利用了它们的什么特性？

1.2.5 整流滤波电路的应用及其故障分析

在对整流滤波电路进行调试时，需熟记各类整流滤波电路的输出电压与变压器二次电压有效值 U_2 的关系，以便分析、排除故障。所有电容滤波电路若负载 R_L 开路，$U_0 \approx \sqrt{2}\,U_2$。整流滤波电路调试过程中常见故障分析，通过例1.5予以介绍。

【例1.5】 桥式整流电容滤波电路如图1-27所示，变压器二次侧电压为10 V。若测得输出电压分别为4.5 V、9 V、10 V、14 V，试分析电路工作是否正常。若不正常，分析故障原因。

解： 本电路工作正常时，$U_{O(AV)} = 1.2U_2 = 12$ V。实测得到例题所列数据，说明电路有故障。

（1）测得输出为4.5 V，这一电压数据符合半波整流电路的输出与输入关系。说明桥式整流电容滤波电路变成半波整流电路。估计：桥式整流二极管中有一个开路，可能是虚焊或断开，同时滤波电容开路。

（2）测得输出电压为9 V，$U_{O(AV)} = 0.9U_2$，说明电路变成桥式整流电路，滤波电容断开。

（3）测得输出电压为10 V，$U_{O(AV)} = U_2$，说明电路变成半波整流电容滤波电路，是因为整流桥中有一个二极管开路所致。

（4）$U_{O(AV)} = 14$ V，$U_0 \approx \sqrt{2}\,U_2$，说明负载电阻开路。

任务实施

一、任务要求

（1）掌握整流滤波电路的组成，加深对整流滤波电路工作原理的理解；

（2）能熟练使用示波器进行波形的观测，将实际值与理论计算值进行比较；

（3）学会整流滤波电路的故障分析和调试方法；

（4）培养分析、解决问题的能力和工程思维。

二、设备与器件

模拟实验台、万用表、毫安表、示波器、整流二极管 1N4007、电阻 100 Ω、电解电容 1 000 μF 和 470 μF、开关、导线若干。

三、任务内容及步骤

识别与检测元件。若有元件损坏，请说明情况。按相应电路图在模拟实验台连接电路。

1. 半波整流电容滤波电路测试

半波整流电容滤波实验电路如图 1-30 所示。图中 VD 是整流二极管，选用 1N4001，变压器输出电压为 15 V，电容 C 为 1 000 μF，负载电阻为 470 Ω。

（1）按图 1-30 接线，经检查无误后，与 220 V 交流电源相接通，电路中 S 断开，用示波器观测输入、输出电压波形，记录结果于表 1-6 中。

（2）闭合开关 S，用示波器观测输入、输出电压波形，记录结果，并与开关断开的情况进行比较。

（3）改变滤波电容的大小 C = 470 μF，再进行上述步骤。

表 1-6　半波整流电容滤波电路测试记录

电路状态	u_2 的波形	u_o 的波形	U_2/V	U_0/V	I_0/mA
S 断开					
S 闭合					
结论					

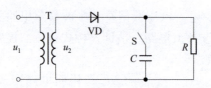

图 1-30　半波整流电容滤波实验电路

2. 桥式整流电容滤波电路测试

（1）按图 1-31 所示电路图连接电路。检查无误后，接通工频正弦交流电源。断开 S_1、S_2，合上 S_3，用示波器观测输入、输出电压波形，记录结果于表 1-7 中。

（2）合上 S_1、S_3，用示波器观察输出波形，用万用表测出输出电压值，并将其与毫安表的读数填入表 1-7 中。

（3）合上 S_1、S_2、S_3，用示波器观察输出电压波形，用万用表测出输出电压值，并将其与毫安表的读数填入表 1-7 中。

（4）合上 S_1、S_2，断开 S_3，用示波器观察输出电压值，并将其与毫安表的读数填入表 1-7 中。

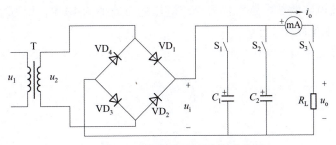

图 1-31　桥式整流电容滤波实验电路

表 1-7　桥式整流电容滤波电路测试记录

电路开关状态	u_2 的波形	u_o 的波形	U_2/V	U_0/V	I_0/mA
仅 S_3 闭合					
S_1、S_3 闭合					
S_1、S_2、S_3 闭合					
仅 S_3 断开					

3. 桥式整流电容滤波电路故障分析

根据表 1-8 所示情况，进行桥式整流电容滤波电路故障分析。

表 1-8　桥式整流电容滤波电路故障分析

情况	故障现象
整流管 VD_1 开路	
整流管 VD_3 短路	
负载 R_L 开路	
电容 C 开路	

四、注意事项

（1）连接电路时，整流管及电解电容极性不能接错，以免损坏元件，甚至烧毁电路。

（2）连接好电路之后，才可通电，不能带电改装电路。

（3）负载电阻 R_L 不能过小，更不允许短路，以免烧毁毫安表。

五、巩固练习

（1）桥式整流后的电压为脉动直流电压，其中包括较大的_____（交流/直流）分量，通过电容滤波后削弱_____（交流/直流）分量的作用，输出波形的脉动系数_____（变大/变小）。

（2）增大电容的容量或者增大负载电阻的阻值，输出波形的脉动系数变_____（大/小）。

（3）负载空载时，输出波形的特点为_____。

（4）桥式整流电容滤波电路，输入交流电压的有效值为 10 V，用万用表测得直流输出电压为 9 V，则说明电路中_____。

（5）为提高输出电压的平滑程度，_____（增大/减小）滤波电容的电容量是行之有效的方法。

六、任务评价

完成表1-9。

表1-9　单相整流滤波电路的分析与测试职业能力评比计分表

项目	配分	评分标准	自评	互评	师评	合计
半波整流电容滤波电路测试	20	能正确在实验台连接半波整流电容滤波电路（5分）； 能用示波器正确观测输入、输出电压波形（10分）； 能计算理论值并得出正确结论（5分）				
桥式整流电容滤波电路测试	40	能正确在实验台连接桥式整流电容滤波电路（5分）； 能用示波器正确观测不同状态输入、输出电压及波形（20分）； 能计算理论值并得出正确结论（15分）				
巩固练习	10	每小题2分				
学习态度	10	迟到、早退，一人次扣2分；学习态度不端正不得分				
安全文明操作	10	不规范操作，一次扣5分				
7S管理规范	10	工位不整洁，视情况扣分； 没有节约意识，扣5分				

任务 1.3　稳压电路的分析与测试

任务导入

交流电源电压的波动、负载和温度的变化，都会影响整流滤波后的直流输出电压，引起直流输出电压不稳定。精密电子仪器、自动控制和计算机装置等都需要很稳定的直流电源供电。为了得到稳定的直流输出电压，在整流滤波电路之后需要增加稳压电路。在小功率电源设备中，用得比较多的稳压电路有两种：一种是用稳压二极管组成的并联型稳压电路，另一种是串联型稳压电路。

任务描述

通过对稳压电路的分析与测试，使学生掌握并联型稳压电路、串联型稳压电路、三端集成稳压电源电路的组成、稳压原理及工作过程；能够利用示波器测量输入、输出波形及使用万用表测量相关数据；能进行电路的故障排查，强化逻辑思维和工程思维。

知识准备

1.3.1　并联型稳压电路

一、电路组成

并联型稳压电路如图 1-32 所示，由限流电阻 R 和稳压二极管 VZ 组成，二者配合起稳压作用。稳压电路接在整流滤波电路之后，电阻 R 起稳压限流作用，使稳压二极管电流 I_Z 不超过允许值。另外，还利用它两端电压升降使输出电压 U_O 趋于稳定。由于稳压二极管 VZ 与负载 R_L 并联，故称为并联型稳压电路或稳压二极管稳压电路，输出电压就是稳压二极管两端的稳定电压，即

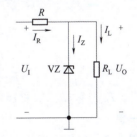

图 1-32　硅稳压二极管并联型稳压电路

$$U_O = U_I - I_R R = U_Z$$

二、稳压原理

引起直流电源输出不稳定的主要原因是电网电压波动和负载 R_L 变化。现将电路克服不稳定因素影响、实现稳压的原理简述如下。

设因电网电压上升或 R_L 增加造成 U_O 增加时，通过稳压二极管 VZ 的电流随着增加，从而使电阻上的电压 U_R 增加，结果是阻止了输出电压的上升，使输出电压 U_O 保持基本稳定

不变。即

$$U_I(R_L)\uparrow \rightarrow U_O(=U_I-I_R R)\uparrow \rightarrow I_Z\uparrow \rightarrow I_R(=I_Z+I_L)\uparrow$$
$$U_O\downarrow \leftarrow U_R\uparrow \leftarrow$$

反之，输入电压 U_I 降低或 R_L 下降引起 U_O 下降时，I_Z 将下降，使 U_R 下降，于是限制了 U_O 的下降，使 U_O 基本不变，达到稳压的目的。

从以上分析可知，硅稳压二极管并联型稳压电路能稳定输出电压，是稳压二极管 VZ 和限流电阻 R 在起决定作用，即利用硅稳压二极管反向击穿时电压稍有变化引起反向击穿电流很大的变化，再通过限流电阻 R 起到补偿作用，从而使输出电压 U_O 基本保持不变。

▲点睛

稳压二极管组成的并联型稳压电路具有电路结构简单、使用元件少等优点，但稳压值取决于稳压二极管的稳定电压，不能调节。因此，这种稳压电路只适用于电压固定、负载电流较小、负载变动不大的场合。

【例1.6】稳压电路如图 1-32 所示，已知稳压二极管的稳定电压 $U_Z=8$ V，$I_{Zmin}=5$ mA，$I_{Zmax}=30$ mA，限流电阻 $R=390$ Ω，负载电阻 $R_L=510$ Ω，试求输入电压 $U_I=17$ V 时，输出电压 U_O 及电流 I_L、I_R、I_Z 的大小。

解：令稳压二极管开路，求得 R_L 上压降 U_O' 为

$$U_O'=\frac{U_I R_L}{R+R_L}=\frac{17\times 510}{390+510}\approx 9.6(\text{V})$$

因 $U_O'>U_Z$，稳压二极管接入电路后即可工作在反向击穿区，略去动态电阻 r_Z 的影响，稳压电路的输出电压 U_O 就等于稳压二极管的稳定电压 U_Z，即

$$U_O=U_Z=8(\text{V})$$

由此计算出各电流大小分别为

$$I_L=\frac{U_O}{R_L}=\frac{8}{510}(\text{A})\approx 0.015\ 7(\text{A})=15.7(\text{mA})$$

$$I_R=\frac{U_I-U_O}{R}=\frac{17-8}{390}(\text{A})=0.023\ 1(\text{A})=23.1(\text{mA})$$

$$I_Z=I_R-I_L=(23.1-15.7)\text{mA}=7.4(\text{mA})$$

可见，$I_{Zmin}<I_Z<I_{Zmax}$，稳压二极管处于正常稳压工作状态，上述计算结果是正确的。

想一想

在图 1-32 所示的稳压二极管稳压电路中，电阻 R 被短路了，电路还能否稳压？为什么？

1.3.2 串联反馈型稳压电路

串联反馈型稳压电路因调整元件与负载串联而得名，简称串联型稳压电路。

一、电路组成

简单的串联型稳压电路原理图和方框图如图 1-33 所示。它由以下 4 个部分组成。

（1）取样电路：由 R_1、R_2 组成。取样电路的作用是，当输出电压发生变化时，取出其中的一部分送到比较放大管 VT_2 的基极。

（2）基准电压电路：由稳压二极管 VZ 与限流电阻 R_3 组成。它的作用是为电路提供基准电压。

（3）比较放大电路：由 VT_2 组成。其作用是，放大取样电压与基准电压之差，经过 VT_2 集电极电位（也为 VT_1 基极电位）控制调整管工作。

（4）调整管：由功率管 VT_1 组成。其作用是根据比较电路输出，调节集、射间电压，从而达到自动稳定输出电压的目的。电路中因调整管与负载串联，$U_O = U_I - U_{CE1}$，故名串联型稳压电路。

R_4 既是 VT_2 的集电极负载电阻，又是 VT_1 基极偏置电阻，使 VT_1 处于放大状态。

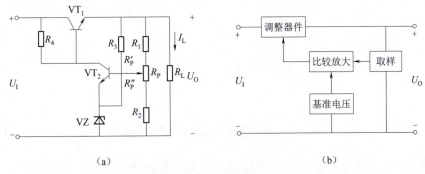

图 1-33　串联型稳压电路
（a）原理图；（b）方框图

二、工作原理

串联型稳压电路稳压原理简述如下：

当电网电压波动或负载电流 I_L 变化，导致输出电压 U_O 增加时，通过取样电阻的分压作用，VT_2 管基极电位 V_{B2} 随之升高，由于 $V_{E2} = U_Z$，是稳压二极管提供的基准电压，其值基本不变，致使 U_{BE2} 增大，I_{C2} 随之增大，VT_2 的集电极电位 V_{C2} 下降。由于 VT_1 的基极电位 $V_{B1} = V_{C2}$，因而 I_{C1} 减小，VT_1 管压降 U_{CE1} 增大，使输出电压 $U_O = U_I - U_{CE1}$ 下降，结果使 U_O 基本保持恒定。

$$U_I \uparrow \text{ 或 } I_L \downarrow \rightarrow U_O \uparrow \rightarrow V_{B2} \uparrow \rightarrow U_{BE2} \uparrow \rightarrow I_{C2} \uparrow$$
$$U_O \downarrow \leftarrow U_{CE1} \uparrow \leftarrow I_{C1} \downarrow \leftarrow V_{B1} \downarrow \leftarrow V_{C2} \downarrow$$

反之，因某种原因使 U_O 下降，通过负反馈过程，使 U_{CE1} 减小，从而使 U_O 增加，结果使 U_O 基本保持恒定。

由此可见，串联型稳压电路实质上是通过电压负反馈使输出电压维持稳定的。

由图 1-33（a）可知

$$V_{B2} = U_{BE2} + U_Z = U_O \frac{R_2 + R_P''}{R_1 + R_2 + R_P}$$

$$U_O = \frac{R_1 + R_2 + R_P}{R_2 + R_P''}(U_Z + U_{BE2}) \tag{1-18}$$

当 R_P 调到最上端时，输出电压为最小值，此时有

$$U_{Omin} = \frac{R_1 + R_2 + R_P}{R_2 + R_P}(U_Z + U_{BE2})$$

当 R_P 调到最下端时，输出电压为最大值，此时有

$$U_{Omax} = \frac{R_1 + R_2 + R_P}{R_2}(U_Z + U_{BE2})$$

以上电路中，若将比较放大管 VT_2 改为集成运放 A，则构成了由集成运放构成的串联型稳压电路，图 1-34 所示为其原理电路，读者可自行分析其工作原理。

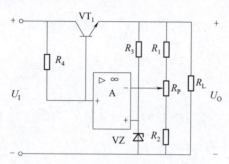

图 1-34　集成运放构成的串联型稳压电路

串联型稳压电源工作电流较大，输出电压一般可连续调节，稳压性能优越。目前这种稳压电源已经制成单片集成电路，广泛应用在各种电子仪器和电子电路之中。串联型稳压电源的缺点是损耗较大、效率低。

1.3.3　三端集成稳压器

三端集成稳压电路

集成稳压器将串联稳压电路和各种保护电路集成在一起。它具有稳压性能好、体积小、质量轻、使用方便等优点，因而在现代电子技术中得到了广泛应用，已逐渐取代由分立元器件组成的稳压电路。

集成稳压器的种类较多，按其输出电压方式可分为固定式和可调式集成稳压器；按输出电压极性可分为正输出和负输出电压集成稳压器。

一、三端固定输出集成稳压器

这种稳压器将所有元器件都集成在一个芯片上，只有 3 个引脚，即输入端、输出端和公共端。

1. 三端固定输出集成稳压器的命名和引脚排列

三端固定输出集成稳压器通用产品有输出正电压的 CW7800 系列和输出负电压的 CW7900 系列，其型号命名方法如下：

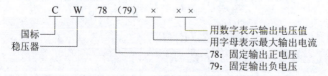

国产三端固定输出集成稳压器输出电压有 5 V、6 V、9 V、12 V、15 V、18 V、24 V 七种。最大输出电流大小用字母表示，字母与最大输出电流对应表见表 1-10。

表 1-10 7800、7900 系列集成稳压器字母与最大输出电流对应表

字母	L	N	M	无字母	T	H	P
最大输出电流/A	0.1	0.3	0.5	1.5	3	5	10

例如，CW7805 为国产三端固定输出集成稳压器，输出电压为 +5 V，最大输出电流为 1.5 A；LM79M9 为美国国家半导体公司生产的 −9 V 稳压器，最大输出电流为 0.5 A。常用的美国国家半导体公司生产的三端固定式集成稳压器型号含义与国产型号含义类似，常用"LM"代表美国半导体公司生产。

图 1-35 所示为 CW7800（或 LM7800）和 CW7900（或 LM7900）系列塑料封装和金属封装三端固定输出集成稳压器的外形及引脚排列。

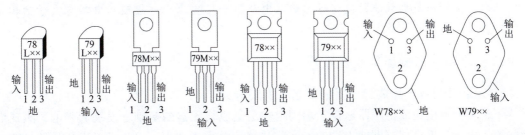

图 1-35 三端固定输出集成稳压器外形及引脚排列

2. 三端固定输出集成稳压器应用电路

1）基本应用电路

三端固定输出集成稳压器的基本应用电路如图 1-36 所示，其中图 1-36（a）为输出正电压电路。整流滤波后的直流电压接在输入端和公共端之间，在输出端即可得到稳定的输出电压 U_0。为了改善纹波电压，输入端电容 C_1 用以旁路因输入导线过长的电感效应，以防止自激振荡，一般容量为 0.33 μF。输出端电容 C_2 用以改善负载的瞬态响应，消除电路的高频噪声，同时具有消振作用。C_2 的容量一般为 0.1 μF。C_1、C_2 焊接时要尽可能靠近集成稳压器的引脚。

虚线所接二极管对集成稳压器起保护作用。如不接二极管，当输入端短路且 C_2 容量较大时，C_2 上的电荷通过集成稳压器内电路放电，可能使集成稳压器击穿而损坏。接上二极管后，C_2 上电压使二极管正偏导通，电容通过二极管放电，从而保护了集成稳压器。

2）输出正、负电压电路

图 1-36（b）为输出正、负电压电路。电源变压器带有中心抽头并接地，输出端有大小相等、极性相反的电压。图中 VD_5、VD_6 起保护集成稳压器的作用。在输出端接负载的情况下，如果其中一路集成稳压器输入 U_I 断开，如图中 W79×× 的输入端 A 点断开，则 $+U_0$ 通过 R_L 作用于 W79×× 的输出端，使它的输出端对地承受反向电压而损坏。有了 VD_6，在上述情况发生时，VD_6 正偏导通，使反向电压钳制在 0.7 V，从而保护了集成稳压器。

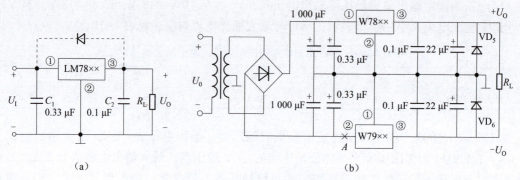

图1-36　固定电压输出电路

（a）固定输出正电压电路；（b）固定输出正、负电压电路

▲点睛

三端固定输出集成稳压器使用时对输入电压有一定要求，一般输入电压应大于输出电压 2~3 V 以上。

二、三端可调输出集成稳压器

1. 三端可调输出集成稳压器的命名和引脚排列

三端可调输出集成稳压器是在三端固定输出集成稳压器的基础上发展起来的，集成芯片的输入电流几乎全部流到输出端，流到公共端的电流非常小，因此可以用少量的外部元件方便地组成精密可调的稳压电路。典型产品有输出正电压的 CW117、CW217、CW317 系列和输出负电压的 CW137、CW237、CW337 系列。

三端可调输出集成稳压器的型号由 5 个部分组成，其含义如下：

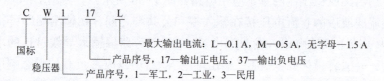

三端可调输出集成稳压器引脚排列图如图 1-37 所示。除输入、输出端外，另一端称为调整端。

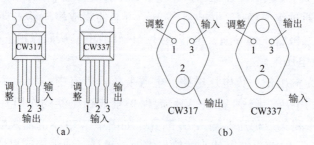

图1-37　三端可调输出集成稳压器引脚排列图

（a）TO-220 封装；（b）TO-3 封装

2. 三端可调输出集成稳压器基本应用电路

三端可调输出集成稳压器基本应用电路以 CW317 为例，电路如图 1-38 所示，该电路的输出电压为 1.25~37 V 连续可调，最大输出电流为 1.5 A。它的最小输出电流由于集成电路参数限制，不得小于 5 mA。

CW317 的输出端与调整端之间电压 U_{REF} 固定在 1.25 V，调整端（ADJ）的电流很小且十分稳定（50 μA），R_1 和 R_2 近似为串联，输出电压可表示为

$$U_0 \approx \left(1 + \frac{R_2}{R_1}\right) \times 1.25 \tag{1-19}$$

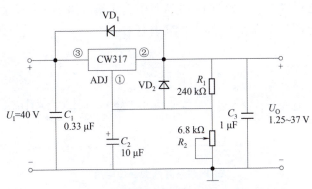

图 1-38   三端可调输出集成稳压器电路

图 1-38 中，R_1 跨接在输出端与调整端之间，为保证负载开路时输出电流不小于 5 mA，R_1 的最大值为 $R_{1\text{max}} = U_{\text{REF}}/5 \text{ mA} = 250 \text{ Ω}$，取 240 Ω。本电路要求最大输出电压为 37 V，R_2 为输出电压调节电阻，其阻值代入式（1-19）即可求得，取 6.8 kΩ，C_2 是为了减小输出纹波电压而设置的，C_3 是为了防止输出端负载呈容性时可能出现的阻尼振荡，C_1 为输入端滤波电容，可抵消电路的电感效应和滤除输入线引入的干扰脉冲。VD_1、VD_2 是保护二极管，可选开关二极管 1N4148。

由此可见，调节 R_2 就可实现输出电压的调节。

若 $R_2 = 0$，则 U_0 为最小输出电压。随着 R_2 的增大，U_0 随之增加，当 R_2 为最大值时，U_0 也为最大值。所以 R_2 应按最大输出电压值来选择。

想一想

三端可调输出集成稳压器 CW317 和 CW337 有什么不同？它们的调整端 ADJ 和输出端 U_0 之间电压绝对值各为多大？

中国技术–绿色低碳光伏将成为中国未来重要电源

任务实施

一、任务要求

（1）掌握稳压电路的组成，加深对稳压电路工作原理的理解；

（2）能熟练使用仿真软件进行电路绘制，能利用虚拟仪表进行关键波形的观测；

三端集成直流稳压电源电路仿真

（3）学会稳压电路的故障分析和调试方法；

（4）培养分析、解决问题的能力和工程思维。

二、设备与器件

仿真软件、万用表、示波器、稳压二极管、电阻、电容、三极管、导线若干。

三、任务内容及步骤

1. 并联型稳压电路仿真检测

使用 Multisim 仿真软件搭建如图 1-39 所示仿真实验电路。运行仿真电路，利用虚拟万用表分别测量输出电压，完成表 1-11 中的实验任务。

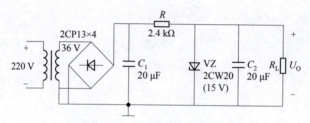

图 1-39 并联型稳压电路

表 1-11 并联型稳压电路负载变化时输出电压测量表

输入电压值（交流）/V	负载电阻值/Ω	输出电压值（直流）	负载电压变化值
220	1 000		
220	100		
结论	负载电阻大小对稳压输出电压的影响：		

2. 三端固定集成稳压电路仿真检测

使用 Multisim 仿真软件搭建如图 1-40 所示 CW7809 固定输出 9 V 仿真实验电路，并测试其关键点电压及波形变换情况。

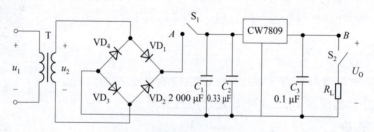

图 1-40 三端固定集成稳压电路

（1）打开电路所有开关 S_1 和 S_2，运行仿真电路，用示波器观察检测点 A 的电压值，记录测量结果于表 1-12 中。

（2）闭合开关 S_1，断开开关 S_2，运行仿真电路，用示波器分别检测不同情况下 A、B 点的电压值，记录测量结果于表 1-12 中。

（3）闭合开关 S_1、S_2，改变输出端负载 R_L 分别为 1 kΩ、100 Ω，运行仿真电路，用示波器分别检测不同情况下 A、B 点的电压值，记录测量结果于表 1-12 中，分析测量数据得出结论。

表 1-12　三端固定集成稳压电路仿真检测电压测量表

电路状态		A 点电压测量值	A 点电压估算值	B 点电压测量值	B 点电压估算值
S_1、S_2 打开					
S_1 闭合、S_2 打开					
S_1、S_2 闭合	$R_L = 1$ kΩ				
	$R_L = 100$ Ω				
结论		负载电阻大小对稳压输出电压的影响：			

四、巩固练习

（1）并联型稳压管稳压电路的电阻 R 的作用_____。电阻 R 和稳压二极管_____（串联/并联）共同起稳压作用。

（2）并联型稳压电路中硅稳压二极管工作在_____（正向导通区/反向击穿区）。

（3）CW78M12 的输出电压为_____ V，最大输出电流为_____ A。

（4）三端固定输出集成稳压器使用时一般输入电压应大于输出电压_____ V。

（5）CW317 的输出端与调整端之间电压 U_{REF} 固定在_____ V。

五、任务评价

完成表 1-13。

表 1-13　稳压电路的分析与测试职业能力评比计分表

项目	配分	评分标准	自评	互评	师评	合计
并联型稳压电路仿真检测	25	能正确搭建并联型稳压仿真电路（5分）；能仿真检测输出电压及波形（15分）；能计算理论值并得出正确结论（5分）				
三端固定集成稳压电路仿真检测	35	能正确搭建三端固定输出集成稳压仿真电路（5分）；能仿真检测不同状态输出电压及波形（25分）；能计算理论值并得出正确结论（5分）				
巩固练习	10	每小题2分				
学习态度	10	迟到、早退，一人次扣2分；学习态度不端正不得分				
安全文明操作	10	不规范操作，一次扣5分				
7S 管理规范	10	工位不整洁，视情况扣分；没有节约意识，扣5分				

项目制作 三端集成稳压电源的装配与调试

一、任务要求

（1）掌握直流稳压电源的组成，加深对直流稳压电源工作原理的理解；

（2）熟悉集成稳压电源的使用及外部元器件参数的选择；

（3）能够正确进行集成稳压电源的组装和调试；

（4）培养严谨细致、精益求精的工匠精神以及质量意识。

二、设备与器件

可调工频电源、示波器、万用表等。集成稳压电源所需元器件（材）如表 1-14 所示。

表 1-14　集成稳压电源元器件明细

序号	名称	元器件标号	规格型号	数量
1	变压器	T	220 V/17 V（双路）	1
2	集成稳压器	LM7815、LM7915	15 V、−15 V	2
3	整流二极管	$VD_1 \sim VD_4$	1N4001	4
4	电解电容	C_1、C_2	25 V、1 000 μF	2
5	电容	C_3、C_4	63 V、0.33 μF	2
6	电容	C_5、C_6	63 V、0.1 μF	2
7	电解电容	C_7、C_8	25 V、22 μF	2
8	电阻	R_1、R_2	1 kΩ	2
9	发光二极管	VL_1、VL_2	红色	2
10	印制电路板		配套	1

三、电路分析

电路如图 1-2 所示，电源变压器带有中心抽头并接地，输出端有大小相等、极性相反的电压，经 $VD_1 \sim VD_4$（或桥堆）整流，C_1、C_2 滤波，得到 24 V 左右的直流电压；再经集成稳压器 LM7815、LM7915 稳压后，得到 ±15 V 双电源电压。其中，$C_3 \sim C_6$ 的作用是使稳压器在整个输入电压和输出电流变化范围内，提高稳压器的工作稳定性和改善瞬态响应；电解电容 C_7、C_8 能进一步减小输出电压的纹波，使输出电压更为稳定。VL_1、VL_2 是发光二极管，用作电源指示灯。

四、直流稳压电源故障的处理方法

直流稳压电源使用中有可能产生故障，产生故障的原因很多，但大概可以归纳为两个方面：一是电路中元器件老化或损坏；二是电路中连接不良，如虚焊、脱焊、断线或短路以及连线接触不良等。

故障处理的基本方法是：先断电检查后通电检测；先分析故障后动手修理；先观察现象后用仪器测量。具体故障处理一般可按下列步骤进行：

（1）先断开交流电源，进行直观检查。如检查过流保护熔丝是否熔断，观察元器件有无烧焦和炸裂、引脚有无折断、连线有无断脱和松动、印制电路板导线有无裂痕及短路。检查过程中可借用万用表来判断电路的通断，也可适当触动有关元器件、连线，观察其焊点有无松动、连线是否折断等。

（2）确认电路没有短路故障后，接入过流保护熔丝，合上交流电源，先行观察电路有无异常现象，若出现元器件有发烫、冒烟、焦味等异常现象，应立即关断交流电源，以免故障扩大，然后重新认真查找故障并分析、修理。若无异常现象，即可用万用表直流电压挡测量输出电压应符合要求，或调节输出电压调整电位器，输出电压跟随变化，即说明故障基本消除。

（3）对于复杂的故障，可以从前级开始，断开后级逐级进行检查和分析，切勿乱拆，乱换元器件。

（4）在进行故障处理时，要注意安全用电，严禁用手触摸变压器一次侧的元器件，焊接时不要带电操作，测量时防止与其他引脚、端点短路等。

五、任务内容及步骤

1. 元器件的识别与检测

（1）二极管的识别、检测。找出整流二极管 $VD_1 \sim VD_4$，根据二极管壳体的标记，判别二极管的极性，并进行确认；用万用表"$R\times100$"挡（或"$R\times1K$"挡）判别二极管的质量好坏，将数值填入表1-15中。

表1-15 二极管的检测数据记录表

二极管符号	正向电阻	反向电阻	质量情况
VD_1			
VD_2			
VD_3			
VD_4			

（2）电容的识别、检测。找出电容 $C_1 \sim C_8$，根据标注读出其电容值和耐压值，将数据填入表1-16中。

表1-16 电容的检测数据记录表

电容标号	标称值	耐压值	电容标号	标称值	耐压值
C_1			C_5		
C_2			C_6		
C_3			C_7		
C_4			C_8		

（3）集成稳压器的识别与检测。根据前面所学的知识，判断 LM7815、LM7915 各引脚情况，用万用表测量各引脚之间的电阻值，粗略判断集成稳压器的好坏。

2. 集成稳压电源电路的装配

本任务将利用单股绝缘导线在面包板上完成电路的连接。

（1）根据原理图设计好元器件的布局。

（2）在面包板上按图 1-2 所示的位置和顺序插装元器件，并连接导线。在连线时一定要按要求进行装接，不装错，元器件排列整齐并符合工艺要求，尤其应注意电容、整流二极管、集成稳压管和发光二极管的极性。

3. 集成稳压电源电路的调试与检测

（1）目视检验。装配完成后进行不通电自检。应对照电路原理图或接线图逐个元件、逐条导线地认真检查电路的连线是否正确、元器件的极性是否接反、元件的引脚及导线的端头在面包板插孔中的接触是否良好、布线是否符合要求等。

（2）在不通电的情况下，用万用表电阻挡测变压器一次侧和二次侧的电阻，集成稳压器输入端、输出端对地电阻，判断电路中是否有短路现象。

（3）通电检测。当测得各在路直流电阻正常时，即可认为电路中无明显的短路现象。可用单手操作法进行通电调测，它可以有效地避免因双手操作不慎而引起的电击等意外事故。

目视检验完成后，把变压器原边经 0.5 A 的熔断器接入 220 V 交流电源，用万用表直流电压 10 V 挡测量输出电压是否为 5 V。若不正常，则应立即切断交流电源，并对电路重新检查。若正常，则可在输出端串联 470 kΩ 电位器和直流电流表（直流电流 20 mA 挡）。调节电位器，观察输出电流在 0~15 mA 变化时输出电压是否稳定，并用示波器观察各波形。

六、巩固练习

（1）直流稳压电源一般由_____、_____、_____和_____组成。

（2）电路中 4 个整流二极管必须正确装接，否则会因形成很大的短路电流而烧毁。正确接法是：共阳端和共阴端接_____（负载/变压器二次绕组），而另外两端接_____（负载/变压器二次绕组）。

（3）三端集成稳压电源电路中 4 个电解电容器 C_1、C_2 和 C_7、C_8 的作用是否相同？

（4）图 1-2 中，流过 VL_1、VL_2 的电流为_____ mA。

（5）图 1-2 中，LM7815 和 LM7915 的位置_____（是/否）可以简单互换的。

七、任务评价

完成表 1-17。

表 1-17　三端集成稳压电源的装配与调试职业能力评比计分表

项目	配分	考核要求	评分标准	自评	互评	师评
准备工作	10	20 min 内完成所有元器件的清点、检测及调换	规定时间外更换元件，扣 2 分/个			

项目	配分	考核要求	评分标准	自评	互评	师评
电路分析	10	能正确分析电路的工作原理	分析错误，扣3分/处			
电路组装	15	能正确测量元器件； 元器件按要求整形； 元件的位置正确，引脚成型、插装符合要求，连线正确； 布线符合工艺要求	整形、安装不规范，扣1分/处； 损坏元器件，扣2分/处； 错装、漏装，扣2分/处； 少线、错线及布局不美观，扣1分/处			
通电调试	10	直流输出电压约为±15 V； 调节电位器时，输出电压几乎维持不变； 输出电流为0~15 mA	直流无输出或输出偏差太大，扣2分； 不能正确使用测量仪器，扣2分/次			
故障分析、检修	15	能正确分析故障原因，判断故障范围； 检修思路清晰，方法运用得当； 检修结果正确； 能正确使用仪表	故障原因分析错误，扣2分/次； 故障范围判断过大，扣1分/次； 检修思路不清、方法不当，扣2分/次； 检修结果错误，扣2分/次； 仪表使用错误，扣2分/次			
巩固练习	10	习题正确	每错一题，扣2分			
学习态度	10	不迟到、早退、旷课； 小组成员协作和谐，学习态度端正	不遵守考勤制度，每次扣2~5分； 团队不协作，学习态度不端正，扣5分			
安全文明操作	10	安全用电，无人为损坏仪器、元件和设备； 操作习惯良好	发生安全事故，扣10分； 人为损坏设备、元器件，扣5分			
7S管理规范	10	保持环境整洁，秩序井然； 有节约成本意识	现场不整洁、工作不文明，有浪费元器件和材料现象，扣3~5分			

项目小结

通过本项目的学习，要求掌握以下主要内容：

（1）纯净不含杂质的半导体称为本征半导体，本征半导体有自由电子和空穴两种载流子参与导电，在常温下，其载流子浓度很低，导电能力很弱。杂质半导体的导电性能主要由掺杂的浓度决定，因此比本征半导体大为改善。本征半导体中掺入五价元素杂质，则成为N型半导体，N型半导体中电子是多数载流子，空穴是少数载流子。本征半导体中掺入三价元素杂质，则成为P型半导体，P型半导体中空穴是多数载流子，电子是少数载流子。

PN结也称耗尽区，它是构成半导体器件的核心，其主要特性是单向导电性，即PN结正向偏置时导通，呈现很小的电阻，形成较大的正向电流；反向偏置时截止，呈现很大的电阻，反向电流近似为零。

（2）二极管由 PN 结构成，其伏安特性是非线性的。二极管的死区电压，硅管约为 0.5 V，锗管约为 0.1 V。正向导通电压硅管为 0.6~0.8 V，锗管为 0.2~0.3 V。

普通二极管在大信号状态，可将二极管等效为理想二极管，即正偏时导通，电压降为零，相当于理想开关闭合；反偏时截止，电流为零，相当于理想开关断开。将这一特性称为二极管的开关作用。利用二极管的单向导电性可构成开关电路、整流电路、限幅电路等。

（3）稳压二极管、发光与光电二极管、变容二极管的结构与普通二极管类似，均由 PN 结构成。但稳压二极管工作在反向击穿区，主要用途是稳压；发光与光电二极管是用以实现光、电信号转换的半导体器件，它在信号处理、传输中获得广泛的应用；而变容二极管在电路中作可变电容使用，广泛用于高频电路中。

（4）使用中应根据电路功能及要求，选用合适类型的二极管，且参数要留有一定的余量，电路安装时要特别注意极性不能接反。由于二极管正、反向电阻相差很大，所以实用中可用万用表检测其极性，并根据正、反向电阻阻值的大小判断其性能的好坏。

（5）直流稳压电源是电子设备中的重要组成部分，用来将交流电网电压变为稳定的直流电压。一般小功率直流电源由电源变压器、整流电路、滤波电路和稳压电路组成。对直流稳压电源的主要要求是：在电网电压波动以及负载变化时，输出电压应保持稳定。

（6）整流电路的作用是利用二极管的单向导电性，将交流电压变成单方向的脉动直流电压，目前广泛采用整流桥构成桥式整流电路。为了消除脉动直流电压的纹波电压，需采用滤波电路，单相小功率电源常采用电容滤波。在桥式整流电容滤波电路中，当 $R_L C \geq (3 \sim 5)T/2$ 时，输出电压 $U_{O(AV)} \approx 1.2 U_2$。二极管要装接正确，否则二极管或变压器绕组会因短路过流而烧毁。

（7）稳压电路用来在交流电源电压波动或负载变化时，稳定直流输出电压。硅稳压二极管并联稳压电路由稳压二极管与限流电阻组成。其中，稳压二极管必须反偏，限流电阻起限流保护作用，适用于电压固定、负载电流小、负载变化不大的场合。

串联型线性集成稳压器中调整管与负载相串联，且工作在线性放大状态，它由调整管、基准电压、取样电路、比较放大电路以及保护电路等组成。

目前广泛采用集成稳压器，三端集成稳压器仅有输入端、输出端和公共端（或调整端），有固定输出和可调输出两种，均有正、负电源两类，使用方便、稳压性能好且价格低廉。但由于调整管工作在线性放大区，功耗较大、效率较低。

（8）进行直流稳压电源调整测试时，应特别注意人身和设备的安全。首先，要分清强电和弱电部分，强电部分严禁带电操作；其次，通电之前必须对电路进行认真检查，只有确认电路接线绝对正确时，方可合上交流电源，否则就有可能因电路接错而损坏元器件。

🌀 思考与练习

1.1 填空题

1. 半导体中有_____和_____两种载流子参与导电。

2. PN 结在_____偏置时导通，_____偏置时截止，这种特性称为_____性。温度升高时，二极管的反向饱和电流将_____，正向压降将_____。

3. 硅二极管死区电压约为_____V，锗二极管死区电压约为_____V。硅二极管导通时的管压降约为_____V，锗二极管导通时的管压降约为_____V。

4. 发光二极管能将_____能转变为_____能。它工作于_____偏置状态。

5. 直流稳压电源由_____、_____、_____、_____四个部分组成，其中以二极管为核心的是_____环节。

6. 整流电路是利用二极管的_____性将交流电变为单向脉动的直流电。稳压二极管是利用二极管的_____特性实现稳压的。

7. 桥式整流由_____个二极管构成，整流桥堆上标有"～"的引脚应与_____相连，标有"+"和"−"的引脚应与_____相连。

8. 硅稳压二极管是工作在_____状态下的硅二极管。在实际工作中，为了保护稳压二极管，需在外电路串接_____。

9. 串联型三极管线性稳压电路主要由_____、_____、_____和_____等四部分组成。

10. 如图 1-41 所示电路，求：

（1）变压器二次电压 U_2 =_____V；（2）负载电流 I_L =_____mA；（3）流过限流电阻的电流 I_R =_____mA；（4）流过稳压二极管的电流为_____mA。

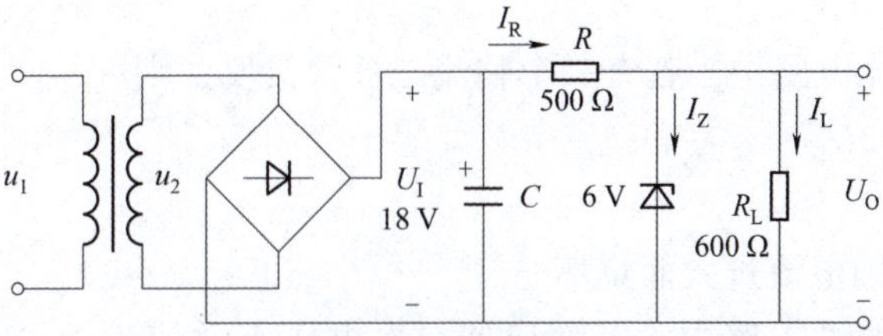

图 1-41 填空题第 10 题图

11. CW78M12 的输出电压为_____V，最大输出电流为_____A。CW317 为三端可调输出集成稳压器，能够在_____V 至_____V 输出电压范围内提供_____A 的最大输出电流。

1.2 选择题

1. 硅二极管正偏时，正偏电压为 0.7 V 和正偏电压为 0.5 V 时，二极管呈现的电阻值（   ）。

A. 相同　　　　　　　　B. 不相同　　　　　　　　C. 无法判断

2. N 型半导体为掺杂半导体，具有（   ）特点。

A. 带负电　　　　　　　　　　　　　B. 空穴为多数载流子

C. 电子为多数载流子　　　　　　　　D. 具有单向导电性

3. 对于 2CZ 型二极管，以下说法正确的是（   ）。

A. 由 P 型锗材料制成，适用于小信号检波

B. 由 N 型硅材料制成，适用于整流

C. 由 N 型硅材料制成，适用于小信号检波

4. 在下面表 1-18 的 4 个二极管中，单向导电性最好的是（   ）。

表 1-18 4 个二极管电流数据

电流 \ 二极管	A	B	C	D
反向电流/μA	1	2	5	10
加相同正向电压时的电流/mA	16	5	9	6

5. 如图 1-42 所示电路，二极管导通时压降为 0.7 V，反偏时电阻为 ∞，则以下说法正确的是（　　）。

A. VD 导通，$U_{AO} = 5.3$ V　　　　　　　　B. VD 导通，$U_{AO} = -5.3$ V

C. VD 导通，$U_{AO} = -6.7$ V　　　　　　　　D. VD 导通，$U_{AO} = 6.7$ V

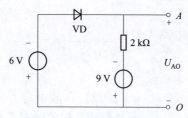

图 1-42　选择题第 5 题图

6. 在单相桥式整流电路中，若有一个整流二极管接反，则（　　）。

A. 输出电压约为 $2U_D$

B. 变为半波直流

C. 整流二极管将因电流过大而烧坏

7. 桥式整流电容滤波电路中，若变压器二次电压有效值为 10 V，现测得输出电压为 14.1 V，则说明（　　）；若测得输出电压为 10 V，则说明（　　）；若输出电压为 9 V，则说明（　　）。

A. 滤波电容开路　　　　　　　　　　　　B. 负载开路

C. 滤波电容击穿短路　　　　　　　　　　D. 其中一个二极管损坏

8. 下列型号中属于可调输出负电压集成稳压电源的是（　　）。

A. CW79××　　　　B. CW337　　　　C. CW317　　　　D. CW7812

9. 如图 1-43 所示电路装接正确的是（　　）。

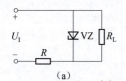 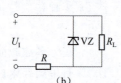 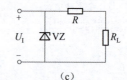 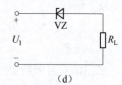

图 1-43　选择题第 9 题图

A.（a）　　　　　B.（b）　　　　　C.（c）　　　　　D.（d）

1.3 判断题

1. 因为 N 型半导体的多子是自由电子，所以它带负电。　　　　　　　　（　　）

2. 二极管只要加正向电压便能导通。　　　　　　　　　　　　　　　（　　）

3. 只要稳压二极管两端加反向电压就能起稳压作用。　　　　　　　　（　　）

4. 稳压二极管正常工作时必须反偏，且反偏电流必须大于稳定电流 I_Z。（　　）

5. 电容滤波电路是利用电容器的充放电特性使输出电压比较平滑。　　（　　）

6. 硅稳压电路中的限流电阻起到限流和稳压双重作用。　　　　　　　（　　）

7. 串联型直流稳压电路中的调整元件（三极管）工作在开关状态。　　（　　）

8. 串联型直流稳压电路中，改变取样电路阻值的大小，可改变输出电压的大小。（　　）

1.4 解答题

1. 在图 1-44 所示各电路中，已知直流电压 $U_I = 3$ V，电阻 $R = 1$ kΩ，二极管的正向压降为 0.7 V，求 $U_O = ?$

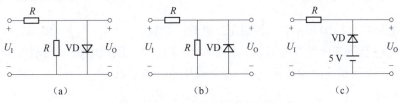

图 1-44　解答题 1 图

2. 图 1-45（a）、（b）所示电路中，二极管均为理想二极管，输入电压 u_i 波形如图 1-45（c）所示，试画出输出电压 u_o 的波形图。

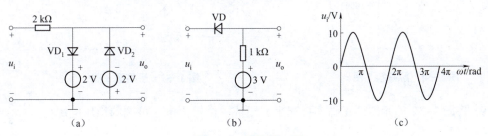

图 1-45　解答题 2 图

3. 如图 1-46 所示稳压二极管电路，其中 $U_{Z1} = 7$ V，$U_{Z2} = 3$ V，两管正向导通电压均为 0.7 V。求该电路的输出电压为多大？为什么？

4. 已知稳压二极管的稳定电压 $U_Z = 6$ V，稳定电流的最小值 $I_{Zmin} = 5$ mA，最大功耗 $P_{ZM} = 150$ mW。试求图 1-47 所示电路中电阻 R 的取值范围。

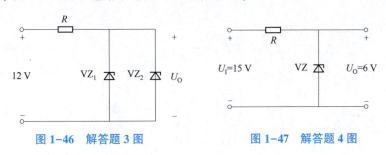

图 1-46　解答题 3 图　　　　　　　图 1-47　解答题 4 图

5. 在图 1-48 所示桥式整流电容滤波电路中，$U_2 = 20$ V，$R_L = 40$ Ω，$C = 1\,000$ μF，试问：（1）正常时 U_0 为多大？（2）如果电路中有一个二极管开路，U_0 又为多大？（3）如果测得 U_0 为下列数值，可能出现了什么故障？①$U_0 = 18$ V；②$U_0 = 28$ V；③$U_0 = 9$ V。

6. 电路如图 1-49 所示。试求输出电压的调节范围。

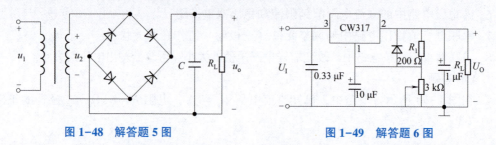

图 1-48　解答题 5 图　　　　　　　图 1-49　解答题 6 图

7. 稳压电路如图 1-50 所示。已知稳压二极管的参数 $U_Z = 6$ V，$I_{Zmin} = 10$ mA，$I_{Zmax} = 30$ mA。试求：（1）流过稳压二极管的电流及其耗散的功率；（2）限流电阻 R 所消耗的功率。

8. 如图 1-51 所示电路给需要+9 V 的负载供电，试指出图中的错误，画出正确的电路图，并说明原因。

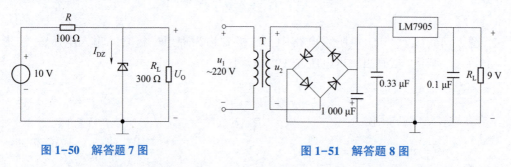

图 1-50　解答题 7 图　　　　　　　图 1-51　解答题 8 图

9. 将图 1-52 的元器件正确连接起来，组成一个输出电压可调的稳压电源。

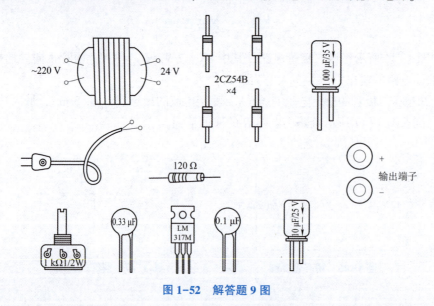

图 1-52　解答题 9 图

10. 直流稳压电源如图 1-53 所示，试回答下列问题：（1）电路由哪几部分组成？各组成部分包括哪些元器件？（2）输出电压 U_O 等于多少？（3）变压器二次绕组 U_2 最小值为多大？

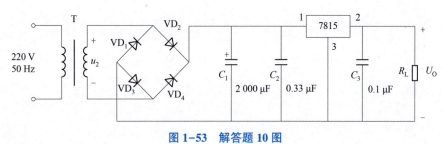

图 1-53 解答题 10 图

项目 2

简易助听器的分析与制作

📀 项目引入

积极应对人口老龄化已成为国家战略，我国目前已进入人口老龄化社会，随着人口老龄化的加速，帮助老年人、听觉不灵敏者感觉到声音，改善听觉障碍，成为社会关注的问题。科学研究表明，佩戴专业适合的助听器，可以有效缓解听损问题。

助听器实际上就是一个音频信号放大电路。音频信号放大电路能将微弱的声音信号放大，并通过扬声器发出悦耳的声音，在此基础上可制成助听器。如图 2-1 所示，从图中可以看出，电路的核心是晶体三极管，电路的主要功能是电信号的放大。

图 2-1 音频信号放大助听电路组成框图　　　简易助听器简介

助听器主要由三个部分组成，即传声器、放大器和耳机。传声器为声电转换器，将外界声音信号转变为电信号，然后输入放大器经放大后送至耳机，耳机再将放大后的电信号还原为声音。而其中的核心部分放大器一般多采用晶体三极管放大电路实现输入信号的放大。

简易助听器电路如图 2-2 所示，由 VT_1、VT_2、VT_3 构成三级音频放大电路。驻极体话筒 MIC 作为换能器，它可以将声波信号转换为相应的电信号，并通过耦合电容 C_2 送至前置低放进行放大。R_1 是驻极体话筒 MIC 的偏置电阻，给话筒正常工作提供偏置电压。VT_1、R_3、R_5 等元件组成一级电压放大电路，将经 C_2 耦合来的音频信号进行电压放大，放大后的音频信号经 R_4、C_1 加到电位器 R_P 上，电位器 R_P 用来调节音量。VT_2、VT_3 组成电压电流放大电路，将音频信号进行再次放大，使音频信号有足够能量推动耳机发出声音。

📀 项目目标

素质目标

（1）在电路分析过程中，培养辩证思维以及严谨、探究的职业素养；

（2）在仿真、实操过程中，培养安全的行为规范和严谨细致的工匠精神；

（3）在电路装配过程中，注重环保、节约，树立绿色低碳理念。

知识目标

（1）掌握晶体三极管的结构及电流放大特性；

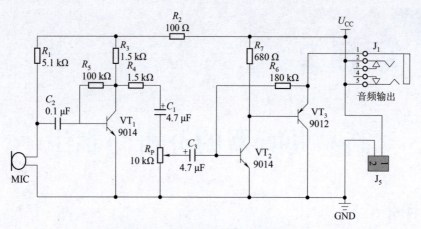

图 2-2   简易助听器电路原理图

（2）掌握晶体三极管基本放大电路的组成及分析方法；
（3）理解多级放大电路的耦合方式及应用；
（4）理解负反馈对放大电路性能的影响。

技能目标

（1）能进行晶体三极管的识别、测试；
（2）能对放大电路动态参数进行分析、计算；
（3）能正确仿真基本放大电路、多级放大电路、负反馈放大电路；
（4）能进行助听器电路焊接与调试。

 知识导图

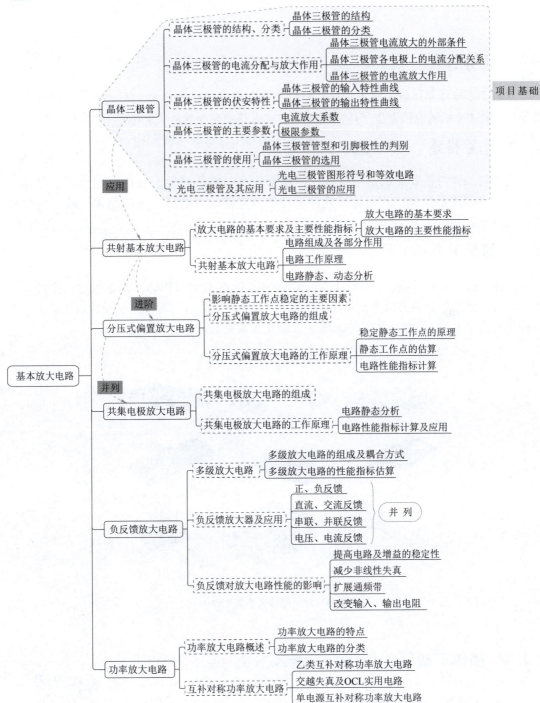

任务 2.1   晶体三极管的识别与检测

任务导入

双极型半导体晶体管又称为晶体三极管，是组成各种电子电路的核心器件。晶体三极管的问世使 PN 结的应用发生了质的飞跃，它在电路中主要起放大和电子开关的作用。

任务描述

通过对晶体三极管的识别与检测，能根据外观判断其极性；会用万用表判别晶体三极管的引脚和质量优劣；利用仿真软件设计测试电路，并验证、理解晶体三极管的伏安特性和放大作用。

知识准备

晶体三极管的种类很多，外形不同，但是它们的基本结构相同，都是通过一定的工艺在一块半导体基片上制成两个 PN 结，再引出三个电极，然后用管壳封装而成。因此，它是一种具有两个 PN 结的半导体器件。图 2-3 是几种常见晶体三极管外形。

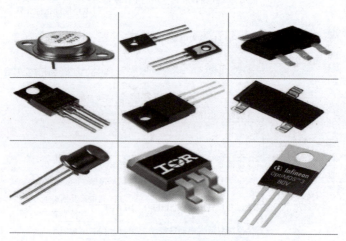

图 2-3　常见晶体三极管的外形

2.1.1   晶体三极管的结构、符号及分类

晶体三极管的结构和图形符号如图 2-4 所示，它是由三层不同性质的半导体组合而成的。中间的一层为基区，两侧分别为发射区和集电区。其中发射区和集电区类型相同，或为 P 型（或为 N 型），而基区或为 N 型（或为 P 型），因此，发射区和基区之间、基区和集电区之间必

晶体三极管的结构
和电流放大作用

然各自形成一个 PN 结。从这三个区引出的电极分别称为基极（b）、发射极（e）和集电极（c）。晶体三极管有两个 PN 结，发射区和基区之间的 PN 结称为发射结 J_e，集电区和基区之间的 PN 结称为集电结 J_c。即一个晶体三极管内部有三个区、两个 PN 结和三个电极。

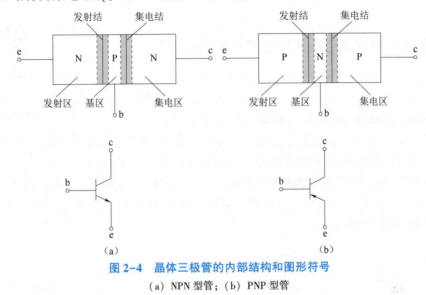

图 2-4 晶体三极管的内部结构和图形符号

（a）NPN 型管；（b）PNP 型管

不管是 NPN 型管还是 PNP 型管，两者的工作原理完全相同，只是工作电压的极性不同，因此三个电极电流的方向也相反。两种管子的图形符号用发射极箭头方向的不同加以区别，箭头方向表示发射结正偏时发射极电流的实际方向。

为使晶体三极管具有电流放大作用，采用了以下制造工艺：基区很薄且掺杂浓度低，发射区掺杂浓度高，集电结面积比发射结的面积大，但掺杂浓度低。因此，在使用时晶体三极管的发射极和集电极不能互换。

晶体三极管种类很多。除上述的按结构分为 NPN 型管和 PNP 型管外，按所用半导体材料可分为硅管和锗管；按工作频率可分为低频管和高频管；按功率大小可分为小功率管、中功率管和大功率管；按用途可分为放大管和开关管等。

晶体三极管的命名方法可参见附录 A。例如 3AX31B 为锗材料 PNP 型低频小功率晶体管，序号为 31，规格号为 B。3DG6C 为硅材料 NPN 型高频小功率晶体管，序号为 6，规格号为 C。我国生产的硅管多为 NPN 型，如 3DG6、3DD4、3DK4 等；锗管多为 PNP 型，如 3AX31、3AD6 等。

▲点睛

由于各区内部结构上的差异，晶体三极管的发射极和集电极在使用中是绝不能互换的。

2.1.2 晶体三极管的电流分配与放大作用

三极管的电流传输关系

一、晶体三极管电流放大的外部条件

晶体三极管的电流放大作用，首先取决于其内部结构特点，即发射区掺杂浓度高、集电结面积大，这样的结构有利于载流子的发射和接收。而基区薄且掺杂浓度低，以保证来

自发射区的载流子顺利地流向集电区。

其次要有合适的偏置，即发射结正向偏置、集电结反向偏置。对于 NPN 型管，必须保证集电极电位高于基极电位，基极电位又高于发射极电位，即 $V_C > V_B > V_E$；而 PNP 型管则与之相反，即 $V_C < V_B < V_E$。

二、晶体三极管各电极上的电流分配关系

三极管的
电流分配关系

由 NPN 型管构成的电流分配测试电路如图 2-5 所示，该电路包括基射回路（又称输入回路）和集射回路（又称输出回路）两部分，发射极为两回路的公共端，因此称为共发射极电路，简称共射电路。

电路中，基极电源 U_{BB} 通过基极电阻 R_b 和电位器 R_P 给发射结提供正偏电压 U_{BE}；集电极电源 U_{CC} 通过集电极电阻 R_c 给集电极与发射极之间提供电压 U_{CE}。

调节电位器 R_P，可以改变基极上的偏置电压 U_{BE} 和相应的基极电流 I_B。而 I_B 的变化又将引起 I_C 和 I_E 的变化。每产生一个 I_B 值，就有一组 I_C 和 I_E 值与之对应，表 2-1 为晶体三极管三个电极的电流分配。

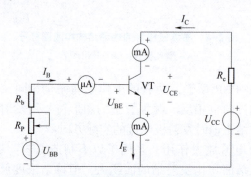

图 2-5　由 NPN 型管构成的电流分配测试电路

表 2-1　晶体三极管三个电极的电流分配

I_B/mA	0	0.01	0.02	0.03	0.04	0.05
I_C/mA	0.01	0.56	1.14	1.74	2.33	2.91
I_E/mA	0.01	0.57	1.16	1.77	2.37	2.96

分析表 2-1 测试结果可以得到以下结论：

发射极电流等于基极电流与集电极电流之和，即

$$I_E = I_B + I_C \tag{2-1}$$

该式表明，发射极电流等于基极电流与集电极电流之和。而又因基极电流很小，则 $I_E \approx I_C$，也就是说发射极电流大部分流向集电极。

三、晶体三极管的电流放大作用

从表 2-1 可以看到，当基极电流 I_B 从 0.02 mA 变化到 0.03 mA，即变化 0.01 mA 时，集电极电流 I_C 随之从 1.14 mA 变化到 1.74 mA，即变化了 0.6 mA，这两个变化量相比 (1.74−1.14)/(0.03−0.02)＝60，说明此时晶体三极管集电极电流 I_C 的变化量为基极电流

I_B 变化量的 60 倍。

　　由以上分析可知：基极电流 I_B 的微小变化，将使集电极电流 I_C 发生很大的变化，即基极电流 I_B 的微小变化控制了集电极电流 I_C 较大的变化，这就是晶体三极管的电流放大作用。

　　▲点睛

　　在晶体三极管放大作用中，被放大的集电极电流 I_C 是由电源 U_CC 提供的，并不是晶体三极管自身生成了能量，它实际体现了用小信号控制大信号的一种能量控制作用。晶体三极管是一种电流控制器件。

2.1.3　晶体三极管的伏安特性

　　晶体三极管各个电极上的电压和电流之间的关系曲线称为晶体三极管的伏安特性曲线（简称特性曲线），它是晶体三极管内部特性的外部表现，是分析由晶体三极管组成的放大电路和选择管子参数的重要依据。晶体三极管的伏安特性曲线分为两部分：输入特性曲线和输出特性曲线。

　　晶体三极管在电路中的连接方式（组态）不同，其特性曲线也不同。NPN 型管组成的共射特性曲线测试电路如图 2-6 所示。该电路信号由基极输入，集电极输出，发射极为输入、输出回路的公共端，故称为共射电路。所测得的特性曲线称为共射特性曲线。

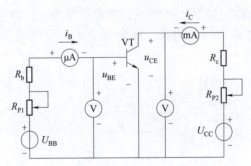

图 2-6　NPN 型管组成的共射特性曲线测试电路

一、输入特性曲线

　　晶体三极管的共射输入特性曲线是指当管子的输出电压 u_CE 为常数时，输入电流 i_B 与输入电压 u_BE 之间的关系曲线，即

$$i_\mathrm{B}=f(u_\mathrm{BE})\big|_{u_\mathrm{CE}=常数} \qquad (2\text{-}2)$$

　　图 2-7 所示为某 NPN 型硅管的输入特性曲线，由图可知：

　　（1）晶体三极管的输入特性与二极管特性类似，在发射结电压 u_BE 大于死区电压时才导通，导通后 u_BE 很小的变化将引起 i_B 很大的变化，而具有恒压特性，u_BE 近似为常数。

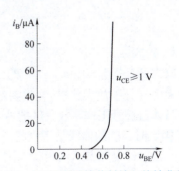

图 2-7　NPN 型硅管共射输入特性曲线

（2）当 $u_{CE}=1$ V 后，增大 u_{CE} 测得输入特性曲线与 $u_{CE}=1$ V 时的输入特性曲线非常接近，近乎重合，在实际使用中，多数情况下满足 $u_{CE}\geq 1$ V，因此通常用一根曲线表示。加在发射结上的正偏电压 U_{BE} 基本上为定值，其中硅管为 0.7 V 左右，锗管为 0.3 V 左右（绝对值）。这一数据是检查放大电路中晶体三极管静态时是否处于放大状态的依据之一。

【例 2.1】 用直流电压表测得某放大电路中某个晶体三极管各极对地的电位分别是：$V_1=2$ V，$V_2=6$ V，$V_3=2.7$ V，试判断该晶体三极管各对应电极及管型。

解：本题的已知条件是晶体三极管三个电极的电位，根据晶体三极管能正常实现电流放大的电位关系：NPN 型管的 $V_C>V_B>V_E$，且硅管放大时 U_{BE} 约为 0.7 V，锗管 U_{BE} 约为 0.3 V；而 PNP 型管的 $V_C<V_B<V_E$，且硅管放大时 U_{BE} 约为 -0.7 V，锗管 U_{BE} 约为 -0.3 V。所以先找电位差绝对值为 0.7 V 或 0.3 V 两个电极，若 $V_B>V_E$，则为 NPN 型管；$V_B<V_E$，则为 PNP 型管。本例中，V_3 比 V_1 高 0.7 V，所以该管为 NPN 型硅管，③脚是基极，①脚是发射极，②脚是集电极。

二、输出特性曲线

晶体三极管的共射输出特性曲线是指当管子的输入电流 i_B 为某一常数时，输出电流 i_C 与输出电压 u_{CE} 之间的关系曲线，即

$$i_C=f(u_{CE})\big|_{i_B=常数} \tag{2-3}$$

实测的共射输出特性曲线如图 2-8 所示，若取不同的 i_B，则可得到不同的曲线，因此晶体三极管的输出特性曲线为一曲线族，通常划分为三个区域，即截止区、放大区和饱和区。

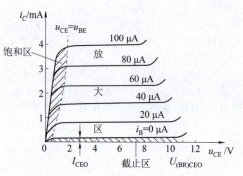

三极管的输出特性

图 2-8　共射输出特性曲线

1. 放大区

放大区是指 $i_B>0$，$u_{CE}>1$ V 的区域，就是曲线的平坦部分。要使晶体三极管静态时工作在放大区（处于放大状态），发射结必须正偏，集电结必须反偏。

晶体三极管工作在放大区的特点是：i_C 只受控于 i_B，与 u_{CE} 无关，呈现恒流特性。因此当 i_B 固定时，i_C 的曲线是平直的。且当 i_B 有一个微小变化时，i_C 将发生较大变化，体现了晶体三极管的电流放大作用。图中曲线间的间隔大小反映出晶体三极管电流放大能力的大小。

注意：只有工作在放大状态的晶体三极管才有放大作用。放大时，硅管 $U_{BE}\approx 0.7$ V，锗管 $U_{BE}\approx 0.3$ V，$|u_{CE}|>1$ V。

2. 饱和区

饱和区是指 $i_B>0$，$u_{CE}\leqslant0.3\ \text{V}$ 的区域。工作在饱和区的晶体三极管，发射结和集电结均为正偏。此时，i_C 随着 u_{BE} 变化而变化，却几乎不受 i_B 的控制，晶体三极管失去放大作用，处于饱和导通状态。此时，集射极之间呈现低电阻，相当于一个闭合的开关。处于饱和状态的 u_{CE} 称为饱和压降，用 U_{CES} 表示。小功率硅管 U_{CES} 约为 0.3 V，小功率锗管 U_{CES} 约为 0.1 V。

3. 截止区

截止区是指 $i_B=0$ 曲线以下的区域。工作在截止区的晶体三极管，发射结零偏或反偏，集电结反偏，由于 u_{BE} 在死区电压之内（$u_{BE}<U_{th}$），因此处于截止状态。此时晶体三极管各极电流均很小（接近或等于零），e、b、c 极之间近似看作开路。此时，$u_{CE}\approx U_{CC}$，集射之间呈现高电阻，相当于一个断开的开关。

当晶体三极管工作于截止区时，相当于开关断开，而当晶体三极管工作于饱和区时，相当于开关闭合，因此晶体三极管具有开关特性，可用这一特性组成开关电路。

此外，由于电源电压极性和电流方向不同，PNP 型管的特性曲线与 NPN 型管的特性曲线是相反的。

▲点睛

晶体三极管的主要应用分为两个方面：一是工作在放大状态，作为放大器；二是工作在饱和与截止状态，作为电子开关。实际应用中常通过测量 U_{CE} 值的大小来判断晶体三极管的工作状态。

2.1.4　晶体三极管的主要参数

晶体三极管的参数是衡量其性能的主要技术指标，也是选用晶体三极管的主要依据。

一、电流放大系数

这是表征晶体三极管放大能力的参数。

1. 共发射极电路直流电流放大系数

电路无交流信号输入而工作在直流状态时，称为静态。此时晶体三极管集电极直流电流 I_C 与基极直流电流 I_B 的比值，称为直流电流放大系数，用 $\bar{\beta}$ 表示，即

$$\bar{\beta}=\frac{I_C}{I_B} \tag{2-4}$$

2. 共发射极电路交流电流放大系数

当基极回路有信号输入时，将得到变化的基极电流和更大变化的集电极电流。集电极电流变化量 Δi_C 与基极电流变化量 Δi_B 的比值，称为交流电流放大系数，用 β 表示，即

$$\beta=\frac{\Delta i_C}{\Delta i_B}\bigg|_{u_{CE}=\text{常数}} \tag{2-5}$$

一般在频率较低的情况下 $\bar{\beta}$ 与 β 数值相近，在实际应用中，可近似认为 $\bar{\beta}=\beta$，本书中统一用 β 表示。在器件手册上有时用 h_{FE} 表示，晶体三极管的 β 值通常在 $20\sim200$。

晶体三极管 β 值的大小会受温度的影响。温度升高，β 值增大。大约温度每升高 1 ℃，β 值增加 0.5%~1%。这反映在输出特性曲线上，是各条曲线的间距增大并上移。

二、极限参数

1. 集电极最大允许电流 I_{CM}

集电极电流 I_C 增加到某一数值，引起 β 值下降到正常值 2/3 时的值称为集电极最大允许电流 I_{CM}。$I_C > I_{CM}$ 会使晶体三极管的放大性能变差，如果大很多，则可能因耗散功率过大而损坏晶体三极管。当工作电流超过 I_{CM} 时，管子不一定会损坏，但它将因 β 的降低而造成输出信号的失真。一般小功率管的 I_{CM} 为几十毫安，大功率管可达几安。

2. 集电极-发射极间反向击穿电压 $U_{(BR)CEO}$

指基极开路时，集电极与发射极之间所能承受的最高反向电压。温度升高，管子的反向击穿电压将会降低。在实际使用中，必须满足 $u_{CE} < U_{(BR)CEO}$。

3. 集电极最大允许耗散功率 P_{CM}

P_{CM} 是指集电结允许功率损耗的最大值，其大小主要取决于允许的集电结结温。显然，P_{CM} 值与环境温度和管子的散热条件有关。

$$P_{CM} = i_C u_{CE} \tag{2-6}$$

根据式（2-6），可在输出特性曲线上画出晶体管最大允许功耗曲线，如图 2-9 所示。在曲线的右上方，$i_C u_{CE} > P_{CM}$，这个范围称为过损耗区；在曲线的左下方，$i_C u_{CE} < P_{CM}$，这个范围称为安全工作区，晶体三极管应选在此区域内工作。

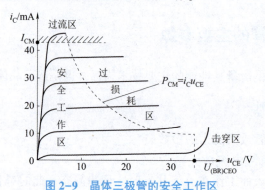

图 2-9　晶体三极管的安全工作区

2.1.5　晶体三极管使用基本知识

一、晶体三极管管型和引脚极性的判别

晶体三极管的识别和检测

1. 判别基极和管型

晶体三极管实质上由两个 PN 结构成，可以利用 PN 结的单向导电特性，确定出晶体三极管的基极和管型。其测试方法如图 2-10 所示。

由于晶体三极管的基极对集电极和发射极的正向电阻都较小，据此，可先找出基极。将万用表置于"$R×100$"或"$R×1K$"挡，将黑表笔接触某一引脚，红表笔分别接触另两个引脚，轮流测试，直到测出的两个电阻值都很小（或都很大）。然后将红、黑表笔调换，重复上述测试，若阻值恰好相反，都很大（或都很小），这时黑表笔所接电极就是晶体三极管的基极，该管为 NPN 型管（或 PNP 型管）。

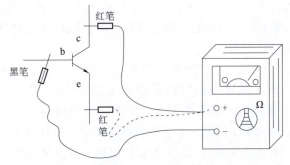

图 2-10　晶体三极管基极和管型的判别

2. 集电极和发射极的判别

选用万用表欧姆挡的 "R×1K" 挡，检测电路的连接如图 2-11 所示，将万用表的黑表笔与假设的集电极接触，红表笔与假设的发射极接触，而用人体电阻代替基极偏置电阻 R_b，一只手捏住晶体三极管的基极，另一只手与假设的集电极接触（注意两只手不能相碰）。观察万用表的指针偏转情况；接下来调换红黑表笔，两只手仍然是一只捏住已经测出的基极，一只与黑表笔连接的电极接触，继续观察万用表指针的偏转情况，其中万用表指针偏转较大（阻值较小）的假设电极是正确的。

这是利用了晶体三极管的电流放大原理。晶体三极管的集电区和发射区虽然同为 N 型半导体（或 P 型半导体），但由于掺杂浓度和结面积不同，使用中不能互换。如果把集电极当作发射极使用，管子的电流放大能力将大大降低。因此，只有晶体三极管发射极和集电极连接正确时的 β 值较大（表针摆动幅度大）；如果假设错误，β 值将小得多（指针偏转较小）。

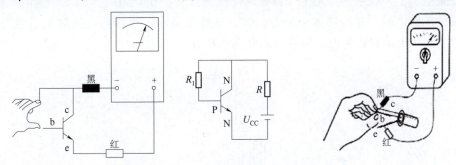

图 2-11　晶体三极管发射极和集电极的检测

若要判断的是 PNP 型管，仍可用上述方法，但必须把表笔的极性对调。

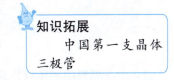
知识拓展
中国第一支晶体三极管

二、晶体三极管的选用

选用晶体三极管既要满足设备及电路的要求，又要符合节约的原则。根据用途不同，一般应考虑以下几个因素：频率、集电极电流、耗散功率、反向击穿电压、电流放大系数、稳定性及饱和压降等。这些因素具有相互制约的关系，在选管时应抓住主要矛盾，兼顾次要因素。

首先根据电路工作频率确定选用低频管还是高频管。低频管的特征频率 f_T 一般在 2.5 MHz 以下，而高频管的 f_T 达几十兆赫、几百兆赫，甚至更高。选管时应使 f_T 为工作频率的 $3\sim10$ 倍以上。原则上讲，高频管可以替代低频管，但高频管的功率一般比较小、动态范围窄，在替代时应注意功率条件。

其次，根据晶体三极管实际工作的最大集电极电流 i_{Cmax}、最大管耗 P_{Cmax} 和电源电压 U_{CC} 选择合适的管子。要求晶体三极管的极限参数满足 $P_{CM} > P_{Cmax}$、$I_{CM} > i_{Cmax}$、$U_{(BR)CEO} > u_{CEmax}$。需注意：小功率管的 P_{CM} 值是在常温（25 ℃）下测得的，对于大功率管则是在常温下加规定规格散热片的情况下测得的，若温度升高或不满足散热要求，P_{CM} 将会下降。

对于 β 值的选择，不是越大越好。β 太大容易引起自激振荡，且一般高 β 管的工作多不稳定，受温度影响大。通常 β 选在 $40\sim120$。不过对于低噪声、高 β 值的管子，如 9014 等，β 值达数百时温度稳定性仍然较好。另外，对整个电路来说还应从各级的配合来选择 β。例如前级用高 β 的管子，后级就可以用低 β 的管子；反之，前级用低 β 的管子，后级就可以用高 β 的管子。因此应尽量选用穿透电流 I_{CEO} 小的管子，I_{CEO} 越小，电路的温度稳定性就越好。通常硅管的稳定性比锗管好得多，但硅管的饱和压降较锗管大。目前电路中多采用硅管。

2.1.6 光电三极管及其应用

一、光电三极管的外形、图形符号和等效电路

光电三极管又称光敏三极管，它的外形、图形符号、等效电路如图 2-12 所示。它可以看作是在集电结上并联了一个光电二极管的晶体三极管。在光照的作用下，光电二极管将光信号转换成电信号，并经晶体三极管放大。显然在晶体三极管的电流放大系数为 β 时，光电三极管的光电流要比光电二极管的光电流大 β 倍。

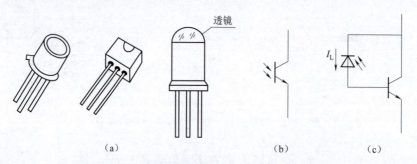

图 2-12　光电三极管的外形、图形符号、等效电路
（a）外形图；（b）图形符号；（c）等效电路

光电三极管的常用材料是硅，有的型号仅引出集电极和发射极两个引脚，其外形与发光二极管一样；也有的型号引出基极，有三个引脚。光电三极管有许多与光电二极管相似的特性与参数，光电三极管的灵敏度远比光电二极管高。

二、光电三极管的应用

由光电三极管组成的光敏继电器电路如图 2-13 所示。图中使用了高灵敏硅光电三极管 3DU80B，该管在钨灯（2856K）照度为 1 000 lx 时能提供 2 mA 的光电流，因而可以直接带动灵敏继电器 KA。与继电器线圈并联的二极管 VD 称为续流二极管，在光电三极管关断瞬间继电器线圈产生下正上负的感应电动势，使 VD 导通，形成电流释放回路，防止继电器线圈的感应电压损坏光电三极管。

▲**点睛**

在使用时，光电三极管必须外加偏置电路，以保证光电三极管集电结反偏、发射结正偏。工作时电压、电流、功耗等不允许超过其最大值。

其他注意事项与光电二极管相同。为提高响应速度，可使用基极带引线的光电三极管，并加上适当偏流。

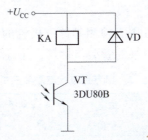

图 2-13　光电三极管组成的光敏继电器电路

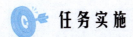 **任务实施**

一、任务要求

（1）学习查阅半导体器件手册的方法，熟悉晶体三极管的类型、型号及主要性能参数；
（2）能利用万用表检测晶体三极管的引脚极性和质量好坏；
（3）能熟练使用仿真软件进行电路验证，加深对晶体三极管电流放大作用的理解；
（4）培养严谨细致的科学精神。

二、设备与器件

指针式万用表，电脑、仿真软件，3DG6A、3AX31、9012、9013 型晶体三极管各 1 个，型号未知的晶体三极管若干，电阻若干，导线若干。

三、任务内容及步骤

1. 识读晶体三极管的型号

根据晶体三极管上面标注的型号、封装外形，通过目测识别常见类型的晶体三极管引脚位置，如图 2-14 所示。查阅半导体手册，记录所给 3DG6A、3AX31、9012、9013 型晶体三极管的型号等主要参数。

3DG6A_____

3AX31 _____

9012 _____

9013 _____

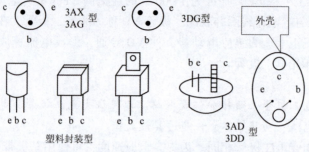

图 2-14　常见晶体三极管引脚位置

2. 用万用表检测晶体三极管

在型号未知的情况下，利用万用表检测晶体三极管的各引脚极性及管型。测试两引脚间正、反向电阻，明确各晶体三极管的管型与材料，并将测试结果填入表 2-2 中。

表 2-2　用万用表检测晶体三极管

型号	b、e 间阻值		b、c 间阻值		c、e 间阻值		判断晶体三极管的管型、
	正向	反向	正向	反向	正向	反向	材料及好坏
3DG6A							
3AX31							
9012							
9013							

3. 晶体三极管各极电流关系的仿真验证

使用 Multisim 仿真软件搭建如图 2-15 所示仿真测试电路。图中 R_b 为 150 kΩ，R_c 为 2 kΩ，调节 R_P，使 I_B 分别为 20 μA、40 μA、60 μA。对应测量 I_C、I_E 的值，填入表 2-3 中。验证晶体三极管各极电流关系。

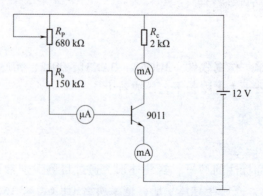

图 2-15　晶体三极管各极电流测量图

表 2-3 晶体三极管各极电流关系仿真验证

$I_B/\mu A$	20	40	60
I_C/mA			
I_E/mA			
R_P/Ω			
$\dfrac{I_C}{I_B}$			

由以上数据得出：I_E、I_C、I_B 的关系为＿＿＿＿＿＿＿＿＿＿；
晶体三极管电流放大的实质＿＿＿＿＿＿＿＿＿＿＿＿＿＿＿＿。

四、巩固练习

（1）根据表 2-3 的测试结果可以看出，晶体三极管的基极电流＿＿＿＿＿（远大于/约等于/远小于）集电极和发射极电流，集电极电流＿＿＿＿＿（远大于/约等于/远小于）发射极电流。三个电流之间的关系符合＿＿＿＿＿（基尔霍夫电流定律/基尔霍夫电压定律）。

（2）用万用表的"$R\times100$""$R\times1K$"挡测晶体三极管的正向 PN 结电阻时，为什么测得阻值不同？

＿＿＿＿＿＿＿＿＿＿＿＿＿＿＿＿＿＿＿＿＿＿＿＿＿＿＿＿＿＿＿＿＿＿＿＿＿＿

（3）用指针式万用表检测晶体三极管时，以黑表笔为准，红表笔接另外两个引脚，如果测得两个电阻值均较＿＿＿＿＿（大/小），则该管为 NPN 型管。

（4）分析图 2-15 所示测试电路以及表 2-3 测试结果可以看出，要使晶体三极管能起正常的放大作用，发射结必须＿＿＿＿＿（正向/反向）偏置，集电结必须＿＿＿＿＿（正向/反向）偏置。

（5）晶体三极管的＿＿＿＿＿电流发生微小变化，会引起该管＿＿＿＿＿电流发生较大变化。

五、任务评价

完成表 2-4。

表 2-4 晶体三极管的识别与检测职业能力评比计分表

项目	配分	评分标准	自评	互评	师评	合计
常见晶体三极管的识别	10	能正确识别不同类型晶体三极管的极性（10分）				
用万用表检测晶体三极管的各引脚极性及管型	25	能使用万用表进行晶体三极管正反向电阻的测量（10分）； 能根据测量结果正确判断晶体三极管的极性、管型和质量（15分）				
晶体三极管各极电流关系的仿真验证	25	能正确使用仿真软件搭建电路（10分）； 能根据要求正确测量数据（10分）； 能根据测试现象得出结论（5分）				

项目	配分	评分标准	自评	互评	师评	合计
巩固练习	10	每小题2分				
学习态度	10	迟到、早退，一人次扣2分；学习态度不端正不得分				
安全文明操作	10	不规范操作，一次扣5分				
7S管理规范	10	工位不整洁，视情况扣分；没有节约意识，扣5分				

任务 2.2　共发射极基本放大电路特性的分析与测试

任务导入

由晶体三极管组成的放大电路的主要作用是将微弱的电信号（电压、电流）放大成为所需要的较强的电信号。例如，把反映温度、压力、速度等物理量的微弱电信号进行放大，去推动执行元件（如继电器、电动机、指示仪表等）。又如，广播电台发射出的无线电信号必须由收音机内的放大电路把信号放大，才能驱动扬声器发出声音。另外，放大电路在机械加工自动控制系统和电力、铁路、地质勘探、地震预报建筑施工自动化等方面均获得广泛应用。放大电路组成如图 2-16 所示，总之，晶体三极管放大电路在日常生活及各高科技领域中的应用是极其广泛的。

在工业电子技术中，常用交流放大电路的输入交流信号的频率一般在 20~20 000 Hz 范围内，这类放大电路通常称为低频放大电路。

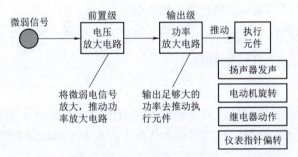

图 2-16　放大电路组成框图

任务描述

通过对共发射极基本放大电路特性的分析与测试，理解晶体三极管低频放大电路的基本工作原理、基本分析方法，合理设计和使用常用的典型放大电路。

知识准备

2.2.1　放大电路的基本要求及主要性能指标

放大电路又称为放大器，它是使用最为广泛的电子电路之一，也是构成其他电子电路的基本单元电路。所谓"放大"，就是将输入的微弱信号（简称信号，指变化的电压、电流等）放大到所需的幅度值且与原输入信号变化规律一致的信号，即进行不失真的放大。放大电路的本质就是一种用较小的能量控制较大能量转换的能量转换装置。

根据输入回路和输出回路公共端的不同，基本放大电路有三种组态：共发射极放大电路、共集电极放大电路和共基极放大电路。基本放大电路的三种组态如图 2-17 所示。

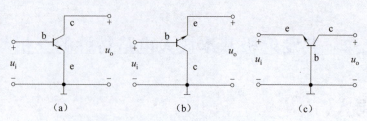

图 2-17 基本放大电路的三种组态

（a）共发射极放大电路；（b）共集电极放大电路；（c）共基极放大电路

一、放大电路的基本要求

要使晶体三极管放大电路完成预定的放大功能，必须满足以下要求：

（1）应具备为放大电路提供能量的直流电源。电源的极性应满足晶体三极管发射结正偏，集电结反偏的条件，使晶体三极管工作在放大区。

（2）输入信号必须能作用于放大管的输入回路中，晶体三极管放大电路应能使输入信号在基极产生电流 i_b，以控制集电极电流 i_c。

（3）输出信号能以尽量小的损耗输送到负载。

（4）元件参数的选择要能保证信号不失真地放大，并满足放大电路的性能指标要求。

二、放大电路的主要性能指标

1. 放大倍数

放大倍数又称增益，是衡量放大电路放大能力的指标，常用 A 表示。放大倍数主要有电压放大倍数、电流放大倍数以及功率放大倍数等。放大电路框图如图 2-18 所示。

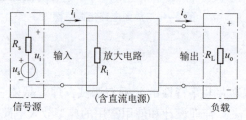

图 2-18 放大电路框图

放大电路输出电压与输入电压之比，称为电压放大倍数，用 A_u 表示，即

$$A_u = \frac{u_o}{u_i} \tag{2-7}$$

放大电路输出电流与输入电流之比，称为电流放大倍数，用 A_i 表示，即

$$A_i = \frac{i_o}{i_i} \tag{2-8}$$

工程上常用对数来表示放大倍数，称为增益 G，单位为分贝（dB），定义为

$$G_u = 20\lg|A_u| \tag{2-9}$$

$$G_i = 20\lg|A_i| \tag{2-10}$$

2. 输入电阻

输入电阻是从放大电路的输入端看进去的交流等效电阻，用 R_i 表示。在数值上等于放大电路输入电压与输入电流之比，即

$$R_i = \frac{u_i}{i_i} \qquad (2\text{-}11)$$

R_i 相当于信号源的负载，R_i 越大，加到输入端的信号越接近信号源电压。因此，在电压放大电路中，希望 R_i 大一些。

3. 输出电阻

当放大电路将信号放大后输出给负载 R_L 时，对负载而言，放大电路可视为具有内阻的信号源，该信号源的内阻又称为放大电路的输出电阻 R_o。它相当于从放大电路输出端（不包括 R_L）看进去的交流等效电阻。

放大电路输出电阻的大小反映了它带负载能力的强弱，R_o 越小，电压放大电路带负载能力越强，且负载变化时，对放大电路影响越小，所以 R_o 越小越好。

想一想

为什么 R_o 越小，电压放大电路带负载能力越强？

**共发射极基本
放大电路的组成**

2.2.2　共发射极基本放大电路

一、共发射极基本放大电路的组成

单电源供电共发射极基本放大电路如图 2-19 所示，它由晶体三极管、电阻、电容和直流电源组成。这是最基本的放大单元电路，许多放大电路就是以它为基础而构成的。电路工作时，输入信号 u_i 经电容 C_1 加到晶体三极管的基极与发射极之间，放大后的信号 u_o 通过电容 C_2 从晶体三极管的集电极与发射极之间取出。输入回路与输出回路以发射极为公共端，所以称之为共发射极放大电路，并称公共端为"地"。各元件的作用如下：

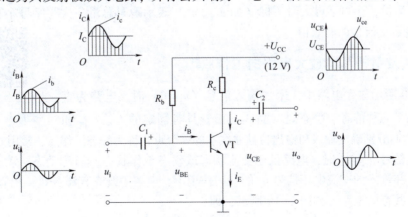

图 2-19　单电源供电共发射极基本放大电路

晶体三极管 VT：具有电流放大作用，是放大电路的核心元件。

集电极直流电源 U_{CC}：一是放大电路的能源，向电路及负载提供能量。二是通过 R_b、

R_c 使发射结正偏、集电结反偏。U_{CC} 一般为几伏到几十伏。（在画图时，往往省略电源的电路符号，只标出电源电压的文字符号）。

基极（偏置）电阻 R_b：其作用是向晶体三极管的基极提供合适的偏置电流，并使发射结正偏。改变 R_b 的大小，可使晶体三极管获得合适的静态工作点。R_b 阻值很大，一般为几十千欧到几百千欧。

集电极电阻 R_c：它的作用是将集电极电流的变化转换成集-射极之间电压的变化，以实现电压放大功能。另外，电源 U_{CC} 通过 R_c 加到晶体三极管上，使集电结反偏。R_c 的取值一般为几千欧到几十千欧。

电容 C_1、C_2：分别为输入、输出隔直电容，又称耦合电容。一方面切断信号源与放大电路之间、放大电路和负载之间的直流通路，使三者之间无直流联系，互不影响；另一方面起交流耦合作用，使交流信号畅通无阻。C_1、C_2 一般为几微法至几十微法的电解电容器，在连接电路时，应注意电容器的极性，不能接错。

▲点睛

图 2-19 中符号"⊥"表示"地"（实际上这一点并不是真正接到大地上），而是将该点视为零电位点（参考电位点）。

二、放大电路中电压、电流正方向及符号的规定

1. 电压、电流正方向的规定

电压的正方向都以输入、输出回路的公共端为负，其他各点为正，如图 2-19 所示；电流方向以晶体三极管各极电流的实际方向为正方向。

2. 电压、电流符号的规定

晶体三极管上各极的电流和各极间的电压都是由直流量和交流量叠加而成的，电路处于交、直流并存的状态。

为了便于分析，对各类电流、电压的符号做了统一规定，在使用时要注意区分各个符号的含义，即小写字母小写下标（如 u_{be}、i_c）表示交流量，大写字母大写下标（如 U_{BE}、I_C）表示直流量，小写字母大写下标（如 u_{BE}、i_C）表示瞬时总量，大写字母小写下标（如 U_{be}、I_c）表示交流量的有效值。

三、共发射极基本放大电路的工作原理

共射基本放大电路的
组成及工作原理

图 2-19 所示放大电路中，未加输入信号（$u_i = 0$）时，电路为直流工作状态，简称静态。静态时，晶体三极管具有固定的 I_B、U_{BE} 和 I_C、U_{CE}，它们分别确定输入和输出特性曲线上的一个点，称为静态工作点，常用 Q 来表示。

当正弦信号 u_i 输入时，电路处于交流状态或动态工作状态，简称动态。动态时，在直流电压 U_{CC} 和输入的交流电压信号 u_i 的共同作用下，电路中既有直流分量，也有交流分量，是交、直流共存的电路。如图 2-19 所示，即

$$u_{BE} = U_{BE} + u_{be} = U_{BE} + u_i \qquad (2-12)$$

基极电流 i_B 产生相应的变化，也在静态值 I_B 的基础上叠加变化了的 i_b，即

$$i_B = I_B + i_b \qquad (2-13)$$

由于晶体三极管的电流放大作用，则

$$i_C = \beta i_B = \beta(I_B + i_b) = I_C + i_c \tag{2-14}$$

由图 2-19 可知，

$$u_{CE} = U_{CC} - i_C R_c = (U_{CC} - I_C R_c) - i_c R_c = U_{CE} + u_{ce} \tag{2-15}$$

式中，$u_{ce} = -i_c R_c$，它是叠加在静态值 U_{CE} 上的交流分量。

u_{CE} 中的直流成分 U_{CE} 被耦合电容 C_2 隔断，交流成分 u_{ce} 经 C_2 传送到输出端，成为输出电压 u_o，即

$$u_o = u_{ce} = -i_c R_c \tag{2-16}$$

式（2-16）中，负号表示 u_o 与 i_c 相位相反。由于 i_c 与 i_b、u_i 相位相同，因此 u_o 与 u_i 相位相反。若输入信号电压波形如图 2-20（a）所示，那么，用示波器观测到的输出电压波形如图 2-20（b）所示。

综上所述可知，在共发射极放大电路中，输出信号 u_o 与输入信号 u_i 频率相同，相位相反，幅度得到放大。因此，这种单级的共发射极放大电路通常也称为反相放大器。

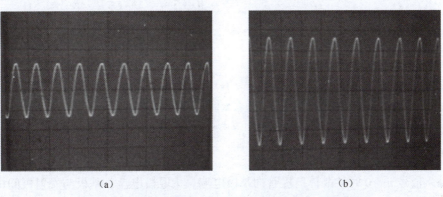

（a）　　　　　　　　　　　　（b）

图 2-20　晶体三极管工作在放大区时的输入、输出波形
（a）输入电压 u_i 的波形；（b）用示波器观测到的 u_o 的波形

想一想
共发射极放大电路的输出电压与输入电压为什么是反相的？

四、共发射极基本放大电路的分析

对放大电路的分析包括静态分析和动态分析。当放大电路没有输入信号，即 $u_i = 0$ 时的工作状态称为静态；当放大电路有输入信号，即 $u_i \neq 0$ 时的工作状态称为动态。

静态分析的对象是直流量，用来确定管子的静态值 I_B、I_C、U_{CE} 和 U_{BE}；动态分析的对象是交流量，用来确定放大电路的电压放大倍数 A_u、输入电阻 R_i 和输出电阻 R_o。对于小信号线性放大电路，为了分析方便，常将放大电路分别画出直流通路和交流通路，把直流静态量和交流动态量分开来研究。

1. 放大电路的静态分析

1）直流通路及画法

电路在输入信号为零时所形成的电流通路，称为直流通路。在画直流通路时，将电容视为开路，电感视为短路，其他元器件不变。图 2-21（a）所示电路的直流通路如图 2-21（b）所示。

**共射基本放大
电路的静态分析**

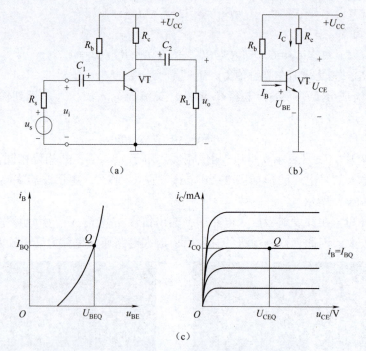

图 2-21　共发射极基本放大电路及其直流通路

（a）共发射极基本放大电路；（b）直流通路；（c）基本放大电路静态工作点 Q

2）静态工作点的估算

当输入信号 $u_i=0$ 时，晶体三极管的基极电流、集电极电流、基极与发射极间电压、集电极与发射极间电压分别用 I_{BQ}、I_{CQ}、U_{BEQ}、U_{CEQ} 表示，它们的值分别对应晶体三极管输入、输出特性曲线上的某一点，称为静态工作点，用字母 Q 表示，如图 2-21（c）所示。

在如图 2-21（b）所示共发射极基本放大电路的直流通路中，可得

$$U_{CC}=I_B R_b+U_{BE}$$

晶体三极管工作于放大状态时，发射结正偏，这时 U_{BE} 基本不变，对于硅管约为 0.7 V，锗管约为 0.3 V。一般 $U_{CC}\gg U_{BE}$，则

$$I_{BQ}=(U_{CC}-U_{BEQ})/R_b \approx U_{CC}/R_b \tag{2-17}$$

当 U_{CC} 和 R_b 选定后，偏流 I_B 即为固定值，所以共发射极基本放大电路又称为固定偏置电路。由于晶体三极管工作在放大区，因此有

$$I_{CQ}=\beta I_{BQ} \tag{2-18}$$

$$U_{CEQ}=U_{CC}-I_{CQ}R_c \tag{2-19}$$

如果按上式算得硅管的 U_{CE} 值小于 0.3 V，说明晶体三极管已处于临界饱和状态，I_{CQ} 将不再与 I_{BQ} 成 β 倍关系。此时 I_{CQ} 称为集电极饱和电流 I_{CS}，集电极与发射极间电压称为饱和电压 U_{CES}。一般情况下，硅管取 0.3 V，锗管取 0.1 V。I_{CS} 可由下式求得

$$I_{CS}=\frac{U_{CC}-U_{CES}}{R_c}\approx\frac{U_{CC}}{R_c} \tag{2-20}$$

式（2-20）表明，I_{CS} 基本上只与 U_{CC} 及 R_c 有关，而与 β 及 I_{BQ} 无关。

▲点睛

$I_{CQ}=\beta I_{BQ}$ 只有在晶体三极管工作于放大区时才成立，所以当在计算中出现了不合理的得数时，就要分析此时的晶体三极管是否工作于放大区了。

【**例 2.2**】在图 2-21（a）所示共发射极基本放大电路中，已知 $U_{CC}=12$ V，$R_b=300$ kΩ，$R_c=3$ kΩ，晶体三极管为 3DG100 型，$\beta=50$。试求：（1）放大电路的静态工作点。（2）如果偏置电阻 R_b 由 300 kΩ 改为 100 kΩ，晶体三极管工作状态有何变化？求静态工作点。

解：（1）$I_{BQ}=\dfrac{U_{CC}-U_{BEQ}}{R_b}\approx\dfrac{U_{CC}}{R_b}=\dfrac{12\ V}{300\ kΩ}=40\ \mu A$

$I_{CQ}=\beta I_{BQ}=50\times0.04\ mA=2\ mA$

$U_{CEQ}=U_{CC}-I_{CQ}R_c=12\ V-2\ mA\times3\ kΩ=6\ V$

（2）$I_{BQ}\approx\dfrac{U_{CC}}{R_b}=\dfrac{12\ V}{100\ kΩ}=120\ \mu A$

$I_{CQ}=\beta I_{BQ}=50\times0.12\ mA=6\ mA$

$U_{CEQ}=U_{CC}-I_{CQ}R_c=12\ V-6\ mA\times3\ kΩ=-6\ V$

显然这个假设是错误的，因为 NPN 型管的 U_{CEQ} 最小值为饱和压降 U_{CES}，不可能出现负值。实际情况是：当 R_b 减小后，基极电位升高，导致发射结正偏，集电结也正偏，此时晶体三极管已经进入饱和状态。计算出现负值表明晶体三极管工作在饱和区，这时应根据式（2-20）求得

$$I_{CQ}=I_{CS}\approx\frac{U_{CC}}{R_c}=\frac{12\ V}{3\ kΩ}=4\ mA$$

3）用图解法确定静态工作点

在晶体三极管的特性曲线上直接用作图的方法来分析放大电路的工作情况，称为图解法。

图 2-22（a）为静态时共发射极基本放大电路的直流通路，用虚线分成线性部分和非线性部分。非线性部分为晶体三极管；线性部分为确定基极偏流的 U_{CC}、R_b 以及输出回路的 U_{CC} 和 R_c。

图 2-22（a）所示电路中晶体三极管的偏流 I_B 可由下式求得

$$I_B=\frac{U_{CC}-U_{BE}}{R_b}\approx\frac{U_{CC}}{R_b}=40(\mu A)$$

非线性部分用晶体三极管的输出特性曲线来表征，它的伏安特性对应的是 $I_B=40\ \mu A$ 的那一条输出特性曲线。

根据 KVL 可列出输出回路方程，亦即输出回路的直流负载线方程为

$$U_{CC}=i_C R_c+u_{CE}=I_C R_c+U_{CE} \tag{2-21}$$

设 $i_C=0$，则 $u_{CE}=U_{CC}$，在横坐标轴上得截点 $M(U_{CC},0)$；设 $u_{CE}=0$，则 $i_C=\dfrac{U_{CC}}{R_c}$ 在纵坐标轴上得截点 $N\left(0,\dfrac{U_{CC}}{R_c}\right)$。连接 M、N 得到直线 MN，就是输出回路的直流负载线。

静态时，电路中的电压和电流必须同时满足非线性部分和线性部分的伏安特性，因此，直流负载线 MN 与 $i_B=I_B=40\ \mu A$ 的那一条输出特性曲线的交点 Q，就是静态工作点。

从图 2-22（c）可以看出，当 I_B 比较大时，静态工作点由 Q 点沿直流负载线上移至 Q_1

点，易使信号正半周进入晶体三极管的饱和区而造成饱和失真。当 I_B 较小时，静态工作点由 Q 点沿直流负载线下移至 Q_2 点，易使信号负半周进入晶体三极管的截止区而造成截止失真。

　　静态工作点设置得合适与否，将直接影响信号的传输和放大质量。

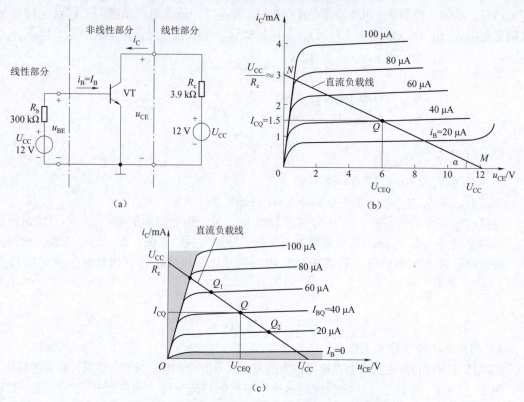

图 2-22　共发射极基本放大电路的静态工作图解分析
（a）直流通路的分割；（b）图解分析；（c）I_B 对静态工作点的影响

2. 放大电路的动态分析

1）交流通路及画法

　　交流通路是指在信号源 u_i 的作用下，只有交流电流所流过的路径。画交流通路时，信号频率较高情况下，容量较大电容视为短路，电感视为开路，由于直流电源 U_{CC} 的内阻很小，对交流变化量几乎不起作用，故可视为短路，其他元器件不变。共发射极基本放大电路的交流通路如图 2-23 所示。

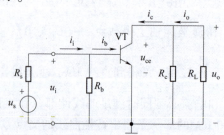

图 2-23　共发射极基本放大电路的交流通路

【例 2.3】当输入电压为正弦波时，图 2-24 所示电路中的晶体三极管有无放大作用？

解：在图 2-24（a）所示电路中，U_{BB} 经 R_b 向晶体三极管的发射结提供正偏电压，U_{CC} 经 R_c 向集电结提供反偏电压，因此晶体三极管工作在放大区。但是，由于 U_{BB} 为恒压源，对交流信号起短路作用，因此输入信号 u_i 加不到晶体三极管的发射结，放大器没有放大作用。

图 2-24（b）所示的电路，由于 C_1 的隔断直流作用，U_{CC} 不能通过 R_b 使管子的发射结正偏，即发射结零偏，因此晶体三极管不能工作在放大区，无放大作用。

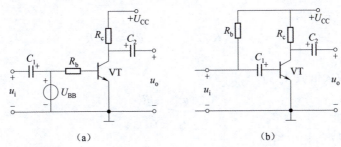

图 2-24　例 2.3 的图

2）放大电路性能指标的估算

在低频小信号条件下，工作在放大状态的晶体三极管在放大区的特性可近似看成是线性的。这时具有非线性的晶体三极管可用一线性电路来等效，称为微变等效模型。

晶体三极管的基极和发射极之间可等效为交流电阻 r_{be}，r_{be} 的大小与静态工作点有关，工程上通常用下式估算

$$r_{be} \approx 300\ \Omega + (1+\beta)\frac{26\ \text{mV}}{I_E(\text{mA})} \tag{2-22}$$

工作在放大状态的晶体三极管，其输出特性可近似看作为一组与横轴平行的直线，i_c 的大小只受 i_b 的控制，而与 u_{CE} 无关，即实现了晶体三极管的受控恒流特性，$i_c = \beta i_b$。因此，晶体三极管集电极与发射极之间可用一受控电流源 βi_b 来等效。

因此，可得到如图 2-25 所示的晶体三极管简化低频微变等效模型。

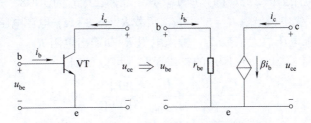

图 2-25　晶体三极管简化低频微变等效模型

在图 2-23 所示共发射极基本放大电路交流通路中，把晶体三极管用微变等效模型代换，即得到如图 2-26 所示的共发射极基本放大电路的微变等效电路。

（1）电压放大倍数 A_u。

图 2-26 输入回路电压方程为

$$u_i = i_b \cdot r_{be}$$

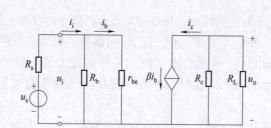

图 2-26 共发射极基本放大电路的微变等效电路

输出回路电压方程为

$$u_o = -i_c(R_c // R_L) = -i_c R'_L = -\beta i_b R'_L$$

式中，$R'_L = R_c // R_L$。

因此，电压放大倍数 A_u 为

$$A_u = \frac{u_o}{u_i} = \frac{-\beta R'_L}{r_{be}} \tag{2-23}$$

式中负号表示 u_o 与 u_i 相位相反。

当放大电路不接负载 R_L 时，电压放大倍数为

$$A_u = \frac{-\beta R_c}{r_{be}} \tag{2-24}$$

（2）输入电阻 R_i。

放大电路的输入电阻 R_i 是从放大器的输入端看进去的等效电阻。从图 2-26 中可以看出，输入电阻 R_i 为 R_b 与 r_{be} 的并联值，实际电路中 R_b 比 r_{be} 大得多，所以输入电阻为

$$R_i = R_b // r_{be} \approx r_{be} \tag{2-25}$$

（3）输出电阻 R_o。

当 u_s 被短路时，$i_b = 0$，则 $i_c = 0$。从输出端看进去，只有电阻 R_c，所以输出电阻为

$$R_o = R_c \tag{2-26}$$

输出电阻 R_o 的大小反映放大电路带负载能力的强弱。输出电阻 R_o 越小，接入负载 R_L 后，输出电压 u_o 变化越小，电路的带负载能力越强。

【例2.4】 放大电路如图 2-21（a）所示。其中晶体三极管为 3DG8，其 β 值为 44，基极偏置电阻 $R_b = 510 \ \text{k}\Omega$，集电极电阻 $R_c = 6.8 \ \text{k}\Omega$，负载 $R_L = 6.8 \ \text{k}\Omega$，电源电压为 20 V。（1）估算静态工作点；（2）求电压放大倍数 A_u、输入电阻 R_i 和输出电阻 R_o。

解：（1）根据图 2-21（b）所示的直流通路，可以得到

$$I_{BQ} = \frac{U_{CC} - U_{BEQ}}{R_b} \approx \frac{U_{CC}}{R_b} = \frac{20 \ \text{V}}{510 \ \text{k}\Omega} \approx 40 \ \mu\text{A}$$

$$I_{CQ} = \beta I_{BQ} = 44 \times 0.04 \ \text{mA} \approx 1.8 \ \text{mA}$$

$$U_{CEQ} = U_{CC} - I_{CQ}R_c = 20 \ \text{V} - 1.8 \ \text{mA} \times 6.8 \ \text{k}\Omega \approx 8 \ \text{V}$$

（2）由图 2-26 所示的共发射极基本放大电路的微变等效电路，可以得到

$$r_{be} = 300 + (1+\beta)\frac{26}{I_{EQ}}\frac{(\text{mV})}{(\text{mA})} = 300 + (1+44) \times \frac{26}{1.8} = 950(\Omega) = 0.95(\text{k}\Omega)$$

$$A_u = -\beta\frac{R'_L}{r_{be}} = -44 \times \frac{6.8 // 6.8}{0.95} = -157$$

$$R_i \approx r_{be} = 0.95(\text{k}\Omega)$$
$$R_o \approx R_c = 6.8(\text{k}\Omega)$$

▲点睛

对于放大电路可从两种工作状态来分析，即静态和动态。静态分析的主要任务是确定放大电路的静态值 I_{BQ}、I_{CQ}、U_{CEQ}、U_{BEQ}。动态分析的任务是确定放大电路的电压放大倍数 A_u、输入电阻 R_i 和输出电阻 R_o 等。

想一想

共发射极基本放大电路在空载和带负载两种情况下，电压放大倍数有何区别？

2.2.3　分压式偏置放大电路

一、影响静态工作点稳定的主要因素

前面介绍的共发射极基本放大电路的静态工作点是通过设置合适的偏置电阻 R_b 来实现的。R_b 的阻值确定之后，I_{BQ} 就被确定了，所以，这种电路又叫固定偏置电路。共发射极基本放大电路的结构虽简单，但它最大的缺点是静态工作点不稳定，环境温度变化、电源电压波动或更换晶体三极管时，都会使原来的静态工作点改变，严重时会使放大电路不能正常工作。

在工作点不稳定的各种因素中，温度是主要因素。当环境温度改变时，晶体三极管的参数会发生变化，特性曲线也会发生相应的变化。

温度升高将使发射结电压 U_{BE} 减小，温度每升高 $1\,℃$，U_{BE} 将减小 $2.5\,\text{mV}$。

温度升高时，β 增大，集电极电流 I_C 将迅速增大，Q 点将上移，可能会进入饱和区。

二、分压式偏置放大电路的组成

分压式偏置放大电路如图 2-27（a）所示，与固定偏置电阻的共发射极放大电路相比，基极由一个固定偏置电阻改接为两个分压式偏置电阻。R_{b1} 为上偏置电阻，R_{b2} 为下偏置电阻，电源 U_{CC} 经 R_{b1} 和 R_{b2} 串联分压后为晶体三极管基极提供静态基极电位 V_{BQ}。R_e 为发射极电阻，起到稳定静态电流 I_{BQ} 的作用。C_e 并联在 R_e 两端，称为射极旁路电容，对交流信号相当于短路，使电路对交流信号的放大能力不会因为 R_e 的接入而降低。

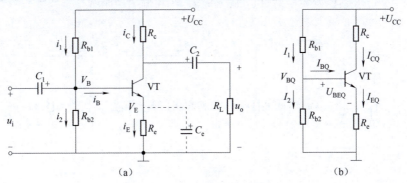

图 2-27　分压式偏置放大电路

（a）分压式偏置放大电路；（b）直流通路

三、分压式偏置放大电路的工作原理

1. 电路原理

分压式偏置放大电路的直流通路如图 2-27（b）所示，当 R_{b1}、R_{b2} 选择适当，使 $I_1 \gg I_{BQ}$，就可忽略 I_{BQ}，则基极电位 V_{BQ} 由 R_{b1}、R_{b2} 分压确定，与晶体三极管参数无关，几乎不受温度影响。

$$V_{BQ} \approx \frac{R_{b2} U_{CC}}{R_{b1} + R_{b2}}$$

当温度上升时，引起晶体三极管 I_{CQ} 增大，则 I_{EQ} 增大，发射极电位 $V_{EQ} = I_{EQ} R_e$ 升高，结果使 $U_{BEQ} = V_{BQ} - V_{EQ}$ 减小，从晶体三极管输入特性曲线可知，I_{BQ} 相应减小，从而限制了 I_{CQ} 的增大，使 I_{CQ} 基本保持不变，从而达到稳定静态工作点的作用。上述稳定工作点的过程可表示为

$$T(℃) \uparrow \rightarrow I_{CQ} \uparrow \rightarrow I_{EQ} \uparrow \rightarrow V_{EQ} \uparrow \rightarrow U_{BEQ}(= V_{BQ} - V_{EQ}) \downarrow \rightarrow I_{BQ} \downarrow \rightarrow I_{CQ} \downarrow$$

反之，温度下降，其变化过程正好同上相反。

这个过程表明，分压式偏置放大电路的特点就是利用分压器（R_{b1}、R_{b2}）获得固定基极电位 V_{BQ}，再通过电阻 R_e 对电流 I_{CQ}（I_{EQ}）的取样作用，将 I_{CQ} 的变化转换成 V_{EQ} 的变化，经负反馈自动调节 U_{BEQ}，从而达到稳定 Q 点的目的。

2. 静态工作点的估算

由图 2-27 可以得到静态工作点如下估算公式：

$$V_{BQ} \approx \frac{R_{b2} U_{CC}}{R_{b1} + R_{b2}} \tag{2-27}$$

$$I_{CQ} \approx I_{EQ} = \frac{V_{BQ} - U_{BEQ}}{R_e} \approx \frac{V_{BQ}}{R_e} \tag{2-28}$$

$$U_{CEQ} = U_{CC} - I_{CQ} R_c - I_{EQ} R_e \approx U_{CC} - I_{CQ}(R_c + R_e) \tag{2-29}$$

$$I_{BQ} = \frac{I_{CQ}}{\beta} \tag{2-30}$$

3. 动态交流指标计算

分压式偏置放大电路的交流通路如图 2-28（a）所示，其微变等效电路如图 2-28（b）所示。

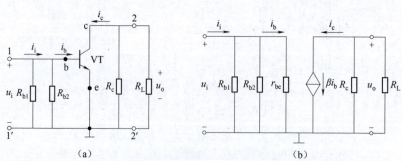

图 2-28　分压式偏置放大电路的交流通路和微变等效电路

（a）交流通路；（b）微变等效电路

1）电压放大倍数

由图 2-28（a）可知，

$$u_i = i_b r_{be} \qquad u_o = -i_c (R_c // R_L) = -i_c R'_L = -\beta i_b R'_L$$

则电压放大倍数为

$$A_u = \frac{u_o}{u_i} = -\beta \frac{R_c // R_L}{r_{be}} = -\frac{\beta R'_L}{r_{be}} \tag{2-31}$$

可以看出，该放大电路的电压放大倍数和共发射极基本放大电路的一样。

2）输入电阻 R_i

由微变等效电路可以看出

$$R_i = \frac{u_i}{i_i} = R_{b1} // R_{b2} // r_{be} \tag{2-32}$$

3）输出电阻 R_o

由微变等效电路可以看出

$$R_o = R_c \tag{2-33}$$

【例 2.5】在图 2-27 所示的分压式偏置放大电路中，已知 $R_{b1} = 2.5$ kΩ，$R_{b2} = 7.5$ kΩ，$R_c = 2$ kΩ，$R_e = 1$ kΩ，$R_L = 2$ kΩ，$U_{CC} = +12$ V，设 20 ℃，晶体三极管的 $\beta = 30$。（1）试估算静态工作点及电压放大倍数、输入电阻、输出电阻。（2）假设温度上升到 50 ℃时，晶体三极管的 $\beta = 60$，其他参数不变，静态工作点有无变化？

解（1）20 ℃时，晶体三极管的 $\beta = 30$，则

$$V_{BQ} \approx \frac{R_{b2} U_{CC}}{R_{b1} + R_{b2}} = \frac{12}{2.5 + 7.5} \times 7.5 = 3 (V)$$

$$I_{CQ} \approx I_{EQ} = \frac{V_{BQ} - U_{BEQ}}{R_e} = \frac{3 - 0.7}{1} = 2.3 (mA)$$

$$U_{CEQ} = U_{CC} - I_{CQ} R_c - I_{EQ} R_e \approx U_{CC} - I_{CQ}(R_c + R_e) = 12 - 2.3 \times (2+1) = 5.1 (V)$$

$$I_{BQ} = \frac{I_{CQ}}{\beta} = \frac{2.3}{30} = 0.077 (mA) = 77 (\mu A)$$

为了求 A_u，需先估算 r_{be}，即

$$r_{be} \approx 300 \ \Omega + (1+\beta) \frac{26 \ mV}{I_E (mA)} = 650 \ \Omega$$

$$A_u = \frac{u_o}{u_i} = \frac{-\beta R'_L}{r_{be}} = -\beta \frac{R_c // R_L}{r_{be}} = -46.2$$

$$R_i = R_{b1} // R_{b2} // r_{be} = 483 (\Omega)$$

$$R_o = R_c = 2 (k\Omega)$$

（2）50 ℃时，晶体三极管的 $\beta = 60$，由上述计算过程可以看到，V_{BQ}、I_{CQ}、U_{CEQ} 的值基本保持不变，而

$$I_{BQ} = \frac{I_{CQ}}{\beta} = \frac{2.3}{60} (mA) = 38 (\mu A)$$

由此可见，由于温度变化引起 β 的变化，分压式偏置放大电路能够自动改变 I_{BQ} 以抵消 β 变化的影响，使 Q 点基本保持不变（指 I_{CQ}、U_{CEQ} 保持不变）。

▲点睛

如果放大电路满足 $I_1 \gg I_{BQ}$ 和 $V_{BQ} \gg U_{BEQ}$ 两个条件，那么静态工作点将主要由直流电源和电路参数决定，与晶体三极管参数几乎无关。在更换晶体三极管时，不必重新调整静态工作点，这给维修工作带来了很大方便，所以分压式偏置放大电路在电气设备中得到了非常广泛的应用。

2.2.4　共集电极放大电路

一、电路组成

共集电极放大电路（简称共集电路）的原理图和交流通路如图 2-29（a）、（b）所示。从交流通路中可以看出，信号从基极输入，从发射极输出，集电极是输入、输出回路的公共端，共集电极电路因此而得名。由于其负载 R_L 接在发射极上，被放大的信号从发射极输出，所以又称为射极输出器。

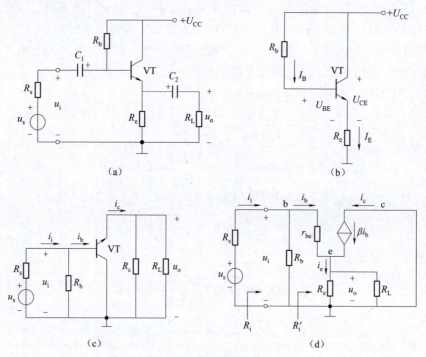

图 2-29　共集电极放大电路

（a）原理电路；（b）直流通路；（c）交流通路；（d）微变等效电路

二、工作原理

电源 U_{CC} 给晶体三极管 VT 的集电结提供反偏电压，又通过基极偏置电阻 R_b 给发射结提供正偏电压，使晶体三极管 VT 工作在放大区。输入信号电压 u_i 通过输入耦合电容 C_1 加到晶体三极管 VT 的基极，输出信号电压 u_o 从发射极通过输出耦合电容 C_2 送到负载 R_L 上。

三、电路静态分析

直流通路如图 2-29（b）所示，可列出基极回路（$+U_{CC} \to R_b \to$ b 极 $\to$ e 极 $\to R_e \to$ 地）的方程

$$U_{CC} = I_B R_b + U_{BE} + I_E R_e$$

$$I_E = (1+\beta) I_B$$

$$I_B = \frac{U_{CC} - U_{BE}}{R_b + (1+\beta) R_e} \approx \frac{U_{CC}}{R_b + (1+\beta) R_e} \tag{2-34}$$

由上式可知，改变偏置电阻 R_b 的大小可以调节偏置电流 I_B。

$$I_C = \beta I_B \tag{2-35}$$

$$U_{CE} = U_{CC} - I_E R_e \approx U_{CC} - I_C R_e \tag{2-36}$$

电路中，当 U_{CC}、R_b、R_e 一定时，偏置电流 I_B 就被设定，U_{CE} 值也就被确定。根据 U_{CE} 值可判定晶体三极管的工作状态。R_e 还有稳定静态工作点的作用，当 I_C 因温度升高而增大时，R_e 上的压降（$I_E R_e$）上升，导致 U_{BE} 下降，牵制了 I_C 的上升。

四、电路性能指标计算及应用

图 2-29（a）所示电路的微变等效电路如图 2-29（d）所示。

令 $R'_L = R_e // R_L$。

1. 电压放大倍数

输入电压 u_i 为

$$u_i = i_b r_{be} + i_e R'_L = i_b [r_{be} + (1+\beta) R'_L]$$

输出电压 u_o 为

$$u_o = i_e R'_L = (1+\beta) i_b R'_L$$

电压放大倍数

$$A_u = \frac{u_o}{u_i} = \frac{(1+\beta) R'_L}{r_{be} + (1+\beta) R'_L} \tag{2-37}$$

一般有 $(1+\beta) R'_L \gg r_{be}$，故 $A_u \approx 1$。所以输出电压接近输入电压，两者的相位相同，故射极输出器又称为射极跟随器。

2. 输入电阻 R_i

从微变等效电路可求得

$$R_i = R_b // R'_i$$

$$R'_i = \frac{u_i}{i_b} = \frac{i_b r_{be} + (1+\beta) i_b R'_L}{i_b} = r_{be} + (1+\beta) R'_L \tag{2-38}$$

$$R_i = R_b // R'_i = R_b // [r_{be} + (1+\beta) R'_L]$$

射极输出器输入电阻很大，一般为几十千欧至几百千欧。

3. 输出电阻 R_o

利用含受控源电路求等效电阻的方法可得其表达式为

$$R_o = \frac{u_o}{i_o} = R_e // \left(\frac{r_{be} + R'_s}{1+\beta} \right) \approx \frac{r_{be} + R'_s}{1+\beta} \tag{2-39}$$

其中 $R'_s = R_s // R_b$，射极输出器的输出电阻很小，通常为几十欧姆。

在多级放大电路中，共集电极放大电路可以作为输入级、输出级或中间级。作为输入级，由于共集电极放大电路的输入电阻高，使信号源内阻上的压降相对来说比较小，可以得到较高的输入电压。同时，减小信号源提供的信号电流，可减轻信号源的负担。作为输出级，由于共集电极放大电路的输出电阻低，当负载电流变动较大时，其输出电压下降很小，从而提高整个放大电路的带负载能力。作为中间隔离级，在多级放大电路中，将共集电极放大电路接在两级共发射极放大电路中间，利用其输入电阻高的特点，提高前一级的负载电阻，进而提高前一级的电压放大倍数，利用其输出电阻低的特点，以减小作为后一级信号源的内阻，使后级电压放大倍数也得到提高，隔离了级间的相互影响。

▲点睛

共集电极放大电路的电压跟随特性好，输入电阻高，输出电阻低，且具有一定的电流放大能力和功率放大能力，这些特点使它在电子电路中获得了广泛应用。

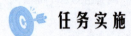 任务实施

一、任务要求

（1）能熟练利用仿真软件搭建共发射极基本放大电路；
（2）能正确进行被测输入、输出信号的测量和数据读取；
（3）培养创新思维和严谨细致的科学精神。

二、设备与器件

电脑、仿真软件。

三、任务内容及步骤

1. 仿真检测共发射极基本放大电路的静态工作点

（1）使用 Multisim 仿真软件搭建如图 2-30 所示的仿真测试电路。
运行仿真电路，观察各电流表、电压表的读数，完成表 2-5 中的测试任务。
（2）更改电阻 R_b 阻值，再次运行仿真电路，观察各电流表、电压表的读数，完成表 2-5 中的测试任务。

表 2-5　检测共发射极基本放大电路静态工作点

测试参数	$I_B/\mu A$	I_C/mA	U_{CEQ}/V	U_{BEQ}/V	β	静态工作点（合适/不合适）	晶体三极管工作状态
$R_b = 100\ k\Omega$							
$R_b = 200\ k\Omega$							
$R_b = 600\ k\Omega$							
$R_b = 6\ 000\ k\Omega$							

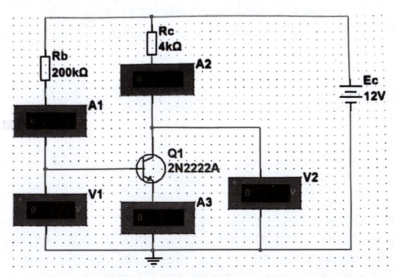

图 2-30　检测共发射极基本放大电路静态工作点的仿真测试电路

2. 仿真检测共发射极基本放大电路的工作状态

（1）使用 Multisim 14 仿真软件搭建如图 2-31 所示的仿真测试电路。用示波器 A 通道检测输入信号波形，B 通道检测输出信号波形。万用表设置为交流电压挡，检测输出电压有效值。运行仿真电路，观察各电流表、电压表的读数，双击示波器图标观察输入、输出波形，完成表 2-6 中的测试任务。

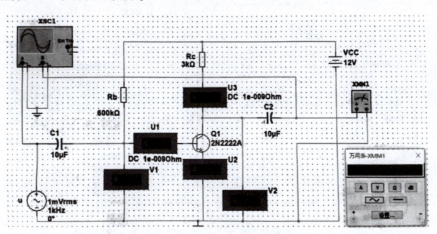

图 2-31　仿真检测共发射极基本放大电路的工作状态

（2）根据表 2-6 中的参考测试参数更改电阻 R_b 的阻值，让放大电路工作在饱和区，再次运行仿真电路，观察各电流表、电压表的读数及示波器输入、输出波形，继续完成表 2-6 中的测试任务。

（3）根据表 2-6 中的参考测试参数更改电阻 R_b 的阻值，让放大电路工作在截止区，再次运行仿真电路，观察各电流表、电压表的读数，以及示波器输入、输出波形，继续完成表 2-6 中的测试任务。

表 2-6　检测共发射极基本放大电路工作状态

检测项目	$R_b = 100$ kΩ	$R_b = 600$ kΩ	$R_b = 6\ 000$ kΩ
I_i/mA			
I_c/mA			
U_{be}/V			
U_{ce}/V			
绘制输入输出波形			
放大电路工作状态			

3. 仿真检测共发射极基本放大电路的电压放大倍数

（1）使用 Multisim 14 仿真软件搭建如图 2-32 所示的仿真测试电路。万用表设置为交流电压挡，检测输出电压有效值。运行仿真电路，观察万用表的读数，完成表 2-7 中的测试任务。

（2）根据表 2-7 中的测试参数更改集电极电阻 R_c 的阻值，运行仿真电路，观察万用表的读数，完成表 2-7 中的测试任务。

（3）根据表 2-7 中的测试参数更改输入信号 U_i 的电压值，运行仿真电路，观察万用表的读数，完成表 2-7 中的测试任务。

（4）合上开关 S（带上负载），根据表 2-7 中的测试参数更改负载电阻 R_L 的电阻值，运行仿真电路，观察万用表的读数，完成表 2-7 中的测试任务。

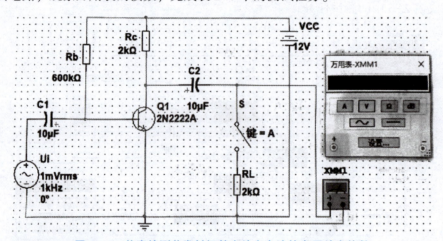

图 2-32　仿真检测共发射极基本放大电路的电压放大倍数

表 2-7　检测共发射极基本放大电路的电压放大倍数

检测项目	不带负载			带负载		
U_o/V	$R_c = 1$ kΩ $U_i = 1$ mV	$R_c = 2$ kΩ $U_i = 1$ mV	$R_c = 2$ kΩ $U_i = 2$ mV	$R_c = 2$ kΩ $U_i = 2$ mV $R_L = 1$ kΩ	$R_c = 2$ kΩ $U_i = 2$ mV $R_L = 2$ kΩ	$R_c = 2$ kΩ $U_i = 2$ mV $R_L = 3$ kΩ
A_u						
R_c 对电压放大倍数的影响						
R_L 对电压放大倍数的影响						

四、巩固练习

（1）基极电阻 R_b 过大，容易产生_____（饱和/截止）失真。基极电阻 R_b 过小，容易产生_____（饱和/截止）失真。

（2）用双踪示波器观察到的输出电压波形和输入电压波形是_____（同相/反相）的。

（3）输入信号的大小几乎对电压放大倍数_____（有/无）影响。共发射极基本放大电路输出信号与输入信号的波形是_____（同相/反相）的。

（4）减小集电极电阻 R_c，共发射极基本放大电路的电压放大倍数会_____（增大/减小）。

（5）放大电路带上负载电阻 R_L 后电压放大倍数会_____（增大/减小）。负载电阻 R_L 的阻值越小，放大电路的电压放大倍数_____越多（增大/减小）。

五、任务评价

完成表 2-8。

表 2-8　共发射极基本放大电路特性的分析与测试职业能力评比计分表

项目	配分	评分标准	自评	互评	师评	合计
仿真检测共发射极基本放大电路的静态工作点	20	能正确搭接仿真电路（5分）； 能正确识读电流表、电压表读数，计算电流放大倍数（5分）； 能正确判别放大电路的静态工作点是否合适（5分）； 能正确判别晶体三极管的工作状态（5分）				
仿真检测共发射极基本放大电路的工作状态	20	能正确搭接仿真电路（5分）； 能正确识读电流表、电压表的读数（5分）； 能正确绘制输入输出波形（5分）； 能正确判断放大电路的工作状态（5分）				
仿真检测共发射极基本放大电路的电压放大倍数	20	能正确搭接仿真电路（5分）； 能正确修改电路参数，识读万用表读数（5分）； 能正确分析集电极电阻 R_c 对电压放大倍数的影响（5分）； 能正确分析负载电阻 R_L 对电压放大倍数的影响（5分）				
巩固练习	10	每小题2分				
学习态度	10	迟到、早退，一人次扣2分；学习态度不端正不得分				
安全文明操作	10	不规范操作，一次扣5分				
7S 管理规范	10	工位不整洁，视情况扣分； 没有节约意识，扣5分				

任务 2.3　负反馈放大电路的分析与测试

任务导入

反馈技术在电路中应用十分广泛。在实用的放大电路中都会适当地引入负反馈，用以改善放大电路的性能。在自动调节系统中，也是通过负反馈来实现自动调节的。因此学习负反馈是非常必要的。

任务描述

本任务通过组装负反馈放大电路，测量负反馈放大电路的开环放大倍数和闭环放大倍数，理解负反馈放大电路的作用，掌握负反馈放大电路的工作原理与主要技术指标的测试方法。

任务目标

（1）理解多级放大电路的级间耦合方式；
（2）能对多级放大电路的动态参数进行分析、计算；
（3）掌握负反馈放大电路的基本类型及其判别方法，会判别常用负反馈电路的类型；
（4）理解负反馈对放大电路性能的影响。

知识准备

2.3.1　多级放大电路

一、多级放大电路的组成及耦合方式

在实际应用中，放大电路的输入信号通常很微弱（一般为毫伏或微伏级），为了使放大后的信号能够驱动负载工作，仅仅通过前面所讲的单级放大电路，很难满足负载驱动的实际要求。为推动负载工作，必须将多个放大电路连接起来，组成多级放大电路，以有效提高放大电路的各种性能。

在多级放大电路中，相邻两级放大电路之间的连接方式称为耦合。常用的级间耦合方式有直接耦合、阻容耦合、变压器耦合和光电耦合等。

1. 多级放大电路的组成

多级放大电路的组成框图如图 2-33 所示，通常把与信号源相连接的第一级放大电路称为输入级，与负载相连接的末级放大电路称为输出级，输出级与输入级之间的放大电路称为中间级。输入级与中间级的位置处于多级放大电路的前几级，故称为前置级。前置级一般都属于小信号工作状态，主要进行电压放大；输出级属于大信号放大，以提供负载足够大的信号，常采用功率放大电路。

图 2-33　多级放大电路组成框图

多级放大电路组成时要求：

（1）连接后各级放大器仍具有合适的静态工作点。

（2）保证信号在级与级之间能够顺利地传输，不引起信号失真。

（3）信号在传递过程中失真要小，级间传输效率要高。

2. 多级放大电路的级间耦合方式

1）阻容耦合

通过电容和电阻将信号由一级传输到下一级的方式称为阻容耦合。图 2-34 所示为典型两级阻容耦合放大电路。

阻容耦合的特点是：由于前、后级之间是通过电容相连的，所以各级的直流电路互不相通，每一级的静态工作点各自独立，互不影响，这样就给电路的设计、调试和维修带来很大的方便。而且只要耦合电容选得足够大，就可将前一级的输出信号在相应频率范围内几乎不衰减地传输到下一级，使信号得到充分利用。但是，它不能用于直流或缓慢变化信号的放大。此外，由于集成电路制造工艺的原因，不能在内部制成较大容量的电容，所以阻容耦合不适用于集成电路。

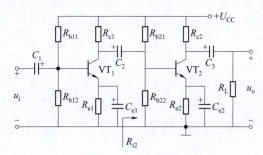

图 2-34　两级阻容耦合放大电路

2）变压器耦合

级与级之间通过变压器连接的方式称为变压器耦合，其电路如图 2-35 所示。

同阻容耦合一样，由于变压器隔断了直流，因此静态工作点互相独立，变压器耦合的最大优点是可以实现阻抗变换，实现阻抗匹配，传输效率高。但由于变压器体积大且重，不便于集成。同时频率特性差，也不能传输直流和比较缓慢变化的信号。只有在选频放大（如收音机中频放大）或要求不高的功率放大电路中用到。

3）直接耦合

前级的输出端直接与后级的输入端相连接的方式，称为直接耦合，其电路如图 2-36 所示。

直接耦合省去了级间的耦合元件，不仅能放大交流信号，而且能放大直流信号以及缓慢变化的信号。由于电路中只有晶体三极管和电阻，便于集成，故直接耦合在集成电路中获得了广泛应用。但由于级间为直接耦合，所以前、后级的静态工作点相互影响，相互牵制，且存在零点漂移现象。零点漂移就是当放大电路的输入信号为零时，输出端还有缓慢

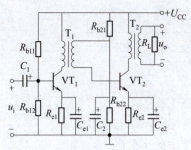

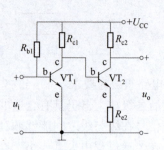

图 2-35 变压器耦合两级放大电路　　　　图 2-36 直接耦合两级放大电路

变化的电压产生。

4）光电耦合

运用发光器件和光敏器件将前后级进行连接实现信号传输的方式称为光电耦合。光耦合器（简称光耦）就是把发光器件（如发光二极管）和光敏器件（如光敏三极管）组装在一起，通过光线实现耦合，构成电-光和光-电的转换器件。光耦合器的种类很多，常用的三极管型光耦合器的内部结构如图 2-37（a）所示。当电信号施加到光耦合器的输入端时，发光二极管发光，光敏三极管受到光照后饱和导通，产生集电极电流；当输入端无信号时，发光二极管不亮，光敏三极管截止。光电耦合器应用电路如图 2-37（b）所示。

光电耦合中光是传输的媒介，从而使输入和输出两端实现电气上的绝缘和隔离，但信号能从输入单向传输到输出，具有抗干扰能力强、响应速度快、工作稳定可靠等优点。

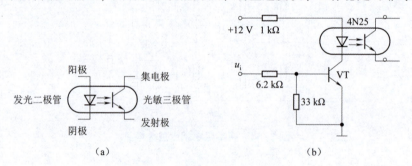

（a）　　　　　　　　　　　　　　（b）

图 2-37 光耦合器及应用电路

（a）常用的三极管型光耦合器的内部结构；（b）光耦合开关电路

二、多级放大电路的性能指标估算

1. 电压放大倍数

多级放大电路对放大信号而言，相当于串联，前一级的输出信号就是下一级的输入信号。所以，多级放大电路总的电压放大倍数为各级电压放大倍数的乘积，即

$$A_u = A_{u1}A_{u2}\cdots A_{un} \qquad\qquad (2-40)$$

式中，n 为多级放大电路的级数。

在分立元件放大电路中，计算末级以外各级的电压放大倍数时，应将后级的输入电阻作为前一级的负载。如计算第一级的电压放大倍数时，其负载电阻就是第二级的输入电阻。

2. 输入电阻

多级放大电路的输入电阻 R_i，就是第一级的输入电阻 R_{i1}，即

$$R_i = R_{i1} \tag{2-41}$$

3. 输出电阻

多级放大电路的输出电阻 R_o 等于最后一级（第 n 级）的输出电阻 R_{on}，即

$$R_o = R_{on} \tag{2-42}$$

▲**点睛**

在多级放大电路中，计算每一级的电压放大倍数时要把后一级的输入电阻作为前一级的负载电阻。另外，第一级的输入电阻即为整个多级放大电路的输入电阻，最后一级的输出电阻即为整个多级放大电路的输出电阻。

2.3.2　负反馈放大电路及应用

反馈有正、负之分，在放大电路中主要引入负反馈，它可使放大电路的性能得到显著改善，所以负反馈放大电路得到广泛应用。而正反馈则主要用于振荡电路中。

一、反馈放大电路的组成

将放大电路输出信号（电压或电流）的一部分或全部，通过某些元件或网络（称为反馈网络），反向送回到输入回路并与输入信号相叠加的过程称为反馈。

要识别一个电路是否存在反馈，主要是分析输出信号是否回送到输入端，即输入回路与输出回路是否存在反馈通路，或者说输出与输入之间有没有起联系作用的元器件或网络。

反馈放大电路的组成框图如图 2-38 所示，由基本放大电路和反馈网络两部分组成，又称为闭环放大电路。

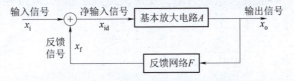

图 2-38　反馈放大电路的组成框图

图中，A 表示开环放大电路（也叫基本放大电路）的放大倍数，F 表示反馈网络的反馈系数。输入信号 x_i 和反馈信号 x_f 叠加就是净输入信号 x_{id}。箭头表示信号传输方向。

二、反馈放大电路基本关系式

由图 2-38 可得，净输入信号为

$$x_{id} = x_i \pm x_f \tag{2-43}$$

开环放大倍数（或开环增益）为

$$A = x_o / x_{id} \tag{2-44}$$

反馈系数为

$$F = x_f / x_o \tag{2-45}$$

反馈放大电路闭环增益为

$$A_f = x_o / x_i$$

根据上面关系式可得负反馈放大电路闭环增益

$$A_f = \frac{x_o}{x_i} = \frac{x_o}{x_{id} + x_f} = \frac{Ax_{id}}{x_{id} + AFx_{id}} = \frac{A}{1 + AF} \tag{2-46}$$

此式表明，加入负反馈以后的闭环增益 A_f 是基本放大电路增益 A 的 $1/(1+AF)$，其中把 $1+AF$ 称为反馈深度，它的大小反映了反馈的强弱。$1+AF$ 越大，反馈越深，A_f 就越小。

如果 $|1+AF| \geqslant 1$，称为深度负反馈，此时式（2-46）可简化为

$$A_f = \frac{A}{1 + AF} \approx \frac{A}{AF} = \frac{1}{F} \tag{2-47}$$

也就是说，当放大电路引入深度负反馈后，其闭环增益仅与反馈系数有关，而与放大电路本身的参数无关。

三、反馈的分类及判别方法

反馈及反馈极性的判别

1. 反馈极性（正、负反馈）的判断

根据反馈极性的不同，可将反馈分为正反馈和负反馈。反馈信号使放大电路的净输入信号增大，从而使放大电路的输出量比没有反馈时增大的反馈称为正反馈。相反，如果反馈信号使放大电路的净输入信号减小，结果使输出量比没有反馈时减小的反馈称为负反馈。

反馈极性通常采用瞬时极性法来判别。具体方法是：首先假定输入信号对地的瞬时极性为正（用"⊕"表示电位升高，用"⊖"表示电位降低），然后顺着信号的传输方向，逐级推出有关各点的瞬时极性（晶体三极管集电极瞬时极性与基极相反，发射极瞬时极性与基极相同），最后判断出反馈到输入端信号的瞬时极性。如果反馈信号使净输入增加，为正反馈，反之为负反馈。

以晶体三极管共发射极放大电路为例，反馈极性判断如图 2-39 所示。

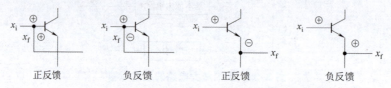

图 2-39　晶体三极管共发射极放大电路反馈极性判断

【例 2.6】判断图 2-40 所示电路中，R_{f1} 和 R_{f2} 引入反馈的极性。

解：（1）R_{f1} 引入反馈的极性。

假设输入信号的瞬时极性为正，经 VT_1 放大后，VT_1 集电极输出信号为负；该信号送入 VT_2 基极，经 VT_2 放大后，VT_2 集电极输出信号为正；该信号再经 R_{f1} 反送至 VT_1 发射极。VT_1 发射极获得瞬时极性为正的反馈信号。因此，R_{f1} 引入的是负反馈。

（2）R_{f2} 引入反馈的极性。

假设输入信号的瞬时极性为正，经 VT_1 放大后，VT_1 集电极输出信号为负；该信号送入 VT_2 基极，经 VT_2 放大后，VT_2 发射极输出信号为负；该信号再经 R_{f2} 反送至 VT_1 基极。VT_1 基极获得瞬时极性为负的反馈信号。因此，R_{f2} 引入的是负反馈。

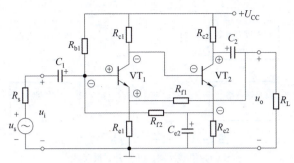

图 2-40 反馈极性判断

2. 直流反馈和交流反馈的判断

在放大电路中，一般都存在着直流分量和交流分量。如果反馈信号只含有直流成分，则称为直流反馈；如果反馈信号只含有交流成分，则称为交流反馈。若反馈信号既含有直流分量，又含有交流分量，则称为交直流反馈。

反馈的类型及判断

直流负反馈主要用来稳定电路的静态工作点，交流负反馈可以改善放大电路的动态性能。

判断方法是电容观察法。若反馈通路中有隔直电容，则为交流反馈；若反馈通路中有旁路电容，则为直流反馈；若反馈通路中无电容，则为交直流反馈。

图 2-40 中，R_{f1} 构成的反馈通路中由于有隔直电容 C_2，所以为交流反馈；R_{f2} 构成的反馈通路中由于有旁路电容 C_{e2}，所以为直流反馈。

3. 电压反馈和电流反馈的判断

按反馈在输出端的取样方式分类，反馈可分为电压反馈和电流反馈。若反馈信号取自输出电压，即反馈信号与输出电压成比例，则称为电压反馈；若反馈信号取自输出电流，即反馈信号与输出电流成比例，则称为电流反馈。

判断方法是：假设输出端的负载短路，这时如果反馈信号依然存在（不为零），则是电流反馈；如果反馈信号消失（为零），则是电压反馈。也可根据反馈网络与输出端的接法加以判断，若反馈信号与输出信号取自同一点，为电压反馈；若反馈信号与输出信号取自不同点，则为电流反馈。

图 2-40 中，输出电压取自 VT_2 集电极，R_{f1} 引导的反馈网络的反馈信号也取自 VT_2 集电极，与输出信号取自同一点，则是电压反馈；R_{f2} 引导的反馈网络的反馈信号取自 VT_2 发射极，与输出信号取自不同点，则为电流反馈。

4. 并联反馈和串联反馈的判断

按基本放大电路输入端与反馈网络输出端之间的连接方式，反馈可分为并联反馈和串联反馈。

如图 2-41（a）所示，为串联反馈，反馈信号与输入信号串联后加至放大电路的输入端，反馈信号在输入端以电压相加减形式出现，即放大电路的净输入信号 $u_{id} = u_i \pm u_f$。

如图 2-41（b）所示，为并联反馈，反馈信号与输入信号并联后加至放大电路的输入端，反馈信号在输入端以电流相加减形式出现，即放大电路的净输入信号 $i_{id} = i_i \pm i_f$。

判断方法是：看输入端，若反馈信号与输入信号是在输入端的同一个节点引入，反馈

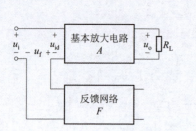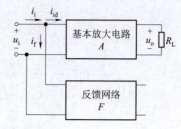

图 2-41 反馈信号的叠加方式

（a）串联反馈；（b）并联反馈

信号与输入信号必为电流相加减，为并联反馈；若反馈信号与输入信号不在同一个节点引入，为串联反馈。

图 2-40 中，信号从 VT_1 基极送入，R_{f1} 引导的反馈网络的反馈信号从 VT_1 发射极送入，与输入信号不在同一个点引入，为串联反馈；R_{f2} 引导的反馈网络的反馈信号也从 VT_1 基极送入，与输入信号在同一个点引入，所以为并联反馈。

综合以上分析，在图 2-40 所示电路中，R_{f1} 引入的是电压串联交流负反馈，R_{f2} 引入的是电流并联直流负反馈。

【例 2.7】 反馈放大电路如图 2-42 所示，试判别其反馈类型。

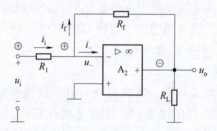

图 2-42 例 2.7 图示

解：电路中 R_f 为反馈元件。输入信号加在集成运放反相输入端，利用瞬时极性法，假设输入端瞬时极性为 $\oplus$，则输出电压 u_o 瞬时极性为 $\ominus$，经 R_f 反馈到 u_- 为 $\ominus$，净输入信号减小，为负反馈。

对于输入端，由于输入信号和反馈信号在同一节点输入，所以为并联反馈。

对于输出端，假设 R_L 短路，反馈信号则为零，所以为电压反馈。

因此，图 2-42 所示电路的反馈类型为电压并联负反馈。

▲点睛

电压反馈和电流反馈应从电路输出端进行判断，串联反馈和并联反馈应从电路输入端进行判断。

2.3.3 负反馈对放大电路性能的影响

一、提高电路及增益的稳定性

用放大倍数相对变化量的大小来表示放大倍数稳定性的优劣，相对变化量越小，稳定

性越好。在式 $A_f = \dfrac{A}{1+AF}$ 中，对 A 求导得

$$\frac{dA_f}{dA} = \frac{1}{(1+AF)^2}$$

$$dA_f = \frac{dA}{(1+AF)^2}$$

为了研究 A_f 的相对变化量，将上式两端同除以 A_f

$$\frac{dA_f}{A_f} = \frac{1}{1+AF} \cdot \frac{dA}{A} \tag{2-48}$$

此式表明：引入负反馈后，放大电路的闭环放大倍数的相对变化量 dA_f/A_f 是开环放大倍数相对变化量 dA/A 的 $1/(1+AF)$，即电路引入负反馈后，虽然放大倍数下降到 $1/(1+AF)$，但是其稳定性比开环时提高到 $(1+AF)$ 倍；而且负反馈越深，闭环放大倍数越稳定。

【例 2.8】 某放大电路的放大倍数 $A = 1\ 000$，当引入负反馈后，放大倍数稳定性提高到原来的 100 倍，求：（1）反馈系数；（2）闭环放大倍数；（3）A 变化 $\pm 10\%$ 时闭环放大倍数的相对变化量。

解：（1）由题意可得 $1+AF = 100$，则

$$F = \frac{100-1}{A} = \frac{99}{1\ 000} = 0.099$$

（2）闭环放大倍数为

$$A_f = \frac{A}{1+AF} = \frac{1\ 000}{100} = 10$$

（3）A 变化 $\pm 10\%$ 时

$$\frac{dA_f}{A_f} = \frac{1}{100} \times \frac{dA}{A} = \frac{1}{100} \times (\pm 10\%) = \pm 0.1\%$$

二、减少非线性失真

一个理想的放大电路，它的输出波形应与输入波形完全一样，即没有失真。但是由于晶体三极管的放大倍数在整个正、负半周幅度不一致，即产生了非线性失真。由于晶体三极管特性的非线性，设输入信号为正弦波，无反馈时放大电路的其输出端得到了正半周幅度大、负半周幅度小的失真信号，如图 2-43（a）所示。

引入负反馈时，这种失真被引回到输入端，反馈信号也为正半周幅度大而负半周幅度小的波形，由于 $u_{id} = u_i - u_f$，因此 u_{id} 波形变为正半周幅度小而负半周幅度大的波形，这种带有预失真的净输入电压经过该放大电路放大后，正好弥补了放大电路的缺陷，使原来的非线性失真得到一定程度的矫正，使输出波接近正弦波。负反馈对非线性失真的改善如图 2-43（b）所示。根据分析，加反馈后非线性失真减小为无反馈时的 $1/(1+AF)$。

▲点睛

负反馈只能减小放大电路内部引起的非线性失真，对于信号本身固有的失真则无能为力。此外，负反馈只能减小而不能完全消除非线性失真。

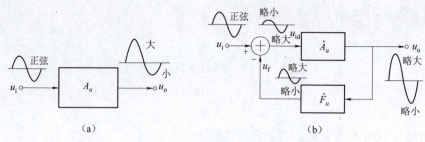

图 2-43　负反馈对非线性失真的改善

(a) 基本放大电路的非线性失真；(b) 负反馈减小非线性失真

三、扩展通频带

负反馈对通频带的影响如图 2-44 所示，图中 A_m、f_L、f_H、f_{BW} 和 A_{mf}、f_{Lf}、f_{Hf}、f_{BWf} 分别为基本放大电路、负反馈放大电路的中频放大倍数、下限频率、上限频率和通频带宽度。可见，加负反馈后的通频带宽度比无负反馈时的大。扩展通频带的原理如下：当输入等幅不同频率的信号时，高频段和低频段的输出信号比中频段的小，因此反馈信号也小，对净输入信号的削弱作用小，所以高、低频段的放大倍数减小程度比中频段的小，从而扩展了通频带。

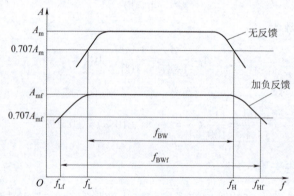

图 2-44　负反馈对通频带的影响

四、改变输入、输出电阻

根据不同的反馈类型，负反馈对放大电路的输入电阻、输出电阻有不同的影响。

负反馈对输入电阻的影响取决于反馈信号在输入端的取样方式。在串联负反馈电路中，反馈网络与基本放大电路串联，即串联负反馈使放大电路输入电阻增大；在并联负反馈电路中，反馈网络与基本放大电路并联，即并联负反馈使放大电路输入电阻减小。

负反馈对输出电阻的影响取决于反馈信号在输出端的连接形式。电压负反馈放大电路中，反馈网络与基本放大电路并联，即电压负反馈使放大电路的输出电阻减小；电流负反馈放大电路中，反馈网络与基本放大电路串联，即电流负反馈使放大电路的输出电阻增大。

综上所述，可归纳出各种反馈类型、定义、判别方法和反馈对放大电路的影响，如

表 2-9 所示。

表 2-9　放大电路中的反馈类型、定义、判别方法和反馈对放大电路的影响

	反馈类型	定义	判别方法	对放大电路的影响
1	正反馈	反馈信号使净输入信号加强	反馈信号与输入信号作用于同一个节点时，瞬时极性相同；作用于不同节点时，瞬时极性相反	使放大倍数增大，电路工作不稳定
	负反馈	反馈信号使净输入信号削弱	反馈信号与输入信号作用于同一个节点时，瞬时极性相反；作用于不同节点时，瞬时极性相同	使放大倍数减小，且改善放大电路的性能
2	直流负反馈	反馈信号为直流信号	反馈信号两端并联电容	能稳定静态工作点
	交流负反馈	反馈信号为交流信号	反馈支路串联电容	能改善放大电路的性能
3	电压负反馈	反馈信号从输出电压取样，即与输出电压成正比	反馈信号通过元件连线从输出电压端取出，或使负载短路，反馈信号将消失	能稳定输出电压，减小输出电阻
	电流负反馈	反馈信号从输出电流取样，即与输出电流成正比	反馈信号与输出电压无联系，或将负载短路，反馈信号依然存在	能稳定输出电流，增大输出电阻
4	串联负反馈	反馈信号与输入信号在输入端以串联形式出现	输入信号与反馈信号在不同节点引入（如晶体三极管 b 极和 e 极或运放的反相端和同相端）	增大输入电阻
	并联负反馈	反馈信号与输入信号在输入端以并联形式出现	输入信号与反馈信号在同一节点引入	减小输入电阻

任务实施

一、任务要求

（1）能熟练利用仿真软件搭建阻容耦合两级放大电路；

（2）能正确进行输入、输出信号的测量和数据读取，并根据测量数据理解各级放大电路之间的关系；

（3）培养部分与整体之间的辩证思维以及团结协作意识。

二、设备与器件

电脑、仿真软件。

三、任务内容及步骤

1. 仿真检测阻容耦合两级放大电路的电压放大倍数

（1）使用 Multisim 仿真软件搭建如图 2-45 所示的仿真测试电路。输入电压信号设置为 1 mV、1 kHz，两只万用表都设置为交流电压挡，分别检测第一级和第二级放大电路输出电压的有效值。运行仿真电路，分别观察万用表的读数，完成表 2-10 中的测试任务。

（2）更改输入电压信号，设置为 2 mV、1 kHz。运行仿真电路，分别观察两只万用表的读数，完成表 2-10 中的测试任务。

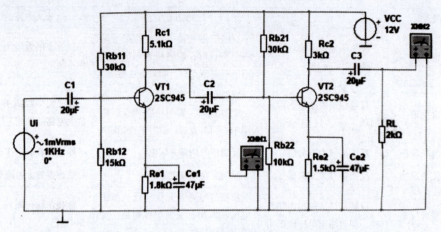

图 2-45　检测阻容耦合两级放大电路的电压放大倍数的仿真测试电路

表 2-10　检测阻容耦合两级放大电路的电压放大倍数

测试参数	U_{o1}/V	U_{o2}/V	A_{u1}	A_{u2}	A_u	总电压放大倍数与各级电压放大倍数的关系
$U_i = 1$ mV						
$U_i = 2$ mV						

2. 仿真检测负反馈对放大电路电压放大倍数的影响

（1）使用 Multisim 仿真软件搭建如图 2-46 所示的仿真测试电路。输入电压信号设置为 1 mV、1 kHz，两只万用表都设置为交流电压挡，在开关 S 打开、闭合两种状态下，运行仿真电路，分别观察万用表的读数，完成表 2-11 中的测试任务。

（2）更改输入电压信号为 2 mV、1 kHz，运行仿真电路，重复以上测量，完成表 2-11 中的测试任务。

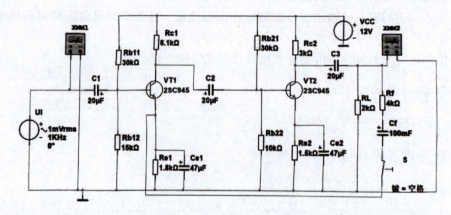

图 2-46　检测负反馈对放大电路电压放大倍数影响的仿真测试电路

表 2-11　检测负反馈对放大电路电压放大倍数的影响

测试参数	U_o/V （无负反馈）	U_o/V （有负反馈）	A_u （无负反馈）	A_u （有负反馈）	负反馈对电压放大倍数的影响
$U_i = 1$ mV					
$U_i = 2$ mV					

四、巩固练习

（1）多级放大电路总的电压放大倍数等于各级放大电路电压放大倍数之_____（积/和）。

（2）测试任务中引入的负反馈类型是_____（电压/电流）_____（并联/串联）_____（正反馈/负反馈）。

（3）开环与闭环相比较，电压放大倍数_____（变大/变小），输入电阻_____（变大/变小），输出电阻_____（变大/变小）。

（4）如果输入信号存在失真，_____（能/不能）用负反馈来进行改善。

（5）共发射极阻容耦合两级放大电路的输出信号与输入信号_____（同相/反相）。

五、任务评价

完成表 2-12。

表 2-12　负反馈放大电路的分析与测试职业能力评比计分表

项目	配分	评分标准	自评	互评	师评	合计
仿真检测阻容耦合两级放大电路的电压放大倍数	30	能正确搭接仿真电路（8分）；能正确识读万用表读数（8分）；能正确计算电压放大倍数（8分）；能正确描述总电压放大倍数与各级电压放大倍数的关系（6分）				
仿真检测负反馈对放大电路电压放大倍数的影响	30	能正确搭接仿真电路（8分）；能正确识读万用表读数（8分）；能正确计算电压放大倍数（8分）；能正确描述负反馈对放大电路电压放大倍数的影响（6分）				
巩固练习	10	每小题2分				
学习态度	10	迟到、早退，一人次扣2分；学习态度不端正不得分				
安全文明操作	10	不规范操作，一次扣5分				
7S 管理规范	10	工位不整洁，视情况扣分；没有节约意识，扣5分				

任务 2.4　功率放大电路的分析与测试

任务导入

在实用电子电路中，往往要求放大电路的末级（输出级）输出有足够大的信号功率去驱动负载，如扬声器、继电器、指示表头等。能够向负载提供足够信号功率的放大电路称为功率放大电路，简称功放。

功率放大电路的用途广泛，从能量控制和转换的角度看，功率放大电路与其他放大电路在本质上没有根本的区别，都是能量转换电路，只是功率放大电路在电源电压确定的情况下，不失真地放大信号功率，通常是在大信号状态下工作。

任务描述

通过连接和测试分析电路，理解功率放大电路的特点；描述各类互补对称放大电路的工作原理；利用仪器仪表进行各类性能指标的测试以理解功放电路的应用。

知识准备

2.4.1　功率放大电路概述

一、功率放大电路的特点和要求

电子设备中的放大器一般由前置放大器和功率放大器组成，如图 2-47 所示。前置放大器的主要任务是不失真地提高输入信号的电压和电流的幅度，而功率放大器的任务是在信号失真允许的范围内，尽可能输出足够大的信号功率，即不但要输出大的信号电压，还要输出大的信号电流，以满足负载正常工作的要求。

图 2-47　放大器电路组成框图

功率放大电路要求满足输出功率要大、效率要高、非线性失真要小等特点，因此，电路中担任功率放大任务的晶体三极管（也称功放管）一般都工作在大信号状态，基本上接近于管子参数的极限状态，所以选择功放管时要注意不要超过管子的极限参数，并留有一定的余量，同时要考虑在电路中采取必要的过压、过流保护措施和管子的散热问题，以确保管子的安全工作。

从能量控制的观点来看，功率放大电路与电压放大电路都属于能量转换电路，都是将电源的直流功率经微弱信号控制转换成负载上的交流功率。但它们具有各自的特点：低频电压放大电路工作在小信号状态，动态工作点摆动范围小，非线性失真小，可用微变等效电路法分析、计算电压放大倍数、输入电阻、输出电阻等，一般不讨论输出功率。而功率放大电路是在大信号情况下工作，具有动态工作范围大的特点，通常采用图解法进行分析，分析的主要指标是输出功率、电源效率等。

二、功率放大电路的分类

按照晶体三极管工作状态的不同，功率放大电路可分为甲类、甲乙类、乙类三种，功放管在上述三类工作状态下相应的静态工作点位置及波形如图 2-48 所示。

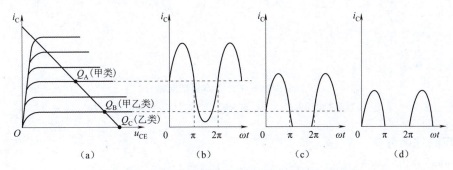

图 2-48　各类功率放大电路的静态工作点及其波形
（a）工作点位置；（b）甲类波形；（c）甲乙类波形；（d）乙类波形

甲类 Q 点设置在放大区的中间，整个周期均导通；乙类 Q 点处于截止区，半个周期导通；甲乙类 Q 点接近截止区，导通时间大于半个周期。由图可见，甲类功率放大电路的静态工作点设置得较高，失真很小，但不论有无信号，始终有较大的静态工作电流 I_{CQ}，消耗一定的电源功率，故效率较低，理想情况下仅为 50%，所以它主要用于小功率放大电路中。乙类与甲乙类放大由于管耗小，放大电路效率高，但输出波形失真严重，所以在实际电路中均采用两管轮流导通的推挽电路来减小失真。

功率放大电路的类型很多，目前电子电路中广泛采用乙类（或甲乙类）互补对称功率放大电路，这里只对乙类（或甲乙类）互补对称功率放大电路进行讨论。

▲点睛

对功率放大电路的主要要求是获得最大不失真的输出功率和具有较高的效率。功放管工作于大信号状态下，由于晶体三极管极限参数的限制，功放管在工作中只能接近于极限工作状态，而不能超过它的安全工作区，否则管子可能损坏。为了满足功放管工作的要求，常采用甲乙类或乙类放大。实践中常用的功放电路是互补对称电路。

2.4.2　互补对称功率放大电路

一、乙类互补对称功率放大电路

1. 电路组成

采用正、负电源构成的乙类互补对称功率放大电路如图 2-49（a）所示，VT₁、VT₂ 分别为特性参数相同的 NPN 型和 PNP 型晶体三极管，两管的基极和发射极分别接在一起，信号从基极引入，均接成射极输出电路以增强带负载能力。

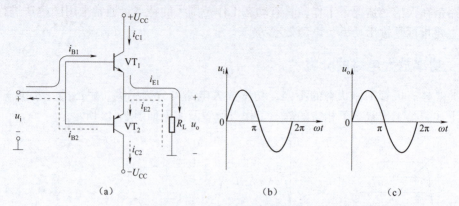

图 2-49　OCL 基本原理电路

（a）基本原理电路；（b）输入信号波形；（c）输出信号波形

2. 电路性能分析

1）静态分析

静态时，两管零偏而截止，静态电流为零，无管耗。由于两管特性对称，所以输出端的静态电压为零。

2）动态分析

设输入信号为如图 2-49（b）所示正弦信号 u_i，在正半周时，VT_1 的发射结正偏导通；VT_2 发射结反偏截止，U_{CC} 通过 VT_1 向负载 R_L 提供电流 i_{E1}，各极电流如图 2-49（a）中实线所示；在 u_i 的负半周，VT_1 发射结反偏截止，VT_2 发射结正偏导通，$-U_{CC}$ 通过 VT_2 向负载 R_L 提供电流 i_{E2}，各极电流如图 2-49（a）中虚线所示。

VT_1、VT_2 管分别在正、负半周轮流工作，使负载 R_L 获得一个完整的正弦波信号电压，如图 2-49（c）所示。这种电路的结构对称，两管互相补偿、轮流导通工作，故称为互补对称电路或互推挽电路。又因为静态时公共发射极电位为零，不必需要电容耦合，故又简称为 OCL 电路。

3. 电路性能参数计算

1）最大输出功率 P_{om}

由图 2-49（a）知，$I_{om}=I_{cm}$。在输入正弦信号作用下，忽略电路失真时，在输出端获得的电压和电流均为正弦信号，输出功率 P_o 等于输出电压与输出电流的有效值乘积，即

$$P_o = I_o U_o = \frac{1}{2} I_{om} U_{om} = \frac{1}{2} \cdot \frac{U_{om}^2}{R_L} \tag{2-49}$$

当晶体三极管进入临界饱和时，输出电压 U_{om} 最大，$U_{om}=U_{CC}-U_{CES}\approx U_{CC}$，则获得的最大输出功率

$$P_{om} = \frac{1}{2} \cdot \frac{U_{om}^2}{R_L} = \frac{1}{2} \cdot \frac{(U_{CC}-U_{CES})^2}{R_L} \approx \frac{1}{2} \cdot \frac{U_{CC}^2}{R_L} \tag{2-50}$$

2）直流电源供给功率 P_V

两个电源各提供半个周期的电流，故每个电源提供的平均电流为

$$I_{AV} = \frac{1}{2\pi} \int_0^\pi I_{om} \sin(\omega t)\, d(\omega t) = \frac{I_{om}}{\pi} = \frac{U_{om}}{\pi R_L}$$

因此正负电源供给的直流功率为

$$P_V = 2I_{AV}U_{CC} = \frac{2}{\pi}U_{CC}I_{om} = \frac{2U_{CC}U_{om}}{\pi R_L} \tag{2-51}$$

3）管耗 P_C

由于 VT_1、VT_2 各导通半个周期，且两管对称，故两管的管耗是相同的，每只管子的平均管耗为

$$P_{C1} = \frac{1}{2}(P_V - P_o) = \frac{1}{R_L}\left(\frac{U_{CC}U_{om}}{\pi} - \frac{U_{om}^2}{4}\right) \tag{2-52}$$

输出最大功率时的管耗为

$$P_{C1(U_{om} \approx U_{CC})} \approx 0.137 P_{om}$$

当 $U_{om} = \frac{2}{\pi}U_{CC}$ 时，出现最大管耗，且为

$$P_{Cm1} \approx 0.2 P_{om}$$

4）效率

$$\eta \approx \frac{P_o}{P_V} = \frac{\pi}{4} \cdot \frac{U_{om}}{U_{CC}} \tag{2-53}$$

当电路输出最大功率时，$U_{om} \approx U_{CC}$，此时效率最大，为

$$\eta_m = \frac{\pi}{4} \approx 78.5\%$$

4. 功放管的选择

功放管的极限参数有 P_{CM}、I_{CM}、$U_{(BR)CEO}$。应满足下列条件：

1）功放管集电极的最大允许功耗

$$P_{CM} \geqslant P_{CM1} = 0.2 P_{om} \tag{2-54}$$

2）功放管的最大耐压 $U_{(BR)CEO}$

在该电路中，一只管子饱和导通时，另一只管子承受的最大反向电压为 $2U_{CC}$，即

$$U_{(BR)CEO} \geqslant 2U_{CC} \tag{2-55}$$

3）功放管的最大集电极电流

$$I_{CM} \geqslant \frac{U_{CC}}{R_L} \tag{2-56}$$

二、交越失真及 OCL 实用电路

对于乙类互补对称功率放大电路，在静态时，由于 VT_1、VT_2 均为零偏。在输入信号电压经过零点附近，总会有一段信号的幅值低于 VT_1、VT_2 的死区电压，两管处于截止状态，输出电压为零，出现了失真，如图 2-50 所示。由于此失真发生在信号正负交替变化处，故称为交越失真。

为了消除交越失真，只需给 VT_1、VT_2 提供一个合适的静态偏置，组成甲乙类互补对称

功放电路，使管子处于微导通状态。

甲乙类 OCL 功放电路如图 2-51 所示。图中，VT_3 组成电压放大级，R_c 为集电极负载电阻，VD_1、VD_2 正偏导通，和 R_P 一起为 VT_1、VT_2 提供正向偏置电压，使 VT_1、VT_2 在静态时处于微导通状态，即处于甲乙类工作状态。此外，VD_1、VD_2 还有温度补偿作用，使 VT_1、VT_2 的静态电流基本不随温度的变化而变化。

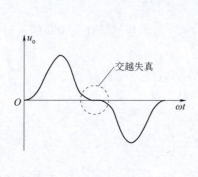

图 2-50　交越失真波形　　　　图 2-51　甲乙类 OCL 功放电路

输入交流信号时，由于二极管的动态电阻很小，可以忽略不计，其工作原理与乙类 OCL 功放类似，输出功率、效率和管耗等参数的计算也与乙类 OCL 功放相似。

【例 2.9】甲乙类 OCL 功放电路如图 2-51 所示，U_{CC} = 12 V，R_L = 35 Ω，两只管子的 U_{CES} = 2 V。试求：(1) 最大不失真输出功率；(2) 电源供给的功率；(3) 最大输出功率时的效率；(4) 若电路中 VD_1 或 VD_2 开路，可能出现什么问题？

解：(1) 最大不失真输出功率 P_{om} 为

$$P_{om} = \frac{1}{2} \cdot \frac{(U_{CC} - U_{CES})^2}{R_L} \approx 1.43(\text{W})$$

(2) 电源供给的功率 P_V 为

$$P_V = \frac{2U_{CC}U_{om}}{\pi R_L} = \frac{2U_{CC}(U_{CC} - U_{CES})}{\pi R_L} \approx 2.2(\text{W})$$

(3) 最大输出功率时的效率 η_m 为

$$\eta_m = \frac{\pi}{4} \cdot \frac{U_{CC} - U_{CES}}{U_{CC}} \approx 65\%$$

(4) 若电路中 VD_1 或 VD_2 开路，则从 $+U_{CC}$ 经 R_c、VT_1 的发射结、VT_2 的发射结、VT_3 的集电极-发射极、R_e 到 $-U_{CC}$ 形成一个通路，有较大的基极电流 I_{B1} 和 I_{B2} 流过，使 VT_1、VT_2 的基极电流大大增加，因功耗过大而损坏。因此常在输出回路中串接熔断器以保护功放管和负载。

三、单电源互补对称功率放大电路

OCL 电路具有线路简单、效率高等特点，但要采用双电源供电，给使用和维修带来不便。为了克服这一缺点，可采用单电源供电的互补对称功率放大电路，只需在两个功放管的发射极与负载之间接入一个大容量的电容器 C_2 构成 OTL 功放电路。

1. 电路组成及工作原理

OTL 功放电路如图 2-52 所示，VT_3 组成电压放大级，R_{c1} 为其集电极负载。VD_1、VD_2 为二极管偏置电路，为 VT_1、VT_2 提供偏置电压。VT_1、VT_2 组成互补对称电路。由于 VT_1、VT_2 特性对称，静态时，A 点电位应为 $U_{CC}/2$，所以电容 C_2 上的电压亦为 $U_{CC}/2$。该电路就是利用大电容的储能作用，来充当另一组电源 $-U_{CC}$，使电路完全等同于双电源时的情况。此外，C_2 还有隔直作用。电路中，VT_3 的偏置由输出 A 点电压通过 R_P 和 R_1 提供，组成电压并联直流负反馈组态，稳定静态工作点。

该电路的工作原理与 OCL 电路相似，在输入信号的负半周，经 VT_3 倒相放大，VT_3 集电极电压瞬时极性为正，VT_1 正偏导通，VT_2 反偏截止。经 VT_1 放大后的电流经 C_2 送给负载 R_L，且对 C_2 充电。R_L 上获得正半周电压。

在输入信号的正半周，经 VT_3 倒相放大，VT_3 集电极电压瞬时极性为负，VT_1 反偏截止，VT_2 正偏导通。C_2 放电，经 VT_2 放大后的电流由该管集电极经 R_L 和 C_2 流回发射极，负载 R_L 上获得负半周电压。

输出电压 u_o 的最大幅值约为 $U_{CC}/2$。

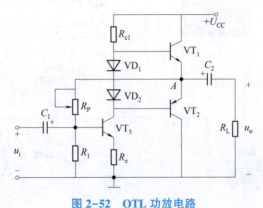

图 2-52　OTL 功放电路

2. 电路性能参数计算

OTL 电路与 OCL 电路相比，每只管子实际工作电源电压不是 U_{CC}，而是 $U_{CC}/2$，因此，在计算 OTL 电路的主要性能指标时，将 OCL 电路计算公式中的参数 U_{CC} 全部改为 $U_{CC}/2$ 即可。

想一想

功率放大电路主要存在哪些问题？应如何解决？

任务实施

一、任务要求

（1）能熟练利用仿真软件搭建互补对称乙类功率放大电路；

（2）能正确进行信号的测量和数据读取，并根据测量数据进行电路功率和效率的计算；

（3）绘制仿真电路，培养科学精神和创新思维。

二、设备与器件

电脑、仿真软件、晶体三极管、电阻、电容等元器件，其参数和型号详见各测试电路图。

三、任务内容及步骤

在 Multisim 环境，建立如图 2-53 所示的双管互补对称乙类功率放大电路仿真电路，并仿真其信号输入时功率放大电路的输出波形、效率。

1. 仿真检测互补对称乙类功率放大电路的静态工作点

调用万用表分别检测 VT$_1$、VT$_2$ 的集电极电流、功率放大电路输出的交流电流及负载 R_L 端交流电压。断开开关 S，运行仿真电路，将检测数据填入表 2-13，可得知此时电路工作在截止状态。

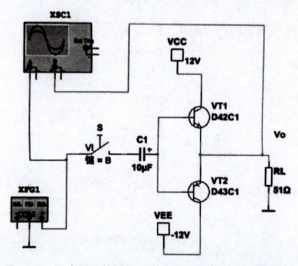

图 2-53 双电源互补对称乙类功率放大电路仿真电路

表 2-13 仿真互补对称乙类功率放大电路的工作点数据表

参数	VT$_1$ 的 I_C	VT$_2$ 的 I_C	功率放大电路输出电流	负载端电压
无输入信号（静态）				
输入 2 Vp、1 kHz 正弦波				
输入 13 Vp、1 kHz 正弦波				
输入 15 Vp、1 kHz 正弦波				

2. 仿真输入 2 Vp 正弦波的乙类功率放大电路状态

设置信号发生器，输入 2 Vp、1 kHz 正弦波，闭合开关 S，运行仿真电路，将各万用表检测数据填入表 2-13，可得知此时电路处于近似放大状态。

设置好示波器，观察示波器输入输出波形，记录波形最大幅度于表 2-14 中。

3. 仿真输入 13 Vp 正弦波的乙类功率放大电路状态

设置信号发生器为功率放大电路提供 13 Vp、1 kHz 正弦波，闭合开关 S，运行仿真电路，将检测数据填入表 2-13，分析数据，并将所得结论填入表 2-14。观察波形，画出负载两端波形于表 2-14。

4. 仿真输入 15 Vp 正弦波的乙类功率放大电路状态

设置信号发生器为功率放大电路提供 15 Vp、1 kHz 正弦波，闭合开关 S，运行仿真电路，将检测数据填入表 2-13，分析数据，并将所得结论填入表 2-14。观察波形，画出负载两端波形于表 2-14。

表 2-14　仿真检测互补对称乙类功率放大电路数据分析及波形分析表

参数	功率放大电路工作状态	负载电阻 R_L 两端波形（画出）	负载 R_L 两端最大幅度	负载 R_L 所获功率	功率放大电路效率
无输入信号（静态）					
输入 2 Vp 正弦波					
输入 13 Vp 正弦波					
输入 15 Vp 正弦波					

四、巩固练习

（1）单管乙类功率放大电路的静态基极电流为_____。双管互补对称乙类功率放大电路的最大效率为_____。

（2）双管互补对称乙类功率放大电路的特点是_____，缺点是_____。

（3）既能满足功率放大电路效率高，又不出现交越失真的是_____。

（4）对于 OCL 电路，其静态工作点设置在_____状态，以克服交越失真。

（5）OCL 电路中，若电路中 VD$_1$ 或 VD$_2$ 虚焊，则 VT$_1$、VT$_2$ 管可能_____。

五、任务评价

完成表 2-15。

表 2-15　功率放大电路的分析与测试职业能力评比计分表

项目	配分	评分标准	自评	互评	师评	合计
仿真检测互补对称乙类功率放大电路的静态工作点	20	能正确搭建甲乙类功率放大电路（10分）； 能使用万用表进行电流、电压的测量（10分）				
仿真输入 2 Vp、13 Vp、15 Vp 正弦波的乙类功率放大电路状态	40	能正确使用信号发生器输入不同交流信号（10分）； 能使用万用表进行电流、电压的测量（10分）； 能使用示波器进行波形测量（5分）； 能正确画出波形（5分）； 能正确进行功率和效率的计算（10分）				
巩固练习	10	每小题2分				
学习态度	10	迟到、早退，一人次扣2分；学习态度不端正不得分				
安全文明操作	10	不规范操作，一次扣5分				
7S 管理规范	10	工位不整洁，视情况扣分； 没有节约意识，扣5分				

项目制作　简易助听器的装配与调试

一、任务要求

（1）根据任务清单选择并检测所用元器件；

（2）根据电路原理图正确插装、焊接助听器元器件；

（3）正确进行助听器电路的调试和检测，实现功能要求。

二、设备与器件

焊接工具 1 套、焊锡丝、斜口钳、万用表、直流电源等。简易助听器的制作所需的元器件（材）如表 2-16 所示。

表 2-16　简易助听器元器件明细表

序号	元器件标号	名称	规格型号	数量
1	VT_1、VT_2	晶体三极管	9014	2
2	VT_3	晶体三极管	9012	1
3	R_1	电阻	5.1 kΩ	1
4	R_2	电阻	100 Ω	1

序号	元器件标号	名称	规格型号	数量
5	R_3、R_4	电阻	1.5 kΩ	2
6	R_5	电阻	100 kΩ	1
7	R_6	电阻	180 kΩ	1
8	R_7	电阻	680 Ω	1
9	R_P	电位器	10 kΩ	1
10	MIC	MIC 咪头	2.2 kΩ	1
11	BE	耳机	8 Ω	1
12	其他	7 号电池盒、1.5 V 电池 2 节、电池夹、屏蔽线、印制电路板等		

三、电路分析

简易助听器电路如图 2-2 所示，传声器（微型话筒）MIC 将接收到的微弱声音信号转换为电信号，经三级音频放大电路放大，再由耳机将放大后的电信号还原为声音信号。进行声电转换后，耳机中就可以听到放大信号洪亮的声音。利用听障者的残余听力，使声音能送到大脑听觉中枢，帮助听觉不灵敏者感觉到声音，改善听觉障碍。

信号通道为：声音信号 MIC→C_2→VT$_1$→C_1→C_3→VT$_2$→VT$_3$→BE。

四、任务实施内容及步骤

1. 元器件的识别与检测

1）电阻的简单测试

电阻的检测，主要是利用万用表的欧姆挡来测量电阻的电阻值，将测量值与标称阻值对比，从而判断电阻是否能够正常工作，是否断路、短路及老化。

2）电解电容器的检测

对电解电容器的性能检测，最主要的是容量和漏电阻的测量。对正、负极标志脱落的电容，还应进行极性判别。

3）驻极体话筒的检测

（1）判断极性。对"两端式"的驻极体话筒，用指针式万用表的"$R×100$"或"$R×1K$"挡，黑、红表笔分别接两焊点，读一次电阻数值；然后对调两表笔后测量，再次读出电阻数值，并比较两次测量结果，阻值较小的一次，黑表笔所接应为源极 S，红表笔所接应为漏极 D。S 与外壳相接的为漏极输出型，D 与外壳相接的为源极输出型。

对"三端式"的驻极体话筒，使用相同挡位测量除与外壳相接的两焊点即可，方法同上。

（2）检测质量。驻极体话筒正常测得的电阻值应该是一大一小。将万用表拨到"$R×100$"挡，黑表笔接传声器芯线，红表笔接引出线金属网。此时，万用表的指针应在一定刻度上。对传声器吹气，如果指针摆动，说明传声器完好；如果无反应，说明该传声器已经损坏；如果电阻无穷大，说明传声器内部可能开路；如阻值为零，则说明内部短路。驻极体话筒损坏时只能更换。

2. 电路的焊接与装配

根据印制电路板的设计尺寸要求，对元件进行整形处理，然后进行相应的安装（立式或卧式），最后进行焊接。

装配工艺要求如下：

（1）电阻器采用水平紧贴电路板的安装方式。电阻器标记朝上，色环电阻的色环标志顺序方向一致。

（2）晶体三极管采用立式安装方式，注意晶体三极管的引脚极性。

（3）电容器采用垂直安装方式，底部离电路板 2~5 mm，电解电容注意极性。

（4）插件装配要美观、均匀、端正、整齐，不能歪斜，要高矮有序。焊接时焊点要圆滑、光亮，要保证无虚焊和漏焊。所有焊点均采用直插焊，焊接后修剪引脚，留引脚头在焊面以上 0.5~1 mm。

（5）导线的颜色要有所区别，例如正电源用红线，负电源用蓝线，地线用黑线，信号线用其他颜色的线。

（6）电路安装完毕后不要急于通电，先要认真检查电路连接是否正确，各引线、各连线之间有无短路，外装的引线有无错误。

3. 助听器电路调试

装配完成的电路板经检查插装、焊接合格后，将音量调节电位器逆时针调到底（音量最小），驻极体话筒用胶布遮挡声音，并插上耳机。首先进行电路直流静态工作点检测，然后进行动态检测，最后测试效果。

1）静态检测

接通直流电源 3 V，话筒不接收声音，使用万用表直流电压挡检测 VT_1、VT_2、VT_3 各脚电位，并填入表 2-17，分析是否工作在放大状态。

接通直流电源 3 V，使用万用表检测话筒在不接收声音与接收声音（揭掉话筒上胶布）时话筒两端电压，分析话筒是否正常工作。

2）动态检测

接通直流电源 3 V，话筒接收声音，使用万用表直流电压挡检测 VT_1 各脚电位，填入表 2-17。

接通直流电源 3 V，话筒接收声音，调节音量到最大，使用万用表直流电压挡检测 VT_2、VT_3 各脚电位，并填入表 2-17。

3）调节效果

佩戴好耳机，接通直流电源 3 V，对着话筒讲话或接收较远的声音，调节音量大小，测试助听器的效果，并将效果情况填入表 2-17 中。

表 2-17　助听器检测数据

检测项目	VT_1			VT_2			VT_3			状态
	V_C	V_B	V_E	V_C	V_B	V_E	V_C	V_B	V_E	
静态										
动态										
效果										

4. 助听器电路仿真测试

利用仿真软件搭建助听器电路，进行以上数据测试，并将仿真测试数据与以上测试数据进行比较，分析其异同。

助听器电路外围元器件较少，一般有无声、声音不能调节、噪声太大或音质差等故障，主要原因是电路焊接不良、元件不良、电位器不良或元器件装错。

五、任务评价

完成表2-18。

表2-18 简易助听器的装配与调试职业能力评比计分表

项目	配分	考核要求	评分标准	自评	互评	师评	合计
准备工作	10	20 min内完成所有元器件的清点、检测及调换	规定时间外更换元件，扣2分/个				
电路分析	10	能正确分析电路的工作原理	分析错误，扣3分/处				
组装焊接	10	能正确测量元器件；元器件按要求整形；元件的位置正确，引脚成型、焊点符合要求，连线正确；装配符合工艺要求	整形、安装或焊点不规范，扣1分/处；损坏元器件，扣2分/处；错装、漏装，扣2分/处；少线、错线及布局不美观，扣1分/处				
通电调试	10	静态时，三个晶体三极管各引脚电位正常；话筒接收声音后，晶体三极管各极电位正常；音量能够正常调节；助听器功能符合要求	静态时，三个晶体三极管各引脚电位关系错误，扣2分/处；话筒接收声音后，晶体三极管各极电位不正常，扣2分/处；音量不能够正常调节，扣5分；助听器功能不符合要求，扣5分				
故障分析、检修	20	能正确分析故障原因，判断故障范围；检修思路清晰，方法运用得当；检修结果正确；能正确使用仪表	故障现象观察错误，扣2分/次；故障原因分析错误，扣3分/次；检修思路不清、方法不当，扣5分/处；检修结果错误，扣2分/处；仪表使用错误，扣1分/处				
巩固练习	10	习题正确	每错一题，扣2分				
学习态度	10	不迟到、早退、旷课；小组成员协作和谐，学习态度端正	不遵守考勤制度，每次扣2~5分；团队不协作，学习态度不端正，扣5分				
安全文明操作	10	安全用电，无人为损坏仪器、元件和设备；操作习惯良好	发生安全事故，扣10分；人为损坏设备、元器件，扣5分				

项目	配分	考核要求	评分标准	自评	互评	师评	合计
7S 管理规范	10	保持环境整洁，秩序井然； 有节约意识，扣 5 分	现场不整洁、工作不文明，有浪费元器件和材料现象，扣 3 ~ 5 分				

项目小结

（1）晶体三极管是由两个 PN 结组成的三端器件，有 NPN 型和 PNP 型两大类。$I_E = I_B + I_C$，它的输入特性曲线与二极管类似，输出特性曲线分饱和、放大、截止三个区，NPN 型晶体三极管的三种工作状态的偏置条件、工作特点等见表 2-19。

表 2-19　NPN 型晶体三极管的三种工作状态

工作状态	外加偏置	电压 u_{BE}	电流 i_C	电压 u_{CE}
放大状态	发射结正偏 集电结反偏	硅管 0.6~0.7 V 锗管 0.2~0.3 V	$\Delta i_C \approx \beta \Delta i_B$（受控） i_B 一定时，i_C 恒流	$u_{CE} > u_{BE}$ $u_{CE} > 1$ V
饱和状态	发射结正偏 集电结正偏	硅管 $u_{BE} \geqslant 0.7$ V 锗管 $u_{BE} \geqslant 0.3$ V	$\Delta i_C \neq \beta \Delta i_B$ i_C 不随 u_{CE} 的增加而增大	$u_{CE} \leqslant u_{BE}$ 硅管 $U_{CES} \approx 0.3$ V 锗管 $U_{CES} \approx 0.1$ V
截止状态	发射结零偏 或反偏 集电结反偏	$u_{BE} \leqslant 0$ V （或 $u_{BE} \leqslant U_{th}$）	$i_B \approx 0$ $\beta i_B \approx 0$ $i_C \approx I_{CEO}$	$u_{CE} \approx U_{CC}$

（2）利用晶体三极管可以构成放大电路，为了不失真地放大输入信号，放大电路要有一个合适的直流通路，以提供合适的静态工作点，同时要有让信号顺利传输的交流通路；另外，还应限制输入信号的大小，使管子在信号变化范围内始终线性工作。

分析小信号晶体三极管放大电路时，通常先用估算法求静态工作点和 r_{be}，然后用小信号等效电路法进行交流分析。分析时，画直流通路和交流通路是很重要的环节，画直流通路的关键是将电容断路。画交流通路的关键是：①大容量的电容视为短路；②直流电压源视为短路。

（3）由晶体三极管组成的基本单元放大电路有共发射极、共集电极和共基极三种基本组态。共发射极放大电路的输出电压与输入电压反相，输入电阻和输出电阻大小适中。由于它的电压、电流放大倍数都比较大，适用于一般放大或多级放大电路的中间级。共集电极放大电路的输出电压与输入电压同相，电压放大倍数小于 1 而近似等于 1，但它具有输入电阻大、输出电阻小的特点，多用于多级放大电路的输入级或输出级。

（4）把输出信号的一部分或全部通过一定的方式引回到输入端的过程称为反馈。反馈放大电路由基本放大电路和反馈网络组成，判断一个电路有无反馈，只要看它有无反馈网络。反馈有正、负之分，可采用瞬时极性法加以判断。在放大路中广泛采用的是负反馈电路。

（5）负反馈有四种基本组态：电压串联、电压并联、电流并联、电流串联。电压负反馈降低输出电阻，稳定输出电压；电流负反馈增大输出电阻，稳定输出电流；串联负反馈提高输入电阻；并联反馈降低输入电阻。负反馈放大电路还对稳定电路增益、扩展通频带、减小非线性失真、抑制温漂和噪声等起着积极作用。

（6）低频功率放大电路有三种工作状态：甲类、乙类和甲乙类。其中，甲类的效率较低，最高为 50%；乙类的较高，最高可达 78.5%；甲乙类的效率介于甲类和乙类之间，并接近于乙类的状态。

（7）放大电路存在两种工作状态：未输入信号时的静态和输入信号时的动态。静态值在特性曲线上对应的点为静态工作点。动态时交流信号叠加在静态值上，其动态工作点沿交流负载线运动，但不能超出晶体三极管的放大区，否则会产生明显的非线性失真。

（8）对放大电路的定量分析，一是确定静态工作点，分析方法有图解法和近似估算法，这两种方法各有优缺点和一定的适用范围；二是求出动态时的性能指标，小信号放大电路可用微变等效电路法，也可直接用经验公式。

（9）放大电路的主要性能指标有：放大倍数（衡量放大能力）、输入电阻（反映放大电路对信号源的影响程度）、输出电阻（反映放大电路的带负载能力）、上限和下限截止频率（反映放大电路对信号频率的适应能力）、最大不失真输出幅值（反映放大电路的最大输出能力）。

⊙ 思考与练习

2.1 填空题

1. 晶体三极管具有电流放大作用的外部条件是发射结＿＿＿＿＿＿＿偏置，集电结＿＿＿＿＿＿＿偏置。

2. 晶体三极管型号 3CG4D 是＿＿＿＿＿＿＿型＿＿＿＿＿＿＿频＿＿＿＿＿＿＿功率管。

3. 温度升高时，晶体三极管的电流放大系数 β ＿＿＿＿＿＿＿，反向饱和电流 I_{CBO} ＿＿＿＿＿＿＿，正向结电压 U_{BE} ＿＿＿＿＿＿＿。

4. 有两只晶体三极管，A 管 $\beta = 200$，$I_{CEO} = 200\ \mu A$；B 管 $\beta = 80$，$I_{CEO} = 10\ \mu A$，其他参数大致相同，一般应选用＿＿＿＿＿＿＿管。

5. 晶体三极管工作在放大区，如果基极电流从 10 μA 变化到 20 μA 时，集电极电流从 1 mA 变为 1.99 mA，则交流电流放大系数 β 约为＿＿＿＿＿＿＿。

6. 共发射极基本放大电路的输出电压与输入电压反相，说明输出信号与输入信号相位相差＿＿＿＿＿＿＿。

7. 放大电路未输入信号时的状态称为＿＿＿＿＿＿＿，其在特性曲线上对应的点为＿＿＿＿＿＿＿；由于放大电路的静态工作点不合适，进入晶体三极管的非线性区而引起的失真称为＿＿＿＿＿＿＿，包括＿＿＿＿＿＿＿和＿＿＿＿＿＿＿两种。

8. 晶体三极管具有电流放大作用的实质是利用＿＿＿＿＿＿＿电流实现对＿＿＿＿＿＿＿电流的控制。

9. 放大电路的输入电阻越大，放大电路向信号源索取的电流就越＿＿＿＿＿＿＿，输入电压就越＿＿＿＿＿＿＿；输出电阻越小，负载对输出电压的影响就越＿＿＿＿＿＿＿，放大电路带负载能力就越_____。

10. 多级放大电路常用的级间耦合方式有_____、_____、_____和_____四种形式。其中_____和_____可使各级静态工作点相互独立；能放大直流信号的是_____耦合；能实现阻抗变换的是_____耦合。

11. 放大电路中为了提高输入电阻应引入_____负反馈，为了降低输入电阻应引入_____负反馈，为了提高输出电阻应引入_____负反馈，为了降低输出电阻应引入_____负反馈，能使输出电压稳定的是_____负反馈，能使输出电流稳定的是_____负反馈，能稳定静态工作点的是_____负反馈，能稳定放大电路增益的是_____负反馈。

12. 功率放大电路的主要任务是不失真地放大信号_____，通常是在_____信号下工作。

13. 由于功率放大电路中功放管常常处于极限工作状态，因此，在选择功放管时要特别注意_____、_____、_____三个参数。

14. 对于乙类低频放大电路，在输入信号的整个周期内，晶体三极管半个周期工作在_____状态，另半个周期工作在_____状态。

2.2 判断题

1. 晶体三极管的输入电阻 r_{be} 是一个动态电阻，所以它与静态工作点无关。（　　）
2. 放大电路的输出电阻只与放大电路的 R_L 有关，而与输入信号源内阻无关。（　　）
3. 放大电路中各电量的交流成分是由交流信号源提供的。（　　）
4. 电压放大电路的输出电阻越小，意味着放大电路带负载能力越强。（　　）
5. 阻容耦合多级放大电路各级的 Q 点相互独立，它只能放大交流信号。（　　）
6. 引入负反馈可以提高放大电路的放大倍数稳定性。（　　）
7. 反馈深度越深，放大倍数下降越多。（　　）
8. 负反馈能彻底消除放大电路中的非线性失真。（　　）
9. 电压串联负反馈放大电路可以提高输入电阻，稳定放大电路输入电流。（　　）
10. 输出功率越大，功率放大电路的效率越高。（　　）
11. 为了使功率放大电路有足够的输出功率，允许功放管工作在极限状态。（　　）
12. 功率放大电路的主要任务就是向负载提供足够大的不失真的功率信号。（　　）
13. 乙类互补对称功率放大电路输出功率越大，功率管的损耗也越大，所以放大电路效率也越低。（　　）

2.3 选择题

1. 某 NPN 硅管在电路中测得各电极对地电位分别为 $V_C = 12$ V，$V_B = 4$ V，$V_E = 0$ V，由此可判别该管（　　）。

A. 处于放大状态　　　B. 处于饱和状态　　　C. 处于截止状态　　　D. 已损坏

2. 某晶体三极管的极限参数为：$U_{(BR)CEO} = 30$ V，$I_{CM} = 20$ mA，$P_{CM} = 100$ mW，当晶体三极管工作电压 $U_{CE} = 10$ V 时，I_C 不得超过（　　）mA。

A. 20　　　　　　　B. 100　　　　　　　C. 10　　　　　　　D. 30

3. 测得晶体三极管的电流方向、大小如图 2-54 所示，则可判断三个电极为（　　）。

A. ①为基极 b，②为发射极 e，③为集电极 c

B. ①为基极 b，②为集电极 c，③为发射极 e

C. ①为集电极 c，②为基极 b，③为发射极 e

D. ①为发射极 e，②为基极 b，③为集电极 c

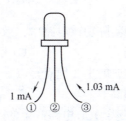

图 2-54　选择题 3 图

4. 放大电路设置静态工作点的目的是（　　）。

A. 提高输入电阻　　　　　　　　　　　B. 提高放大能力

C. 降低输出电阻　　　　　　　　　　　D. 实现不失真放大

5. 对直流通路而言，放大电路中的电容应视为（　　）。

A. 直流电源　　　　　　B. 开路　　　　　　C. 短路

6. 将共发射极基本放大电路中 $\beta = 50$ 的晶体三极管换成 $\beta = 100$ 的晶体三极管，其他参数不变，电路不会产生失真，则电压放大倍数为（　　）。

A. 约为原来的 1/2　　　　　　　　　　B. 基本不变

C. 约为原来的 2 倍　　　　　　　　　　D. 约为原来的 4 倍

7. 在共发射极基本放大电路中，集电极电阻 R_c 的作用是（　　）。

A. 放大电流

B. 调节 I_{BQ}

C. 防止输出信号交流对地短路，把放大了的电流转换成电压

8. 为了放大变化缓慢的微弱信号，放大电路应采用（　　）耦合方式；为了实现阻抗变换，放大电路应采用（　　）耦合方式。

A. 直接　　　　　　B. 阻容　　　　　　C. 变压器　　　　　　D. 光电

9. 在三级放大电路中，已知 $A_{u1} = A_{u2} = 30$ dB，$A_{u3} = 20$ dB，则总的电压增益为（　　），电路将输入信号放大了（　　）倍。

A. 180 dB　　　　B. 80 dB　　　　C. 60 dB　　　　D. 50 dB

E. 1 000　　　　F. 10 000　　　　G. 100 000　　　　H. 1 000 000

10. 对于放大电路，所谓开环是指（　　）。

A. 无信号源　　　　B. 无反馈通路　　　　C. 无电源　　　　D. 无负载

11. 直流负反馈在放大电路中的主要作用是（　　）。

A. 提高输入电阻　　　　　　　　　　　B. 降低输入电阻

C. 提高增益　　　　　　　　　　　　　D. 稳定静态工作点

12. 在输入量不变的情况下，若引入反馈后（　　），则说明引入的反馈是负反馈。

A. 输入电阻增大　　　　　　　　　　　B. 输出量增大

C. 净输入量增大　　　　　　　　　　　D. 净输入量减小

13. 放大电路引入负反馈后，电压放大倍数和非线性失真的情况是（   ）。

A. 放大倍数下降，信号失真减小

B. 放大倍数增大，信号失真减小

C. 放大倍数下降，信号失真不变

14. 在甲类、乙类和甲乙类三种实际功放电路中，效率最高的是（   ）。

A. 甲类　　　　　　　　B. 乙类　　　　　　　　　C. 甲乙类　　　　　　　D. 不能确定

15. 与乙类功放比较，甲乙类功放的主要优点是（   ）。

A. 放大倍数大　　　　　B. 效率高　　　　　　　　C. 无交越失真

16. 甲乙类 OCL 电路可以克服乙类 OCL 电路产生的（   ）。

A. 交越失真　　　　　　B. 饱和失真　　　　　　　C. 截止失真　　　　　　D. 零点漂移

17. 互补对称功率放大电路从放大作用来看，（   ）。

A. 既有电压放大作用，又有电流放大作用

B. 只有电压放大作用，没有电流放大作用

C. 只有电流放大作用，没有电压放大作用

2.4 解答题

1. 晶体三极管各电极实测数据如图 2-55 所示。回答以下问题：

（1）各管子是 PNP 型还是 NPN 型？

（2）是锗管还是硅管？

（3）管子是否损坏（指出哪个结已开路或短路）？若未损坏，则是处于放大、截止和饱和中的哪一种工作状态？

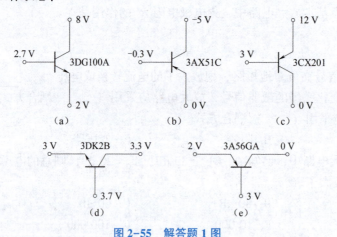

图 2-55　解答题 1 图

2. 在路测量，测得放大电路中 4 个晶体三极管各引脚的电位如图 2-56 所示，试判断这 4 个晶体三极管的引脚（e、b、c），它们是 NPN 型还是 PNP 型，是硅管还是锗管。

3. 判断图 2-57 所示各电路中晶体三极管的工作状态，并计算输出电压 u_o 的值。

4. 在图 2-58 所示的电路中，已知 $\beta = 50$，其他参数见图。计算并回答下列问题：

（1）估算 Q 点；

（2）计算放大电路 R_i 和 R_o，空载时的电压放大倍数 A_u，以及接负载电阻 $R_L = 4\ \text{k}\Omega$ 后的电压放大倍数 A_u'；

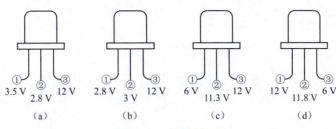

图 2-56 解答题 2 图

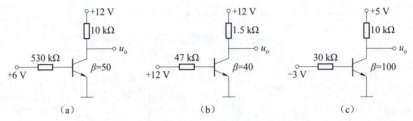

图 2-57 解答题 3 图

（3）当 $U_{CEQ} = 8$ V 时（可调 R_b 的阻值），I_{CQ} 和 R_b 的阻值为多大？

5. 电路如图 2-59 所示，若电路参数为：$U_{CC} = 24$ V，$R_c = 2$ kΩ，R_L 开路，晶体三极管 $\beta = 100$，$U_{BE} = 0.7$ V。（1）欲将 I_C 调至 1 mA，问 R_b 应调至多大？求此时的 A_u；（2）在调整静态工作点时，如不小心把 R_b 调至零，这时晶体三极管是否会损坏？为什么？如会损坏，为避免损坏，电路上可采取什么措施？（3）若要求 A_u 增大一倍，可采取什么措施？

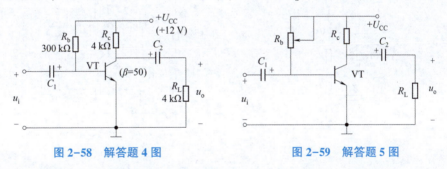

图 2-58 解答题 4 图　　　　　　图 2-59 解答题 5 图

6. 分压式工作点稳定电路如图 2-60 所示，已知晶体三极管 3DG4 的 $\beta = 60$，$U_{CES} = 0.3$ V、$U_{BE} = 0.7$ V。（1）估算工作点 Q；（2）求 A_u、R_i 和 R_o；（3）若电路其他参数不变，则 R_{b1} 为多大时，能使 $U_{CE} = 4$ V？

7. 有一负反馈放大电路，其开环放大倍数 $A = 100$，反馈系数 $F = 0.1$，求它的反馈深度和闭环放大倍数？

8. 判断图 2-61 所示的反馈极性以及类型。

9. 图 2-62 所示电路中，正确连接信号源、反馈电阻，把电路分别接成：（1）电压串联负反馈电路；（2）电压并联负反馈电路；（3）电流并联负反馈电路；（4）电流串联负反馈电路。

10. 对于一个 OCL 电路，已知 $R_L = 8$ Ω，最大不失真输出功率 $P_{om} = 560$ mW，功放管饱和压降 $U_{CES} = 1$ V。求电源电压 U_{CC} 和最大管耗 P_{CM}。

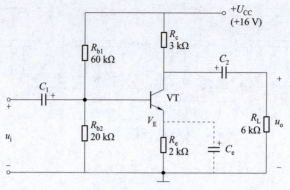

图 2-60 解答题 6 图

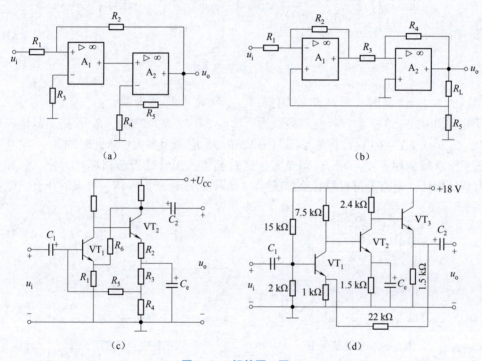

(a)

(b)

(c)

(d)

图 2-61 解答题 8 图

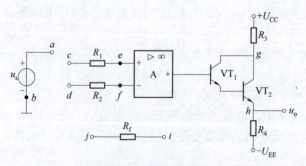

图 2-62 解答题 9 图

项目 3

红外线报警器的分析与制作

项目引入

随着电子技术的飞速发展和日益普及，电子报警器广泛应用于日常生活和工业生产各领域。红外报警器是一种基于红外线技术的安防设备，在家庭安防、商铺防盗、工厂安全等场所发挥着重要的作用。

热释电人体红外传感器为 20 世纪 90 年代出现的新型传感器，专门用于检测人体辐射的红外能。它可以做成主动式（检测静止或移动极慢的人体）和被动式（检测运动人体）的人体传感器，与各种电路配合，应用于安全预防及控制系统。

本项目主要使用 SD02 型热释电人体红外传感器（PY）组成放大检测电路，制成红外线报警器。报警器可监视几十米范围内运动的人体，当有人在该范围内走动时，就会发出报警信号。红外线报警器电路如图 3-1 所示，电路中使用了 4 个 LM324 集成运算放大器。其中 A_1、A_2 构成两级高倍放大器，对 SD02 检测到的微弱信号进行放大。A_3、A_4 构成窗口比较器。电阻 $R_{10} \sim R_{12}$ 组成分压电路，用于设定窗口比较器的阈值电压。

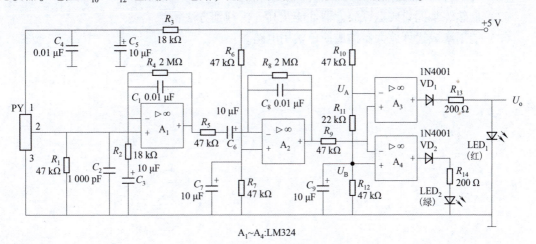

A₁~A₄:LM324

图 3-1　红外线报警器电路图

电路中 R_3、C_4、C_5 构成退耦电路，R_1 为传感器负载，C_2 为滤波电容，用于滤除高频干扰信号。传感器的输出信号加到运算放大器 A_1 的同相输入端，构成同相输入放大电路，其放大倍数取决于 R_4 和 R_2。经 A_1 放大后的信号经电容 C_6 耦合到放大器 A_2 反相输入端，构成反相输入放大电路。A_3 和 A_4 构成双限电压比较器。

在传感器无信号时，LED$_1$ 和 LED$_2$ 均不发光。当人体进入红外传感器的监视范围时，传感器就会产生一个交流电压（幅值约为 1 mV），该电压的频率与人体移动的速度有关。在正常行走速度下，其频率约为 6 Hz。该交流电压经过放大后，使双限电压比较器的输入发生变化，LED$_1$ 和 LED$_2$ 交替闪烁。

红外线报警器电路组成框图如图 3-2 所示。

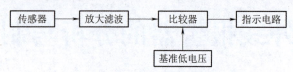

图 3-2　红外线报警器电路组成框图

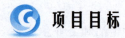 **项目目标**

素质目标

（1）培养严谨的工程思维以及严谨细致的职业精神；

（2）培养资源搜集、查阅能力以及数字化素养，增强可持续发展能力；

（3）增强技术为民、科技强国的责任担当。

知识目标

（1）掌握差分放大电路的结构及性能特点；

（2）掌握集成运算放大器电路的线性应用和非线性应用；

（3）了解红外线报警器电路的结构和基本原理。

技能目标

（1）能进行集成运算放大器的引脚识别及测试；

（2）能熟练掌握集成运算放大器性能及其分析判别方法；

（3）能用集成运算放大器构成简单实用电路。

 **知识导图**

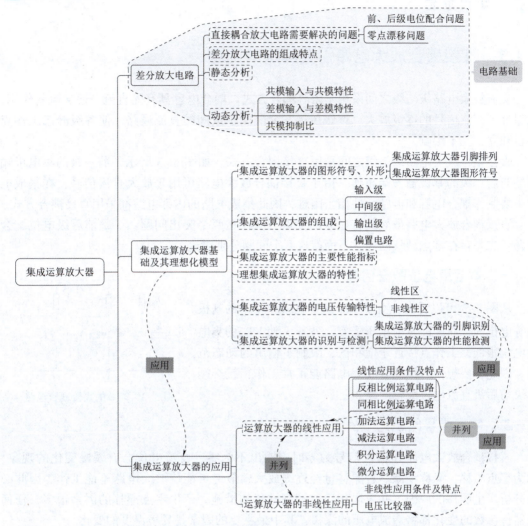

任务 3.1　差分放大电路的分析与测试

任务导入

差分放大电路又叫差动放大电路，它的输出电压与两个输入电压之差成正比，由此而得名。它是组成集成运算放大器的一种主要电路，具有优越的抑制零点漂移性能。常被用作多级放大电路的前置级，且应用广泛。

任务描述

通过分析和测试差分放大电路，理解差分放大电路的结构及工作原理；能仿真检测差分放大电路的工作特性。

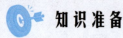 **知识准备**

3.1.1　直接耦合放大电路需要解决的问题

交流放大电路级与级之间采用了阻容耦合方式。耦合电容具有隔直流、通交流的作用，既保证了交流信号的逐级放大、逐级传递，又隔断了级间的直流通路，使各级静态工作点各自独立，互不影响。

直接耦合放大电路级与级之间采用直接耦合方式，如图 3-3 所示，前一级的集电极输出端与后一级的基极输入端相连。由于直接耦合放大电路可用来放大直流信号，在集成电路中要制作耦合电容和电感元件相当困难，因此集成电路的内部电路都采用直接耦合方式。

直接耦合放大电路虽然具有显著的优点，但存在两个突出问题：一是前后级电位配合问题；二是存在零点漂移问题。下面就这两个问题分别讨论。

一、前后级电位配合问题

从图 3-3 可以看出，由于 VT_1 的集电极和 VT_2 的基极是等电位的，而 VT_2 发射结压降 U_{BE2} 很小，使 VT_1 的集电极电位很低，工作点接近于饱和区，限制了输出的动态范围。因此，要想使直接耦合放大电路能正常工作，就必须解决前后级直流电位配合问题。

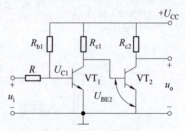

图 3-3　简单的直接耦合电路

二、零点漂移问题

直接耦合放大电路在输入信号为零时，输出不为零、直流电位会有缓慢变化的现象，称为零点漂移，简称零漂。若漂移量经逐级放大，最终可能使放大电路不能工作。因此必须分析产生漂移的原因，并采取相应的抑制漂移的措施。产生零点漂移的因素很多，任何元器件参数的变化都将造成电压的漂移，其中最主要的因素是环境温度的变化。

在阻容耦合放大电路中，缓慢变化的零漂电压被隔直元件阻隔，不会被逐级放大，因此影响不大。但在直接耦合放大电路中，各级的零漂电压被后级电路逐级放大，以至于影响到整个电路的工作。显然，减小或消除第一级的零漂影响最为重要。

减小零漂的主要措施有：采用高稳定性的元器件；采用高质量的电阻、晶体三极管；采用温度补偿电路；采用差分放大电路等。其中，采用差分放大电路是目前应用最广的电路，它常用作集成运算放大器的输入级。

3.1.2　差分放大电路

一、差分放大电路的组成

典型的差分放大电路如图 3-4 所示，它具有两个输入端，两个输出端。该电路采用两个晶体三极管组成由发射极电阻 R_e 耦合的对称共发射极电路，其中 VT$_1$ 和 VT$_2$ 称为差分对管，两边的元器件具有相同的温度特性和参数，使之具有很好的对称性，并且一般采用正、负电源供电，且 $U_{CC}=U_{EE}$，输出负载可以接到两输出端之间（称为双端输出），也可接到任一输出端到地之间（称为单端输出）。

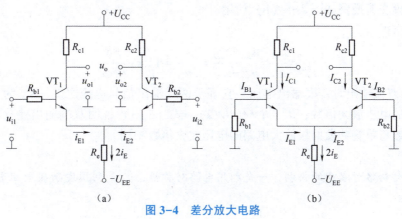

图 3-4　差分放大电路

(a) 电路图；(b) 直流通路

二、差分放大电路的静态分析

静态时，输入信号为零，即 $u_{i1}=u_{i2}=0$，图 3-4 (a) 所示电路的直流通路如图 3-4 (b) 所示。由于电路完全对称，所以 $I_{B1}=I_{B2}=I_B$，$I_{C1}=I_{C2}=I_C$，$I_{E1}=I_{E2}=I_E$。

两管集电极对地电压为

$$U_{C1}=U_{CC}-I_{C1}R_{c1}, U_{C2}=U_{CC}-I_{C2}R_{c2}$$

可见，静态时，两管集电极之间的输出电压为零，即

$$u_o=U_{C1}-U_{C2}=0 \tag{3-1}$$

所以差分放大电路具有零输入零输出的特点，抑制零点漂移。

当温度变化时，I_{C1}、I_{C2}、U_{C1}、U_{C2} 均产生相同的变化，输出电压 u_o 将保持为零。同时又由于公共发射极电阻 R_e 的负反馈作用，使得 I_{C1}、I_{C2}、U_{C1}、U_{C2} 的变化也很小，因此，差分放大电路具有稳定的静态工作点和很小的温度漂移。

如果差分放大电路不是完全对称，那么零输入时输出电压将不为零，这种现象称为差分放大电路的失调，而且这种失调还会随着温度的变化而变化，这将直接影响到差分放大电路的正确工作，因此在差分放大电路中应力求电路对称，并在条件允许的情况下增大 R_e 的值。

三、差分放大电路的动态分析

1. 差模输入与差模特性

在差分放大电路两输入端分别输入大小相等、极性相反的一对信号，称为差模输入，所输入的信号称为差模输入信号。如图 3-5 (a) 所示，即 $u_{i1}=-u_{i2}$。两个输入端之间的电压用 u_{id} 表示，即

$$u_{id}=u_{i1}-u_{i2}=2u_{i1} \tag{3-2}$$

在差模信号单独作用的情况下，两管发射极电流 i_{E1} 和 i_{E2} 一个增大，一个减小，而且变

化的幅度相同，因此流过电阻 R_e 的电流大小不变，又因电阻 R_e 下端接直流电源 $-U_{EE}$，故两管发射极电压为固定的直流量，即对于差模信号，两管发射极交流电压值为零。R_e 两端的压降几乎不变，即 R_e 对于差模信号来说相当于短路。另外，两管集电极电压 $u_{c1} = -u_{c2}$，即差模信号输入时，R_L 两端电压向相反方向变化，故 R_L 中点电位相当于交流接地。由此可以画出差模交流通路如图 3-5（b）所示。

由图可求得

$$A_{ud} = \frac{u_{od}}{u_{id}} = \frac{u_{od1} - u_{od2}}{u_{id1} - u_{id2}} = \frac{2u_{od1}}{2u_{id}} = A_{u1} = -\frac{\beta R'_L}{R_b + r_{be}} \tag{3-3}$$

式中，u_{od} 为双端输出时差模输出电压，它等于两管输出信号电压之差；A_{u1} 为单管共发射极放大电路的电压放大倍数；$R'_L = R_c // (R_L/2)$。式（3-3）说明双端输出差分放大电路的电压放大倍数与单管共发射极放大电路的电压放大倍数相同。

▲**点睛**

差分放大电路对零漂的抑制，一是利用电路对称性，二是利用发射极电阻 R_e 的深度负反馈。

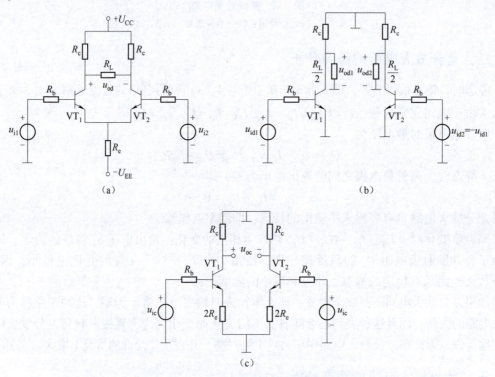

图 3-5　双端输入双端输出差分放大电路

（a）电路原理图；（b）差模信号交流通路；（c）共模信号交流通路

2. 共模输入与共模抑制比

在差分放大电路两输入端分别输入大小相等、极性相同的信号，称为共模输入，可表示为

$$u_{i1} = u_{i2} = u_{ic} \tag{3-4}$$

在差分放大电路中，无论是温度的变化，还是电源电压的波动，都会引起两管集电极

电流及相应集电极电压产生相同的变化，其效果相当于在两个输入端加入共模信号。

共模信号交流通路如图 3-5（c）所示。因在输入共模信号时，VT_1 和 VT_2 的发射极电流同时增加（或减小）。由于电路的对称特性，电流的变化量 $i_{e1} = i_{e2}$，则流过 R_e 中的电流增加 $2i_{e1}$，R_e 两端压降的变化量为 $u_e = 2i_{e1}R_e = i_{e1}(2R_e)$，也就是说，对每个晶体三极管而言，发射极电阻等效为 $2R_e$。

电路完全对称，在输入共模信号时，总有 $\Delta u_{c1} = \Delta u_{c2}$。$R_L$ 中没有电流流过，可视为开路。输入共模信号电路的电压放大倍数称为共模电压放大倍数，用 A_{uc} 表示，故

$$A_{uc} = u_{oc}/u_{ic} = 0 \tag{3-5}$$

从式（3-5）可知，差分放大电路对共模信号具有抑制作用，为反映电路对共模信号的抑制能力，引入共模抑制比 K_{CMR} 的概念，K_{CMR} 定义为

$$K_{CMR} = \left| \frac{A_{ud}}{A_{uc}} \right| \quad \text{或} \quad K_{CMR}(dB) = 20\lg\left| \frac{A_{ud}}{A_{uc}} \right| \tag{3-6}$$

K_{CMR} 越大，差分放大电路抑制共模信号的能力越强。在理想情况下，双端输出差分放大电路的 $K_{CMR} \to \infty$。

【例 3.1】已知差分放大电路的输入信号 $u_{i1} = 1.01$ V，$u_{i2} = 0.99$ V，试求差模和共模输入电压；若 $A_{ud} = -50$，$A_{uc} = -0.05$，试求该差分放大电路的输出电压 u_o 及 K_{CMR}。

解：（1）差模输入电压为

$$u_{id} = u_{i1} - u_{i2} = 1.01 - 0.99 = 0.02(V)$$

共模输入电压为

$$u_{ic} = (u_{i1} + u_{i2})/2 = (1.01 + 0.99)/2 = 1(V)$$

（2）差模输出电压为

$$u_{od} = A_{ud}u_{id} = -50 \times 0.02 = -1(V)$$

共模输出电压为

$$u_{oc} = A_{uc}u_{ic} = -0.05 \times 1 = -0.05(V)$$

在差模和共模信号同时存在的情况下，输出电压 u_o 为

$$u_o = u_{od} + u_{oc} = A_{ud}u_{id} + A_{uc}u_{ic} = -1 - 0.05 = -1.05(V)$$

（3）共模抑制比 K_{CMR} 等于

$$K_{CMR}(dB) = 20\lg\left| \frac{A_{ud}}{A_{uc}} \right| = 20\lg\frac{50}{0.05} = 20\lg 1\,000 = 60 \ (dB)$$

想一想

如果差分放大电路两边参数不完全对称，输出会产生什么现象？为什么？

任务实施

一、任务要求

（1）理解差分放大电路的性能特点；

（2）能熟练利用仿真软件搭建基本差分放大电路；

（3）能正确进行关键点电压的测量和数据读取，并验证各相关量之间的关系；

（4）在仿真测试中，培养审美意识和求实创新精神。

二、设备与器件

电脑、仿真软件等，各元器件具体参数和型号如图3-6、图3-7所示。

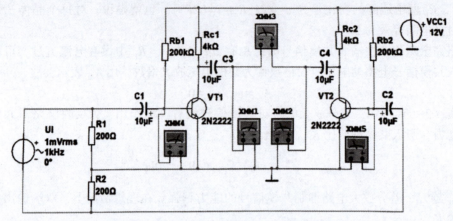

图3-6 差分放大电路的差模放大仿真实验电路

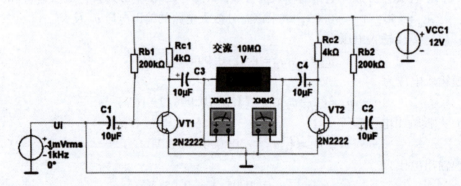

图3-7 差分放大电路的共模放大仿真实验电路

三、任务实施过程

1. 仿真检测差分放大电路的差模放大倍数

（1）使用 Multisim 仿真软件搭建如图3-6所示的仿真实验电路。输入电压信号设置为1 mV、1 kHz，5只万用表都设置为交流电压挡，分别检测差分放大电路的输入、输出电压信号的有效值。运行仿真电路，分别观察万用表的读数，完成表3-1中的实验任务。

（2）更改输入电压信号，设置为2 mV、1 kHz，运行仿真电路，分别观察万用表和交流电压表的读数，完成表3-1中的实验任务。

表3-1 仿真检测差分放大电路的差模放大倍数

实验参数	U_{i1}	U_{i2}	U_{o1}	U_{o2}	U_o	A_{d1}	A_{d2}	A_{ud}
$U_i = 1$ mV								
$U_i = 2$ mV								
差分放大电路的差模放大倍数与A_{d1}、A_{d2}的关系								

2. 仿真检测差分放大电路的共模放大倍数

（1）使用 Multisim 仿真软件搭建如图 3-7 所示的仿真实验电路。输入电压信号设置为 1 mV、1 kHz，将两只万用表设置为交流电压挡，分别检测对称放大电路输出电压信号的有效值。电压表设置为交流模式，检测差分放大电路的输出电压。运行仿真电路，分别观察万用表、交流电压表的读数，完成表 3-2 中的检测任务。

（2）更改输入电压信号，设置为 2 mV、1 kHz，运行仿真电路，分别观察万用表、交流电压表的读数，完成表 3-2 中的检测任务。

表 3-2　仿真检测差分放大电路的共模放大倍数

实验参数	U_{i1}	U_{i2}	U_{o1}	U_{o2}	U_o	A_{c1}	A_{c2}	A_{uc}
$U_i = 1$ mV								
$U_i = 2$ mV								
差分放大电路的共模放大倍数与 A_{c1}、A_{c2} 的关系								

四、巩固练习

（1）大小相_____而极性相_____的两个输入信号称为差模信号。大小相_____而极性相_____的两个输入信号称为共模信号。

（2）静态时，两管集电极之间的输出电压为_____，即静态时，差分放大电路具有零输入_____输出的特点，能够抑制_____。

（3）在理想情况下，在共模输入时，u_{c1}、u_{c2} 在大小上是_____的，差分放大电路对_____信号几乎没有放大能力。

（4）差分放大电路对_____信号的放大倍数等于对称放大电路单个放大电路的放大倍数。

（5）差模电压增益 $A_{ud} = u_{od}/u_{id}$，A_{ud} 越大，表示对差模信号的放大能力越_____。

五、任务评价

完成表 3-3。

表 3-3　差分放大电路的分析与测试职业能力评比计分表

项目	配分	评分标准	自评	互评	师评	合计
仿真检测差分放大电路的差模放大倍数	30	能正确搭接仿真电路（5分）； 能正确设置万用表工作挡位，读出检测数据（5分）； 能正确估算电压放大倍数（10分）； 能正确描述差模放大倍数与 A_{d1}、A_{d2} 的关系（10分）				

项目	配分	评分标准	自评	互评	师评	合计
仿真检测差分放大电路的共模放大倍数	30	能正确搭接仿真电路（5分）； 能正确设置电压表、万用表工作挡位，读出实验数据（5分）； 能正确估算电压放大倍数（10分）； 能正确描述共模放大倍数与 A_{c1}、A_{c2} 的关系（10分）				
巩固练习	10	每小题2分				
学习态度	10	迟到、早退，一人次扣2分；学习态度不端正不得分				
安全文明操作	10	不规范操作，一次扣5分				
7S管理规范	10	工位不整洁，视情况扣分； 没有节约意识，扣5分				

任务 3.2　集成运算放大器的识别与检测

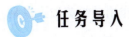 任务导入

将电阻、电容、二极管、三极管等常用电子元器件及这些元器件之间的连线高度集成在一块小小的芯片上就成为集成电路。集成电路的发展大大减小了电子产品的体积与质量。目前,"中国芯"关键技术的突破将解锁全球财富密码,实现中华的腾飞。

集成运算放大器简称集成运放,是 20 世纪 60 年代发展起来的半导体器件,具有体积小、功耗低、性能优异、稳定可靠等优点,现已成为组成电子系统的基本功能单元,广泛应用于信号调理、自动控制、电子测量等领域。

任务描述

了解集成运放实物结构,掌握集成运放芯片的外形封装及质量好坏的检测方法,进一步理解集成运放的基本特性。

知识准备

集成运算放大器实际上是用集成电路工艺制成的具有高增益、高输入电阻、低输出电阻的多级直接耦合放大器。现已广泛应用于电子技术的各个领域,在许多情况下已经取代了分立元件放大器。

3.2.1　集成运算放大器的基础知识

一、集成运算放大器电路组成

集成运算放大器种类型号众多,内部电路结构复杂,但归纳起来通常由四部分组成,分别是输入级、中间级、输出级及偏置电路。集成运算放大器内部组成框图如图 3-8 所示。

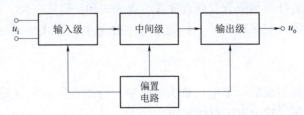

图 3-8　集成运算放大器组成框图

1. 输入级

输入级一般由具有恒流源的差分放大电路组成,这样可有效抑制零点漂移,提高共模抑制比,并可获得较好的输入和输出特性。

2. 中间级

中间级多由共发射极放大电路组成，中间级的主要作用是电压放大，因此要求中间级有较高的电压放大倍数，一般放大倍数可达几万倍甚至几十万倍。

3. 输出级

输出级一般采用射极输出器或互补对称功率放大电路，输出级的作用是给负载提供足够的功率，降低输出电阻，提高带负载能力。输出级装有过载保护。

4. 偏置电路

偏置电路一般由各种恒流源电路组成，用来为各级提供合适的工作电流，使之具有合适的静态工作点。

二、集成运算放大器的图形符号、外形

集成运算放大器的图形符号（国标）如图 3-9（a）所示，习惯通用符号如图 3-9（b）所示。

它有两个输入端 u_+、u_-，一个输出端 u_o。输出电压 u_o 与反相输入端输入电压 u_- 相位相反，而与同相输入端输入电压 u_+ 的相位相同，其输入输出关系式为

$$u_o = A_{od}(u_+ - u_-) \tag{3-7}$$

式中，A_{od} 为集成运算放大器开环电压放大倍数。

LM324 通用型四集成运算放大器的引脚排列如图 3-10 所示。

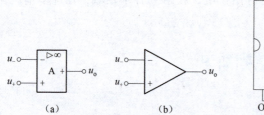

图 3-9　集成运算放大器图形符号　　图 3-10　LM324 通用型四集成运算放大器
（a）国家标准符号；（b）习惯通用符号

集成运算放大器的外形封装有双列直插式、扁平式和圆壳式三种，如图 3-11 所示。目前国产集成运算放大器已有多种型号，封装外形主要采用圆壳式金属封装和双列直插式塑料封装两种。

想一想

在集成运算放大器组成的一个电压放大电路中，分别在同相输入端和反相输入端加上极性与大小相同的电压，输出电压有何异同？

三、集成运算放大器的主要性能指标

1. 开环差模电压放大倍数 A_{uo}

不加反馈时集成运算放大器的电压放大倍数称为开环差模电压放大倍数。集成运算放大器的开环差模电压放大倍数 A_{uo} 的值很高，理想集成运算放大器的 A_{uo} 趋近于无穷大。

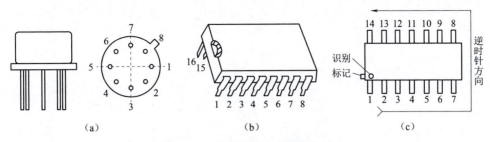

图 3-11　集成运算放大器的外形

（a）圆壳式；（b）双列直插式；（c）扁平式

2. 开环差模输入电阻 R_{id}

开环差模输入电阻是指开环状态下两输入端之间的动态输入电阻。它反映输入端向差动信号源索取电压的能力。其值越大越好。一般在几十千欧到几十兆欧范围内。

3. 开环差模输出电阻 R_{od}

开环差模输出电阻是指集成运放开环状态下的动态输出电阻，它反映集成运放输出端的带负载能力，其值越小越好。一般 R_{od} 小于几十欧。

4. 共模抑制比 K_{CMR}

共模抑制比为开环差模电压放大倍数与共模电压放大倍数之比的绝对值：

$$K_{CMR} = |A_{uo}/A_{uc}|$$

它表示集成运放对共模信号的抑制能力，其值越大越好。

四、理想集成运算放大器特性

在实际应用中，为了简化分析，通常把集成运算放大器看作一个理想化的运算放大器，被简称为理想集成运算放大器，其理想化特性为：

（1）开环电压放大倍数 $A_{uo} \to \infty$；

（2）开环差模输入电阻 $R_{id} \to \infty$；

（3）开环差模输出电阻 $R_{od} = 0$；

（4）共模抑制比 $K_{CMR} \to \infty$。

实际的集成运算放大器不可能具有理想特性，但是在低频工作时它的特性是接近理想的。因此，在低频情况下，在实际使用和分析集成运算放大器电路时，就可以近似地把它看成理想集成运算放大器。

五、集成运算放大器的电压传输特性

集成运算放大器的电压传输特性是输出电压 u_o 与输入电压（同相输入端与反相输入端之间电压差值）之间的关系。

实际的电压传输特性如图 3-12 所示。集成运算放大器有两个工作区，一是放大区（又称线性区），曲线的斜率为电压放大倍数，理想运放 $A_{uo} \to \infty$，在放大区的曲线与纵坐标重合；二是饱和区（又称非线性区），输出电压 u_o 不随输入电压而变，而是恒定值 $+U_{om}$（或 $-U_{om}$）。

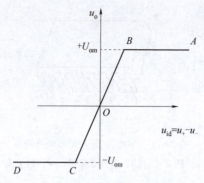

图 3-12   集成运算放大器的电压传输特性

1）工作在线性区的集成运算放大器

要使集成运算放大器工作在线性区，必须使其工作在闭环状态，并引入深度负反馈。在理想的线性区，其输出信号随输入信号做线性变化，曲线的斜率为电压放大倍数，输出信号和输入信号的关系如下所示：

$$u_o = A_{uo}(u_+ - u_-) \qquad (3-8)$$

①对于理想集成运算放大器，由于 $A_{uo} \rightarrow \infty$，而 u_o 为有限值（不超过电源电压），故 $u_{id} = u_+ - u_- = u_o / A_{uo} \approx 0$，即

$$u_+ \approx u_- \qquad (3-9)$$

式（3-9）表明，集成运算放大器同相端和反相端的电位近似相等，即两输入端为近似短路状态，并称之为"虚短"。

②由于集成运算放大器 $R_{id} \rightarrow \infty$，两输入端几乎没有电流输入，即两输入端都接近于开路状态，称为虚假断路，简称"虚断"。记为

$$i_+ = i_- \approx 0 \qquad (3-10)$$

理想运算放大器的电压、电流及"虚短""虚断"示意图如图 3-13 所示。

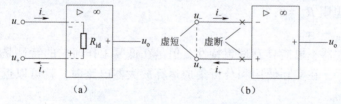

图 3-13   理想运算放大器的电压、电流及"虚短""虚断"示意图

（a）理想运算放大器的电压、电流；（b）理想运算放大器的"虚短""虚断"

虚短和虚断

上述两条重要结论是分析集成运算放大器线性运用时的基本依据。

2）工作在非线性区的集成运算放大器

集成运算放大器处于开环或正反馈状态时，集成运算放大器工作于非线性区。在非线性区，输出电压不再随输入电压线性增长，而将达到饱和。

在非线性区有如下关系：

当 $u_+ > u_-$ 时，$u_o = +U_{om}$；

当 $u_+<u_-$ 时，$u_o=-U_{om}$。

由于集成运算放大器差模输入电阻很大，在非线性应用时，净输入电流近似为零，仍有"虚断"的特征。

想一想

"虚短"和真短路有什么不同？"虚断"和真断路有什么不同？

3.2.2　集成运算放大器的识别与检测

一、集成运算放大器的识别

集成电路的引脚有 3、5、7、8、10、12、14、16 个等多种。正确识别引脚排列顺序是很重要的，否则无法对集成电路进行正确安装、调试与维修，以至于不能使其正常工作，甚至造成损坏。

集成电路的封装外形不同，其引脚排列顺序也不一样，其识别方法如下。

1. 圆筒形和菱形金属壳封装集成运算放大器的引脚识别

其引脚的识别方法是，应先将集成运算放大器的引脚朝上，面向引脚（正视），由定位标记所对应的引脚开始，按顺时针方向依次数到底即可。常见的定位标记有突耳、圆孔及引脚不均匀排列等，如图 3-14 所示。

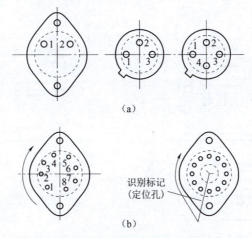

图 3-14　金属壳封装集成运算放大器引脚识别

（a）圆筒形；（b）菱形

2. 单列直插式集成运算放大器的引脚识别

其识别方法是，使其引脚向下，面对型号或定位标记，自定位标记一侧的第一个引脚数起，依次为 1、2、3、…。此类集成电路上常用的定位标记为色点凹坑、细条、色带、缺角等，如图 3-15 所示。

3. 双列直插式或扁平式 IC 的引脚识别

双列直插式 IC 的引脚识别方法是，将其水平放置，引脚向下，即其型号、商标向上，定

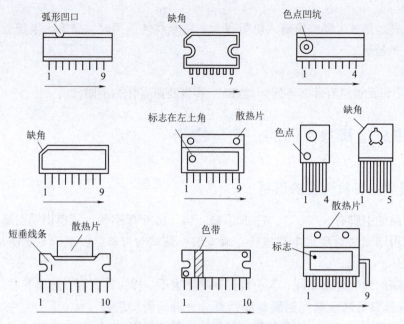

图 3-15　单列直插式集成运算放大器引脚识别

位标记在左边，从左下脚第一个引脚数起，按逆时针方向，依次为 1、2、3、…，如图 3-16 所示。

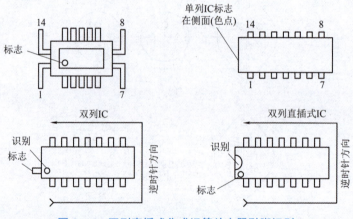

图 3-16　双列直插式集成运算放大器引脚识别

扁平式集成电路的引脚识别方向和双列直插式 IC 相同，例如，四列扁平封装的微处理器集成电路的引脚排列顺序如图 3-17 所示。对某些软封装类型的集成电路，其引脚直接与印制电路板相结合，如图 3-18 所示。

二、集成运算放大器的检测

检测运算放大器主要有两种方法，一是借助万用表检测运算放大器各引脚的对地电阻，从而判别运算放大器的好坏；二是将运算放大器置于电路中，在工作状态下，用万用表检测运算放大器各引脚的对地电压值，与标准值比较，即可判别运算放大器的性能。检测之

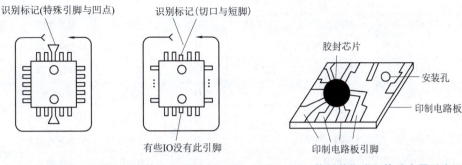

图 3-17　四列扁平封装集成运算放大器引脚识别　　图 3-18　软封装集成运算放大器引脚识别

前需要通过集成电路手册查阅待测运算放大器各引脚的直流电压参数和电阻参数，为运算放大器的检测提供参考标准。

1. 检测集成运算放大器各引脚的对地电阻

运算放大器的好坏可以借助万用表"$R×1K$"挡分别测量各引脚间的电阻值，将实测结果与正常值比较来进行判断，LM324 典型数据如表 3-4 所示。

表 3-4　测量 LM324 电阻值的典型数据

红表笔位置	黑表笔位置	正常电阻值/kΩ	不正常电阻值/kΩ
U_{CC}	GND	16~17	0 或 ∞
GND	U_{CC}	5~6	0 或 ∞
U_{CC}	IN$_+$	50	0 或 ∞
U_{CC}	IN$_-$	55	0 或 ∞
OUT	U_{CC}	20	0 或 ∞
OUT	GND	60~65	0 或 ∞

2. 检测集成运算放大器各引脚的电压

用万用表检测集成运算放大器各引脚直流电压时，需要先将集成运算放大器置于实际的工作环境中，然后将万用表置于适当的直流电压挡，分别检测各引脚的电压值以判断该集成运算放大器的好坏。

仍然以检测 LM324 为例，当被测电路的电源电压为 5 V 时，将万用表置于"直流10 V"挡，然后将黑表笔接集成运算放大器的接地引脚（11 脚），红表笔依次接在其余各引脚上，检测该集成运算放大器各引脚的直流电压值。

将测量结果与各引脚电压的正常值相比较，即可判断该集成运算放大器的工作是否正常。如果测量结果与正常值偏差较大，而且外围元器件正常，则说明该集成运算放大器已损坏。LM324 各引脚的正常电压值如表 3-5 所示。

表 3-5　LM324 各引脚的正常电压值

引脚	引脚符号	引脚功能	电压/V	引脚	引脚符号	引脚功能	电压/V
1	1OUT	输出端1	3	8	3OUT	输出端3	3

续表

引脚	引脚符号	引脚功能	电压/V	引脚	引脚符号	引脚功能	电压/V
2	1IN_	反相输入端 1	2.7	9	3IN_	反相输入端 3	2.7
3	1IN_+	同相输入端 1	2.8	10	3IN_+	同相输入端 3	2.8
4	U_{CC}	电源端	5	11	GND	接地端	0
5	2IN_+	同相输入端 2	2.8	12	4IN_+	同相输入端 4	2.8
6	2IN_	反相输入端 2	2.7	13	4IN_	反相输入端 4	2.7
7	2OUT	输出端 2	3	14	4OUT	输出端 4	3

集成运算放大器的品种繁多，大致可分为通用型和专用型两大类。通用型集成运算放大器的各项指标比较均衡，适用于无特殊要求的场合。这类器件的主要特点是价格低廉、产品量大、使用面广，如 μA741（单运算放大器）、LM358（双运算放大器）、LM324（四运算放大器）、NE5532（双运算放大器）都属于通用型集成运算放大器。它们是目前应用广泛的集成运算放大器。

1）μA741

μA741 是单运算放大器，即一个芯片内只有一个运算放大器，由 ±15 V 两路电源供电。它的性能较好，放大倍数较高，具有内部补偿，是典型的集成运算放大器。

μA741 为 8 脚双列直插式芯片，其外形如图 3-19（a）所示。它有 8 个引脚，但只有 7 个引脚有用，其中 2 脚为反相输入端，3 脚为同相输入端，6 脚为输出端；4 脚为负电源端，接 -3~-18 V 的直流电源；7 脚为正电源端，接 3~18 V 的直流电源；1 脚和 5 脚为外接调零电位器（通常为 10 kΩ）的两个端子；8 脚为空脚，无用。其引脚排列如图 3-19（b）所示。

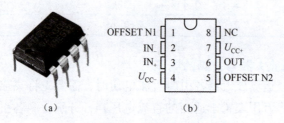

（a）　　　　　　　　　　（b）

图 3-19　μA741 外形及引脚排列

（a）μA741 外形；（b）μA741 引脚排列

2）LM324

四运算放大器 LM324 采用 14 脚双列直插式封装，其外形如图 3-20 所示。由 4 个独立的高增益、内部频率补偿运算放大器组成，它可以在宽电压范围（3~30 V）的单电源下工作，也可以在双电源下工作（±（1.5~15）V），具有电压增益大、电源电流消耗低、输出电压幅度大等特点。

LM324 内含 4 个结构完全相同的运算放大器，分别用 1、2、3、4 来表示，这 4 个运算放大器可以单独使用，也可以同时使用。其引脚功能如表 3-6 所示。

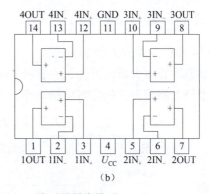

（a）　　　　　　　　　　　　　（b）

图 3-20　四运算放大器 LM324 外形及引脚排列

（a）LM324 外形；（b）LM324 引脚排列

表 3-6　LM324 引脚功能

引脚	引脚符号	引脚功能	引脚	引脚符号	引脚功能
1	1OUT	输出端 1	8	3OUT	输出端 3
2	1IN_	反相输入端 1	9	3IN_	反相输入端 3
3	1IN_+	同相输入端 1	10	3IN_+	同相输入端 3
4	U_{CC}	电源端	11	GND	接地端
5	2IN_+	同相输入端 2	12	4IN_+	同相输入端 4
6	2IN_	反相输入端 2	13	4IN_	反相输入端 4
7	2OUT	输出端 2	14	4OUT	输出端 4

LM324 采用双电源供电方式时，正电源加在 U_{CC} 脚与地之间，负电源加在 U_{EE} 脚与地之间，且两个电源的大小相等。在这种方式下，运算放大器输出端的静态电压等于 0 V，输出电压的振幅最大可达正、负电源电压。采用单电源供电方式时，正电源接于 U_{CC} 脚与地之间，而 U_{EE} 脚直接接地。在单电源供电时，输出端的静态电压约为 $U_{CC}/2$。它的最大增益为 100 dB，失调电压小于 5 mV，频带宽度为 1.3 MHz。

任务实施

一、任务要求

（1）熟悉集成运放芯片的外形封装及引脚识别方法；
（2）练习查阅半导体器件手册，熟悉集成运放引脚功能；
（3）掌握用万用表检测集成运放芯片好坏的方法；
（4）培养规范操作意识和知识检索能力。

二、设备与器件

万用表，模拟电路实验台，不同规格、类型的集成运放芯片若干。

三、任务内容及步骤

1. 常用集成运算放大器的识别

观察集成运算放大器的外形，根据外壳标志或封装形状进行引脚识别；根据集成运算放大器的型号查阅资料，确定各引脚功能，并填于表3-7中。

表3-7 集成运算放大器的功能特性

序号	型号	封装形式	功能特性
1	μA741		
2	LM324		
3	F353		
4	LME49720HA		
5	M5115P		

2. 集成运算放大器的判别及检测

1）用万用表检测 LM324 质量好坏

将万用表置于"$R\times 1K$"挡，首先用红表笔（表内电池负极）接集成运算放大器的接地引脚（11脚），黑表笔（表内电池正极）接其余各引脚，测量各引脚对地的正向电阻。然后对调两表笔，将黑表笔接集成运算放大器的接地引脚（11脚），红表笔接其余各引脚，测量各引脚对地的反向电阻。将检测结果记录于表3-8中。

表3-8 LM324各引脚对地正反向电阻测量

引脚	引脚符号	正向电阻	反向电阻	引脚	引脚符号	正向电阻	反向电阻
1	OUT_1			8	OUT_3		
2	IN_{1-}			9	IN_{3-}		
3	IN_{1+}			10	IN_{3+}		
4	U_{CC}			11	GND		
5	IN_{2+}			12	IN_{4+}		
6	IN_{2-}			13	IN_{4-}		
7	OUT_2			14	OUT_4		
结论							

2）用万用表检测 F353 质量好坏

按照同样操作步骤测量 F353 集成电路各引脚对地正反向电阻，将检测结果记录于表3-9中，查阅集成电路元器件手册，对比 F353 各引脚对地正反向电阻参考值，判断所测元件质量好坏。

表 3-9　F353 各引脚对地正反向电阻测量

引脚	引脚符号	正向电阻	反向电阻	引脚	引脚符号	正向电阻	反向电阻
1	OUT_1			5	IN_{2+}		
2	IN_{1-}			6	IN_{2-}		
3	IN_{1+}			7	OUT_2		
4	$-U_{EE}$			8	$+U_{CC}$		
结论							

四、巩固练习

（1）集成运算放大器最常见的封装有_____、_____、_____ 3 种。

（2）双列直插式或扁平式集成运算放大器的引脚识别是，将其水平放置，引脚向下，即其型号或商标向上，定位标记在左边，从左下脚第一个引脚数起，按_____时针方向，依次为 1、2、3、…。

（3）μA741 是_____运算放大器，它有_____个引脚。

（4）LM324 是_____运算放大器，采用_____个引脚_____列直插式封装。

（5）用不同型号万用表"$R×1K$"挡测量，电阻值会_____（略微有/无）差异。但在上述测量中只要有一次电阻值为零，即说明内部有_____（短路/断路）故障。

五、任务评价

完成表 3-10。

表 3-10　集成运算放大器的识别与检测职业能力评比计分表

项目	配分	评分标准	自评	互评	师评	合计
常用集成运算放大器的识别	10	能正确识别不同类型集成运算放大器，明确各引脚功能（10 分）				
万用表检测 LM324 质量好坏	25	能正确使用指针式、数字式万用表（5 分）； 能使用万用表进行各引脚正反向电阻的测量（10 分）； 能根据测量结果正确判断集成运算放大器的质量（10 分）				
万用表检测 F353 质量好坏	25	能查阅元器件手册，进行资源检索（5 分）； 能使用万用表进行各引脚正反向电阻的测量（10 分）； 能根据测量结果正确判断集成运算放大器的质量（10 分）				
巩固练习	10	每小题 2 分				
学习态度	10	迟到、早退，一人次扣 2 分；学习态度不端正不得分				
安全文明操作	10	不规范操作，一次扣 5 分				
7S 管理规范	10	工位不整洁，视情况扣分； 没有节约意识，扣 5 分				

任务 3.3　集成运算放大器的分析与测试

 任务导入

集成运算放大器的型号众多，性能各异，在模拟电子电路中的应用广泛，在许多电子产品中都可以发现它的存在，而线性应用的放大器和非线性应用的比较器又是最常见的电路形式。

 任务描述

通过集成运算放大器和电压比较器电路的连接和测试，理解集成运算放大器的线性应用和非线性应用及其基本特性，能按要求合理进行电路的设计。

 知识准备

3.3.1　集成运算放大器的线性应用——运算电路

采用集成运算放大器接入适当的负反馈就可以构成各种线性应用电路，它们广泛应用于各种信号的运算、放大、处理、测量等电路中。由于集成运算放大器开环增益很高，所以由它构成的线性应用电路均为深度负反馈电路。

一、反相比例运算电路

反相比例运算电路如图 3-21 所示。

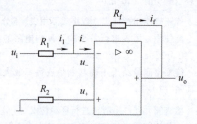

图 3-21　反相比例运算电路

输入信号 u_i 经电阻 R_1 从反相输入端输入，同相输入端经电阻 R_2 接地。图中电阻 R_2 称为直流平衡电阻，其作用是使两输入端对地直流电阻相等，即 $R_2 = R_1 // R_f$，从而消除输入偏置电流及其温漂的影响。根据"虚短""虚断"概念有

$$i_1 = i_f$$
$$u_- = u_+ = 0$$

上式表明，集成运算放大器两输入端的电位均为零，但它们并没有真正直接接地，故称之为"虚地"。在反相输入放大电路中，同相输入端接地，才有"虚"现象，"虚地"

是"虚短"的特例。

$$i_1 = \frac{u_i - u_-}{R_1} = \frac{u_i}{R_1}$$

$$i_f = \frac{u_- - u_o}{R_f} = -\frac{u_o}{R_f}$$

所以

$$u_o = -\frac{R_f}{R_1}u_i = A_{uf}u_i \tag{3-11}$$

闭环电压放大倍数为

$$A_{uf} = -\frac{R_f}{R_1}$$

由上式可以看出，输出电压 u_o 与输入电压 u_i 相位相反，且成比例关系，因此把这种电路称为反相比例放大器。

当 $R_1 = R_f$ 时，$A_{uf} = -1$，即电路的 u_o 与 u_i 大小相等，相位相反，称此时的电路为反相器。

▲点睛

反相比例运算电路的输出电压 u_o 与输入电压 u_i 之间的比例关系是由反馈电阻 R_f 和输入电阻 R_1 决定的，与集成运算放大器本身参数无关。

想一想

什么是"虚地"？是不是所有的集成运算放大器都具有"虚地"特点？

二、同相比例运算电路

同相比例运算电路如图 3-22 所示，输入信号 u_i 经电阻 R_2 送到同相输入端，R_f 与 R_1 使集成运算放大器构成电压串联负反馈电路。

由"虚短""虚断"性质，可知

$$i_- = i_+ = 0, u_- = u_+ = u_i$$

$$u_- = \frac{R_1}{R_1 + R_f}u_o = u_i$$

则

$$u_o = \left(1 + \frac{R_f}{R_1}\right)u_i \tag{3-12}$$

同相比例运算电路的电压放大倍数为

$$A_{uf} = \frac{u_o}{u_i} = 1 + \frac{R_f}{R_1} \tag{3-13}$$

式（3-13）中，A_{uf} 为正值，表明 u_o 与 u_i 同相，电路的比例系数恒大于 1，而且仅由外接电阻的数值来决定，与集成运算放大器本身的参数无关。

当外接电阻 $R_1 = \infty$ 或反馈电阻 $R_f = 0$ 时，有 $A_{uf} = 1$，即 u_o 与 u_i 大小相等，相位相同，称此电路为电压跟随器，电路如图 3-23 所示。

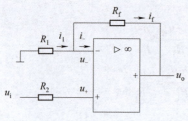 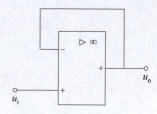

图 3-22　同相比例运算电路　　　图 3-23　电压跟随器

三、加法运算电路

1. 反相加法运算电路

在反相比例运算电路的基础上，增加一条输入支路，即构成了反相输入的求和运算电路，如图 3-24 所示。R_f 为反馈电阻，R_3 为直流平衡电阻，其值为 $R_3 = R_1 // R_2 // R_f$。

根据"虚短""虚断"性质和 KCL 电流定理，由电路可列出

$$i_1 + i_2 = i_f$$

$$\frac{u_{i1}}{R_1} + \frac{u_{i2}}{R_2} = \frac{0 - u_o}{R_f}$$

则

$$u_o = -R_f \left(\frac{u_{i1}}{R_1} + \frac{u_{i2}}{R_2} \right) \tag{3-14}$$

当 $R_1 = R_2 = R_f$ 时，

$$u_o = -(u_{i1} + u_{i2}) \tag{3-15}$$

式（3-15）表明电路实现了各输入信号电压的反相相加。

▲点睛

集成运算放大器组成的反相加法运算电路在调整一路输入端电阻时，不会影响其他路信号形成的输出值，因而调节方便，得到了广泛应用。

2. 同相加法运算电路

同相加法运算电路如图 3-25 所示，输入信号 u_{i1}、u_{i2} 都加到同相输入端，而反相输入端通过电阻 R_3 接地。

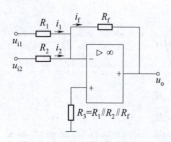 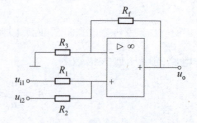

图 3-24　反相加法运算电路　　　图 3-25　同相加法运算电路

应用叠加定理进行分析。

设 u_{i1} 单独作用，$u_{i2} = 0$，则

$$u'_+ = \frac{R_2}{R_1+R_2}u_{i1}$$

$$u'_o = \left(1+\frac{R_f}{R_3}\right)u'_+ = \left(1+\frac{R_f}{R_3}\right)\frac{R_2}{R_1+R_2}u_{i1}$$

设 u_{i2} 单独作用，$u_{i1}=0$，则

$$u''_+ = \frac{R_1}{R_1+R_2}u_{i2}$$

$$u''_o = \left(1+\frac{R_f}{R_3}\right)u''_+ = \left(1+\frac{R_f}{R_3}\right)\frac{R_1}{R_1+R_2}u_{i2}$$

二者叠加得

$$u_o = u'_o + u''_o = \left(1+\frac{R_f}{R_3}\right)\frac{R_1R_2}{R_1+R_2}\left(\frac{u_{i1}}{R_1}+\frac{u_{i2}}{R_2}\right)$$

若取 $R_1=R_2$，$R_3=R_f$，则

$$u_o = u_{i1}+u_{i2} \tag{3-16}$$

上式表明，输出电压为两输入电压之和。

四、减法运算电路

减法运算电路如图 3-26 所示，它的反相输入端和同相输入端都有信号输入。其中 u_{i1} 通过 R_1 接至反相输入端，而 u_{i2} 通过 R_2、R_3 分压后接至同相输入端。

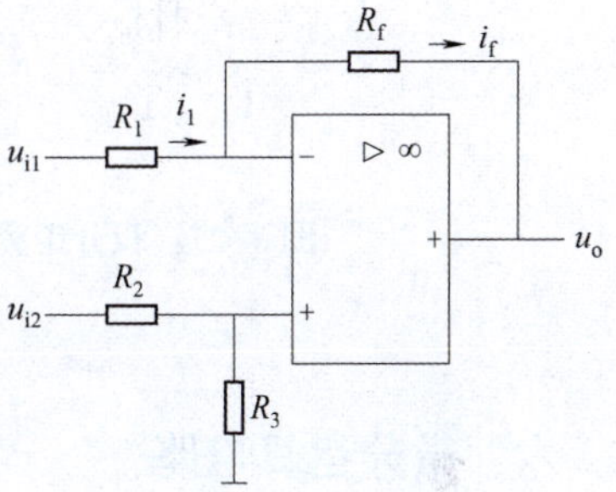

由图 3-26 可知

$$u_- = u_{i1}-i_1R_1 = u_{i1}-\frac{u_{i1}-u_o}{R_1+R_f}R_1$$

$$u_+ = \frac{R_3}{R_2+R_3}u_{i2}$$

图 3-26　减法运算电路

由"虚短"性质，$u_-=u_+$，得

$$u_o = \left(1+\frac{R_f}{R_1}\right)\left(\frac{R_3}{R_2+R_3}\right)u_{i2}-\frac{R_f}{R_1}u_{i1} \tag{3-17}$$

当取 $R_1=R_2$，$R_3=R_f$ 时，则上式为

$$u_o = \frac{R_f}{R_1}(u_{i2}-u_{i1}) \tag{3-18}$$

可见，其输出电压 u_o 与两个输入电压的差值（$u_{i2}-u_{i1}$）成正比，故称为差分输入放大电路，又称减法运算电路。

五、积分运算电路

在反相比例运算电路中，用电容 C 代替 R_f 作为反馈元件，引入电压并联负反馈，就成为积分运算电路，电路如图 3-27 所示。利用"虚短""虚断"性质可列出

$$i_R = \frac{u_i}{R} = i_C$$

若 C 上起始电压为零，则

$$u_C = \frac{1}{C}\int_0^t i_C \, \mathrm{d}t$$

$$u_o = -u_C = -\frac{1}{C}\int_0^t i_C \, \mathrm{d}t = -\frac{1}{RC}\int_0^t u_i \, \mathrm{d}t \qquad (3-19)$$

若 $u_i = U_i$ 为常数，则

$$u_o = -\frac{U_i}{RC}t \qquad (3-20)$$

上式说明，输出电压为输入电压对时间的积分，实现了积分运算，式中负号表示输出与输入相位相反。

积分电路除用于积分运算外，还可以实现波形变换，当输入为方波和正弦波时，输出电压波形分别如图 3-28 所示。

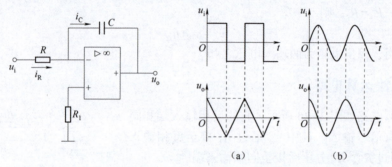

图 3-27 积分运算电路　　图 3-28 不同输入情况下的积分电路电压波形

(a) 输入为方波时；(b) 输入为正弦波时

六、微分运算电路

将图 3-27 中反相输入端的电阻 R 和反馈电容 C 位置互换，便构成基本微分运算电路，如图 3-29 所示。利用"虚短""虚断"性质，可知

$$u_- = u_+ = 0$$

$$i_R = -\frac{u_o}{R}$$

$$i_C = C\frac{\mathrm{d}u_i}{\mathrm{d}t}$$

$$i_C = i_R$$

$$u_o = -Ri_R = -RC\frac{\mathrm{d}u_i}{\mathrm{d}t} \qquad (3-21)$$

可见，输出电压正比于输入电压对时间的微分。电路中的比例常数取决于时间常数 $\tau = RC$。当输入信号为矩形波电压时，输出信号为尖脉冲电压，如图 3-30 所示。

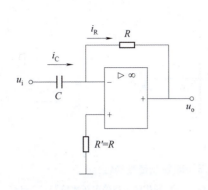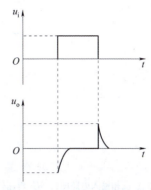

图 3-29　基本微分运算电路　　图 3-30　基本微分运算电路输入、输出电压波形

3.3.2　集成运算放大器的非线性应用——电压比较器

一、集成运算放大器非线性应用的条件及特点

当集成运算放大器工作在开环状态或外加正反馈时，由于集成运算放大器的开环放大倍数很大，只要有微小的电压信号输入，就使输出信号超出线性放大范围，工作在非线性工作状态。

集成运算放大器处于非线性状态时的电路统称为非线性应用电路。这种电路广泛应用于信号比较、信号转换、信号发生以及自动控制系统和测试系统中。

为了简化分析，同集成运算放大器的线性运用一样，仍然假设电路中的集成运算放大器为理想元件。此时，有以下两个重要特点：

（1）理想运算放大器的输出电压 u_o 的值只有两种可能，当 $u_+>u_-$ 时，$u_o=+U_{om}$；当 $u_+<u_-$ 时，$u_o=-U_{om}$。输出端信号电压为正饱和值或负饱和值。

（2）集成运算放大器的输入电阻很大，在非线性应用时，仍有"虚断"特性，故仍认为输入电流为零，即 $i_+=i_-\approx0$。

二、电压比较器

电压比较器是用来对输入电压信号（被测信号）与另一个电压信号（或基准电压信号）进行比较，并根据结果输出高电平或低电平的一种电子电路。在自动控制中，常通过电压比较电路将一个模拟信号与基准信号相比较，并根据比较结果决定执行机构的动作。各种越限报警器就是利用这一原理工作的。

1. 单值电压比较器

1）单值电压比较器的工作原理

开环工作的运算放大器是最基本的单值比较器，反相输入电路如图 3-31（a）所示。

电路中，输入信号 u_i 与基准电压 U_{REF} 进行比较。当 $u_i<U_{REF}$ 时，$u_o=+U_{om}$，当 $u_i>U_{REF}$ 时，$u_o=-U_{om}$，在 $u_i=U_{REF}$ 时，u_o 发生跳变。该电路理想传输特性如图 3-31（b）所示。

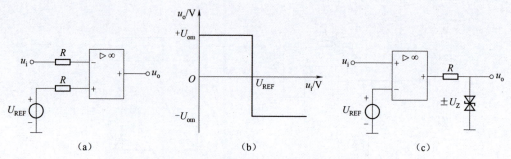

图 3-31　单值电压比较器及传输特性

(a) 反相输入电路图；(b) 电压传输特性；(c) 同相输入单值电压比较器实用电路

如果以地电位为基准电压，即同相输入端通过电阻 R 接地，组成如图 3-32 (a) 所示的电路，就形成一个过零比较器。

当 $u_i < 0$ 时，则

$$u_o = +U_{om}$$

当 $u_i > 0$ 时，则

$$u_o = -U_{om}$$

也就是说，每当输入信号过零点时，输出信号就发生跳变。

在过零比较器的反相输入端输入正弦波信号时，该电路可以将正弦波信号转换成方波信号，波形图如图 3-32 (b) 所示。

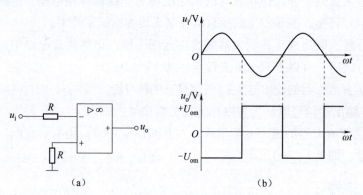

图 3-32　过零比较器

(a) 电路图；(b) 正弦波转换成方波波形图

2）电压比较器的阈值电压

由上述分析可知，$u_i = U_{REF}$ 是电路的状态转换点，亦即达到 $u_+ = u_-$ 时，电路状态发生翻转。将比较器输出电压发生跳变时所对应的输入电压值称为阈值电压或门限电压 U_T。图 3-31 (a) 所示电路因输入电压只与一个参考电压 U_{REF} 进行比较，故此电路称为单值电压比较器。

有时为了获取特定输出电压或限制输出电压值，在输出端采取稳压管限幅，如图 3-31 (c) 所示。双向稳压管一方面限制了电压比较器输出状态的数值，另一方面对电路的输出起着保护作用。图中 R 为稳压管限流电阻。

想一想

过零比较器的阈值电压为多大？此电路应构成什么组态？

2. 迟滞电压比较器

单值电压比较器状态翻转的门限电压是在某一固定值上，在实际应用时，如果实际测得的信号存在外界干扰，过零电压比较器容易出现多次误翻转。其解决方法是采用迟滞电压比较器。

1）电路特点

迟滞电压比较器如图 3-33 所示，它是在过零比较器的基础上，从输出端引一个电阻分压支路到同相输入端，形成正反馈。这样同相端电压 u_+ 不再是固定的，而是由输出电压和参考电压共同作用叠加而成的，因此集成运算放大器的同相端电压 u_+ 也有两个。

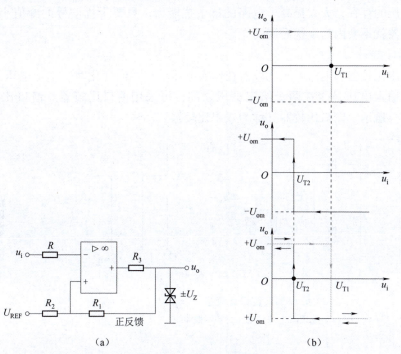

图 3-33　迟滞电压比较器

（a）电路图；（b）电压传输特性曲线

当输出为正向饱和电压 $+U_{om}$ 时，将集成运算放大器的同相输入端电压称为上门限电平，用 U_{T1} 表示，有

$$U_{T1} = u'_+ = \frac{R_1}{R_1+R_2}U_{om} + \frac{R_2}{R_1+R_2}U_{REF} \tag{3-22}$$

当输出为负饱和电压 $-U_{om}$ 时，将集成运算放大器的同相输入端电压称为下门限电平，用 U_{T2} 表示，有

$$U_{T2} = u''_+ = \frac{R_1}{R_1+R_2}(-U_{om}) + \frac{R_2}{R_1+R_2}U_{REF} \tag{3-23}$$

2）传输特性和回差电压 ΔU_{T}

迟滞电压比较器的传输特性如图3-33（b）所示。当输入信号 u_{i} 从零开始增加时，电路输出为正饱和电压 $+U_{\mathrm{om}}$，此时集成运算放大器同相端对地电压为 U_{T1}。当逐渐增加到刚超过 U_{T1} 时，电路翻转，输出变为负向饱和电压 $-U_{\mathrm{om}}$。这时，同相端对地电压为 U_{T2}，若 u_{i} 继续增大，输出保持 $-U_{\mathrm{om}}$ 不变。

若 u_{i} 从最大值开始下降，当下降到上门限电压 U_{T1} 时，输出并不翻转，只有下降到略小于下门限电压 U_{T2} 时，电路才发生翻转，输出变为正向饱和电压 $+U_{\mathrm{om}}$。

由以上分析可以看出，该比较器具有滞回特性。

上门限电压 U_{T1} 与下门限电压 U_{T2} 之差称为回差电压，用 ΔU_{T} 表示，有

$$\Delta U_{\mathrm{T}} = U_{\mathrm{T1}} - U_{\mathrm{T2}} = 2\frac{R_1}{R_1 + R_2}U_{\mathrm{om}} \tag{3-24}$$

回差电压的存在，大大提高了电路的抗干扰能力。只要干扰信号的峰值小于半个回差电压，比较器就不会因为干扰而误动作。

3. 窗口比较器

单值电压比较器和迟滞电压比较器在输入电压单一方向变化时，输出电压只翻转一次。为了检测出输入电压是否在两个给定电压之间，可采用窗口比较器。窗口比较器电路如图3-34（a）所示。窗口比较器又称为双限比较器。

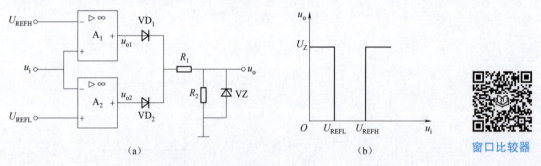

（a）　　　　　　　　　　　　　（b）

图3-34　窗口比较器

（a）原理图；（b）电压传输特性曲线

当 $u_{\mathrm{i}} > U_{\mathrm{REFH}}$ 时，集成运算放大器 A_1 输出 $u_{\mathrm{o1}} = +U_{\mathrm{om}}$，$A_2$ 输出 $u_{\mathrm{o2}} = -U_{\mathrm{om}}$，$VD_1$ 导通、VD_2 截止。当 $|-U_{\mathrm{om}}| > U_{\mathrm{Z}}$ 时，VZ反向击穿，$u_{\mathrm{o}} = +U_{\mathrm{Z}}$。

当 $u_{\mathrm{i}} < U_{\mathrm{REFL}}$ 时，集成运算放大器 A_1 输出 $u_{\mathrm{o1}} = -U_{\mathrm{om}}$，$A_2$ 输出 $u_{\mathrm{o2}} = +U_{\mathrm{om}}$，$VD_1$ 截止、VD_2 导通。当 $|-U_{\mathrm{om}}| > U_{\mathrm{Z}}$ 时，VZ反向击穿，$u_{\mathrm{o}} = +U_{\mathrm{Z}}$。

当 $U_{\mathrm{REFL}} < u_{\mathrm{i}} < U_{\mathrm{REFH}}$ 时，$u_{\mathrm{o1}} = u_{\mathrm{o2}} = -U_{\mathrm{om}}$，$VD_1$、$VD_2$ 均截止，$u_{\mathrm{o}} = 0$。

经以上分析，可画出窗口比较器的传输特性曲线，如图3-34（b）所示。

图中，R_1、R_2、VZ构成限流限幅电路。R_2 经 R_1 将 $+U_{\mathrm{om}}$ 分压，要保证VZ反向击穿，则 U_{R2} 取值应略大于 U_{Z}，即

$$U_{\mathrm{Z}} < U_{\mathrm{R2}} = \frac{R_2}{R_1 + R_2}U_{\mathrm{om}}$$

R_1 具有降压、限流作用。

【例 3.2】晶体三极管 β 值分选电路如图 3-35 所示，分别分析电路是否满足要求：$\beta<50$ 或 $\beta>100$ 时，LED 亮；$50\leqslant\beta\leqslant100$ 时，LED 不亮。

解：$I_B=(15-0.7)/(1\ 000+430)\text{mA}=0.01\ \text{mA}$

当 $\beta<50$ 时，$I_C<0.5\ \text{mA}$，$V_C<2.5\ \text{V}$，此时 VD$_2$ 导通，LED 亮。

当 $\beta>100$ 时，$I_C>1\ \text{mA}$，$V_C>5\ \text{V}$，此时 VD$_1$ 导通，LED 亮。

当 $50\leqslant\beta\leqslant100$ 时，$2.5\ \text{V}\leqslant V_C\leqslant5\ \text{V}$，此时 LED 不亮。

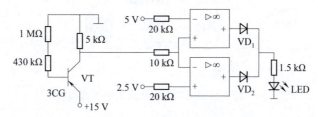

图 3-35　晶体三极管 β 值分选电路

▲点睛

电压比较器用来比较输入信号与参考电压的大小。当两者幅度相等时输出电压产生跃变，由高电平变成低电平，或者由低电平变成高电平，由此来判断输入信号的大小和极性。集成运算放大器应工作在开环状态或引入正反馈条件下。

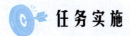 **任务实施**

一、任务要求

（1）熟悉集成运算放大器 LM358 的引脚识别方法及引脚功能。

（2）能正确连接电路，安全操作，进行输入输出信号的测量。

（3）进一步巩固和理解集成运算放大器应用电路的构成及功能。

（4）测量过程中加强规范操作，培养精益求精、严谨细致的职业态度。

二、设备与器件

电脑、仿真软件、直流稳压电源、示波器、信号源、万用表、集成块 LM358、电阻等。各元器件的参数和型号详见各测试电路图。

三、任务实施过程

1. 仿真检测反相比例运算放大器

（1）使用 Multisim 14 仿真软件搭建如图 3-36 所示的仿真实验电路。输入电压信号设置为 1 V、1 kHz，用示波器的 A 通道检测输入电压的波形，B 通道检测输出电压的波形，万用表都设置为交流电压挡，检测反相比例运算放大电路输出电压信号的有效值。运行仿真电路，观察输入、输出波形的相位关系，用万用表读取输出信号电压值，完成表 3-11 中的测试任务。

（2）更改 $R_f=4\ \text{k}\Omega$，运行仿真电路，双击示波器图标设置合适的控制面板参数，观察输入、输出波形的相位关系，读取输出信号电压值，完成表 3-11 中的测试任务。

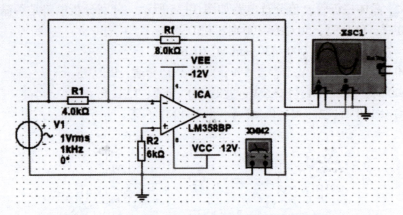

图 3-36　检测反相比例运算放大电路仿真实验电路

表 3-11　仿真检测反相比例运算放大电路

测试参数	绘制 u_i、u_o 波形	U_o/V	A_{uf}	u_i、u_o 波形的相位关系
$U_i = 1\ V$　$R_1 = 4\ k\Omega$ $R_f = 8\ k\Omega$				
$U_i = 1\ V$　$R_1 = 4\ k\Omega$ $R_f = 4\ k\Omega$				

2. 仿真检测同相比例运算放大电路

（1）使用 Multisim 14 仿真软件搭建如图 3-37 所示的仿真实验电路。输入电压信号设置为 1 V、1 kHz，用示波器的 A 通道检测输入电压的波形，B 通道检测输出电压的波形，万用表都设置为交流电压挡，检测同相比例运算放大电路输出电压信号的有效值。运行仿真电路，观察输入、输出波形的相位关系，用万用表读取输出信号电压值，完成表 3-12 中的测试任务。

（2）更改 $R_f = 4\ k\Omega$，运行仿真电路，双击示波器图标设置合适的控制面板参数，观察输入、输出波形的相位关系，读取输出信号电压值，完成表 3-12 中的测试任务。

表 3-12　仿真检测同相比例运算放大电路

测试参数	绘制 u_i、u_o 波形	U_o/V	A_{uf}	u_i、u_o 波形的相位关系
$U_i = 1\ V$　$R_1 = 4\ k\Omega$ $R_f = 8\ k\Omega$				
$U_i = 1\ V$　$R_1 = 4\ k\Omega$ $R_f = 4\ k\Omega$				

3. 过零比较器的连接与测试

在模拟电子实验台按图 3-38 所示连接电路，检查无误后接通 ±12 V 电源。

（1）测量当比较器输入端悬空时的输出电压 U_o = _____。

（2）调节信号源，使其输出 100 Hz、1 V 正弦波信号，将其接入比较器输入端，用示

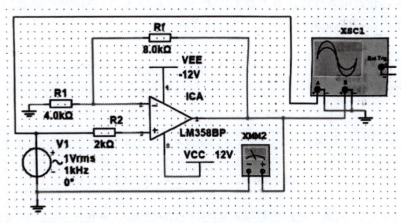

图3-37 检测同相比例运算放大电路仿真实验电路

波器观察比较器的输入输出波形，并测出电压值 U_i = _____，U_o = _____。

（3）改变输入电压的幅值，用示波器观察输出电压的变化，记录并描绘出电压传输特性曲线。

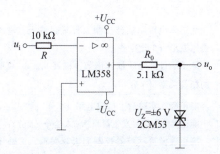

图3-38 过零比较器测试电路

四、注意事项

（1）集成块 LM358 的引脚不能接错，放大电路输出端不能短接。

（2）电路接好后需经教师检查，确定无误后方可通电测试。

（3）每次改接电路时，必须切断电源。

（4）在使用示波器观察波形时，示波器"Y 轴灵敏度"旋钮位置调好后，不要再变动，否则将不方便比较各个波形情况。

五、巩固练习

（1）根据表 3-11 的测试结果可以看出，反相比例运算放大电路的电压放大倍数 A_u 与 R_f/R_1 的值_____（有关/无关），且输出电压与输入电压相位_____（相同/相反）。

（2）图 3-36 所示的反相比例运算放大电路中，当 $R_1 = R_f$ 时，反相比例运算放大电路成为_____器（反相/电压跟随）。

（3）图 3-37 所示的同相比例运算放大电路中，_____引入了_____反馈。

（4）过零比较器中集成运算放大器工作于_____（开环/负反馈）状态。

（5）过零比较器的阈值电压等于_____V。

六、任务评价

完成表3-13。

表3-13　集成运算放大器的分析与测试职业能力评比计分表

项目	配分	评分标准	自评	互评	师评	合计
仿真检测反相比例运算放大电路	20	能正确搭接仿真电路（5分）； 能正确设置万用表工作挡位，读出实验数据（5分）； 能正确设置示波器控制面板观察输入、输出电压波形（5分）； 能正确计算电压放大倍数，描述u_i、u_o波形的相位关系（5分）				
仿真检测同相比例运算放大电路	20	能正确搭接仿真电路（5分）； 能正确设置万用表工作挡位，读出实验数据（5分）； 能正确设置示波器控制面板观察输入、输出电压波形（5分）； 能正确计算电压放大倍数，描述u_i、u_o波形的相位关系（5分）				
过零比较器的连接与测试	20	能正确在实验台上搭建电路（5分）； 能正确使用信号发生器调节输入信号（5分）； 能正确设置示波器控制面板观察输入、输出电压波形（5分）； 能根据测试现象得出结论（5分）				
巩固练习	10	每错一题，扣2分				
学习态度	10	迟到、早退，一人次扣2分；学习态度不端正不得分				
安全文明操作	10	不规范操作，一次扣5分				
7S管理规范	10	工位不整洁，视情况扣分； 没有节约意识，扣5分				

项目制作　红外线报警器的装配与调试

一、任务要求

（1）明确红外线报警器的结构和工作原理；

（2）掌握 LM324 集成运算放大器的特性和应用；

（3）正确安装、调试红外线报警器电路。

二、设备与器件

焊接工具 1 套、焊锡丝、斜口钳、直流稳压电源、示波器、万用表。红外线报警器制作所需元器件（材）如表 3-14 所示。

表 3-14　红外线报警器元器件明细

序号	名称	元件符号	规格型号	序号	名称	元件符号	规格型号
1	电阻	R_1、$R_5 \sim R_7$、R_9、R_{10}、R_{12}	47 kΩ、1/8 W	8	电容	C_3、$C_5 \sim R_7$、C_9	10 μF
2	电阻	R_2、R_3	18 kΩ、1/8 W	9	发光二极管	LED_1	红色
3	电阻	R_4、R_8	2 MΩ、1/8 W	10	发光二极管	LED_2	绿色
4	电阻	R_{11}	22 kΩ、1/8 W	11	整流二极管	VD_1、VD_2	1N4001
5	电阻	R_{13}、R_{14}	200 Ω、1/8 W	12	人体红外传感器	PY	SD02
6	电容	C_1、C_4、C_8	0.01 μF	13	集成运算放大器	$A_1 \sim A_4$	LM324
7	电容	C_2	1 000 pF				

三、电路分析

本项目电路采用 SD02 型热释电人体红外传感器，当人体进入该传感器的监视范围时，传感器就会产生一个交流电压，该电压的频率与人体移动的速度有关。在正常行走速度下，其频率约为 6 Hz。

传感器的输出信号加到集成运算放大器 A_1 的同相输入端，构成同相输入放大电路，其放大倍数取决于 R_4 和 R_2，其大小为

$$A_{u1} = 1 + \frac{R_4}{R_2} = 1 + \frac{2\,000}{18} \approx 112$$

经 A_1 放大后的信号经电容 C_6 耦合到放大器 A_2 反相输入端，构成反相输入放大电路。

经电阻 R_6、R_7 分压将 A_2 同相输入端电位固定于电源电压的一半，A_2 的放大倍数取决于 R_8 和 R_5，其大小为

$$A_{u2} = -\frac{R_8}{R_5} = -\frac{2\,000}{47} \approx -42$$

因此传感器输出信号经两级运算放大器一共放大了 $A = A_{u1} \cdot A_{u2} = 112 \times (-42) = -4\,704$ 倍。当传感器输出一个幅度为 1 mV 交流信号时，A_2 的理论输出值为 -4.704 V。

A_3 和 A_4 构成双限电压比较器。A_3 的基准电压为

$$U_A = \frac{R_{11} + R_{12}}{R_{10} + R_{11} + R_{12}} \cdot U_{CC} = \frac{22 + 47}{47 + 22 + 47} \times 5 \approx 3\,(V)$$

A_4 的基准电压为

$$U_B = \frac{R_{12}}{R_{10} + R_{11} + R_{12}} \cdot U_{CC} = \frac{47}{47 + 22 + 47} \times 5 \approx 2\,(V)$$

在传感器无信号时，A_1 静态输出电压为 0.4~1 V；A_2 在静态时，由于同相输入端电位为 2.5 V，其直流输出电压为 2.5 V。由于 $U_B<2.5$ V$<U_A$，故 A_3 和 A_4 输出低电平。因此在静态时，LED_1 和 LED_2 均不发光。

当人体进入监视范围时，双限电压比较器的输入发生变化。当人体进入时，A_2 输出电压约大于 3 V，因此 A_3 输出高电平，LED_1 亮；当人体退出时，A_2 输出电压约小于 2 V，因此 A_4 输出高电平，LED_2 亮。当人体在监视范围内走动时，LED_1 和 LED_2 交替闪烁。

四、任务实施内容及步骤

1. 元器件的检测

（1）外观质量检查。电子元器件应完整无损，各种型号、规格、标志应清晰、牢固，标志符号不能模糊不清或脱落。

（2）元器件的测试与筛选。用万用表分别检测电阻、电容、二极管以及 LM324 芯片质量好坏。对于电解电容、二极管、LM324，尤其注意各引脚的极性。

2. 元器件的引线成型和插装

按技术要求和焊盘间距进行元器件的引脚成型。在印制电路板上插装元器件，插装时应注意以下事项：

（1）电阻和涤纶电容无极性之分，但插装时一定要注意电阻值和电容量，不能插错。

（2）电解电容和二极管有正负极性之分，插装时要看清极性。

（3）插装集成电路和传感器时要注意引脚。集成运算放大器 LM324 的引脚排列如图 3-39 所示。

（4）采用立式安装时，元器件的标记朝向应一致，放置于便于观察的方向，以便于校核电路和日后维修。采用卧式安装时，同样元器件的标记朝向应一致，放置于便于观察的方向，以便于校核电路和日后维修。

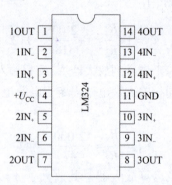

图 3-39　集成运算放大器 LM324 引脚排列

3. 元器件的焊接

元器件焊接时间最好控制在 2~3 s，焊接完成后，剪掉多余的引线。焊接 LM324 时，最好先焊接地端、输出端、电源端，再焊输入端。对于那些对温度特别敏感的元器件，可以用镊子夹住蘸有无水乙醇（酒精）的棉球保护元器件根部，使热量尽量少传导到元器件上。

4. 电路的调试

通电前，先仔细检查已焊接好的电路板，确保装接无误。然后，用万用表电阻挡测量正负电源之间有无短路和开路现象，若不正常，则应排除故障后再通电。

在实验室实验时，直接用 SD02 检测人体运动。将传感器背对人体，用手臂在传感器前移动，观察发光二极管的亮暗情况，即可知道电路的工作情况。

如电路不工作，在供电电压正常的前提下，可由前至后逐级测量各级输出端有无变化的电压信号，以判断电路及各级工作状态。在传感器无信号时，A_1 的静态输出电压为 $0.4 \sim 1$ V，A_2 的静态输出电压为 2.5 V，A_3、A_4 的静态输出均为低电平。若哪一级有问题，则排除该级的故障。

五、任务评价

完成表 3-15。

表 3-15 红外线报警器的装配与调试职业能力评比计分表

项目	配分	考核要求	评分标准	自评	互评	师评	合计
准备工作	10	20 min 内完成所有元器件的清点、检测及调换	规定时间外更换元件，扣 2 分/个				
电路分析	10	能正确分析电路的工作原理	分析错误，扣 3 分/处				
组装焊接	10	能正确测量元器件；元器件按要求整形；元件的位置正确，引脚成型、焊点符合要求，连线正确；整机装配符合工艺要求	整形、安装或焊点不规范，扣 1 分/处；损坏元器件，扣 2 分/处；错装、漏装，扣 2 分/处；少线、错线及布局不美观，扣 1 分/处				
通电调试	10	静态时，电路中两个发光二极管均不亮；手臂在传感器前移动，两个发光二极管能交替闪烁；报警器功能符合要求	静态工作不正常，扣 5 分/处；报警器电路不能正常工作，扣 5 分/处				
故障分析、检修	20	能正确分析故障原因，判断故障范围；检修思路清晰，方法运用得当；检修结果正确；能正确使用仪表	故障现象观察错误，扣 2 分/次；故障原因分析错误，扣 3 分/次；检修思路不清、方法不当，扣 5 分/处；检修结果错误，扣 2 分/处；仪表使用错误，扣 1 分/处				
巩固练习	10	习题正确	每错一题，扣 2 分				
学习态度	10	不迟到、早退、旷课；小组成员协作和谐，学习态度端正	不遵守考勤制度，每次扣 2~5 分；团队不协作，学习态度不端正，扣 5 分				

项目	配分	考核要求	评分标准	自评	互评	师评	合计
安全文明操作	10	安全用电，无人为损坏仪器、元件和设备；操作习惯良好	发生安全事故，扣10分；人为损坏设备、元器件，扣5分				
7S 管理规范	10	保持环境整洁，秩序井然；有节约意识	现场不整洁、工作不文明，有浪费元器件和材料现象，扣3~5分				

项目小结

（1）差分放大电路有效解决了直接耦合零点漂移问题，因而获得了广泛应用，尤其是集成运算放大电路的输入级都由差分放大电路组成。差分放大电路是从两个方面来抑制零漂的：①电路对称，双端输出时两边的漂移互相抵消；②利用发射极公用电阻 R_e 对两管总电流的负反馈作用，以抑制每管的漂移。

（2）差分放大电路放大差模信号，抑制共模信号。差分放大电路的差模电压放大倍数 A_{ud} 与共模电压放大倍数 A_{uc} 之比称为共模抑制比，用 K_{CMR} 表示。K_{CMR} 越大，抑制共模信号的能力越强。利用差分放大电路对共模信号的抑制作用，能够把混杂在各种共模干扰中的微小信号（差模信号）识别出来并将其放大。

（3）集成运算放大器是利用集成电路工艺制成的高放大倍数（$10^4 \sim 10^8$）的直接耦合放大电路，它主要由输入级、中间级和输出级等部分组成。输入级是提高运算质量关键性的一级，一般采用差分放大电路；中间级主要用于提供足够大的放大倍数，常采用共发射极放大电路组成。输出级主要用于向负载提供足够大的输出电压和电流，一般采用射极输出器或互补对称功率放大电路。

（4）集成运算放大器实际上是高增益直接耦合多级放大电路，集成运算放大器在低频工作时，可将其视为理想运算放大器：$A_{uo} \to \infty$，$R_{id} \to \infty$，$R_{od} = 0$，$K_{CMR} \to \infty$。理想的集成运算放大器有两个工作区域——线性区和非线性区。

（5）采用深度负反馈组态是集成运算放大器线性应用的必要条件，具有"虚短"（$u_+ = u_-$）、"虚断"（$i_+ = i_- = 0$）特性，这是分析集成运算放大器线性电路最重要的基本概念。

比例运算电路是最基本的运算电路，它有反相输入和同相输入两种，反相比例运算电路的特点是电路构成深度电压并联负反馈，运算放大器共模输入信号为零，但输入电阻较低，其值取决于反相输入端所接元件。同相比例运算电路的特点是电路构成深度电压串联负反馈，运算放大器两个输入端对地电压等于输入电压，故有较大的共模输入信号，但它的输入电阻很大，可趋于无穷大。

（6）集成运算放大器工作在开环状态或引用正反馈时则会工作在非线性区域。集成运算放大器工作在非线性区可用来作为信号的电压比较器，即对模拟信号进行幅值大小的比较，在集成运算放大器的输出端则以高电平或低电平来反映比较的结果。集成运算放大器非线性应用时输出只有高电平 $+U_{om}$ 和低电平 $-U_{om}$ 两种状态。

思考与练习

3.1 填空题

1. 当差分放大电路两边的输入电压为 $u_{i1} = 3$ V，$u_{i2} = -5$ V 时，输入信号的差模分量为_____，共模分量为_____。

2. 差分放大电路对_____输入信号具有良好的放大作用，对_____输入信号具有很强的抑制作用。

3. 共模抑制比 K_{CMR} 为_____之比，电路的 K_{CMR} 越大，表明电路_____能力越强。

4. 运算电路中的集成运算放大器应工作在_____区，为此运算电路中必须引入_____反馈，此时具有_____和_____的特点。

5. 集成运算放大器作线性应用时，必须构成_____组态；作非线性应用时，必须构成_____和_____组态。

6. 电压比较器中输出电压 u_o 只有_____和_____两种状态，由集成运算放大器构成的电压比较器工作_____状态。

3.2 判断题

1. 放大电路的零点漂移是指输出信号不能稳定于零电压。   (   )

2. 一个理想的差分放大电路，只能放大差模信号，不能放大共模信号。   (   )

3. 凡是用集成运算放大器构成的电路，都可以用"虚短"和"虚断"概念加以分析。

(   )

4. 集成运算放大器组成运算电路时，它的反相输入端均为虚地。   (   )

5. 理想的集成运放电路输入电阻为无穷大，输出电阻为零。   (   )

6. 当电压比较器同相输入端电压大于反相输入端电压时，输出端电压为 $+U_{om}$。(   )

7. 集成运放电路必须引入深度负反馈。   (   )

8. 理想运算放大器构成线性应用电路时，电路增益与运算放大器本身参数无关。

(   )

9. 理想运算放大器中"虚地"表示两输入端对地短路。   (   )

10. 电压比较器的输出电压只有两种数值。   (   )

3.3 选择题

1. 集成运算放大器的输入级采用差分放大电路是因为可以（   ）。

A. 克服温漂   B. 提高输入电阻   C. 稳定放大倍数

2. 差分放大电路抑制零点漂移的效果取决于（   ）。

A. 两管的静态工作点   B. 两管的电流放大倍数

C. 两管的对称性   D. 两管的穿透电流

3. 放大电路产生零点漂移的主要原因是（   ）。

A. 放大倍数太大

B. 环境温度变化引起器件参数变化

C. 外界存在干扰源

4. 在图 3-5（a）所示电路中，若 $u_{i1} = 0.05\,V$，$u_{i2} = -0.05\,V$，差模电压放大倍数 $A_{ud} = 100$，则输出信号电压为（　　）。

A. -5 V　　　　　　B. 5 V　　　　　　C. 10 V　　　　　　D. 0 V

5. 理想运算放大器在线性区工作时的两个重要特点是（　　）。

A. 虚短和虚断　　　　　　　　　B. 虚短和虚地

C. 虚断和虚地　　　　　　　　　D. 同相和反相

6. 用集成运算放大器构成功能电路，为达到以下目的，应选用对应电路为：

（1）欲实现 $A_{ud} = -50$ 的放大电路应选（　　）；

（2）对共模信号有很大的抑制作用，应选（　　）；

（3）在直流量上叠加一正弦波电压，应选（　　）；

（4）将矩形波转换成尖顶波，应选（　　）。

A. 反相输入运算放大电路　　　　B. 同相输入运算放大电路

C. 差分输入放大电路　　　　　　D. 微分运算电路

E. 积分运算电路

7. 在多个输入信号的情况下，要求各输入信号互不影响，宜采用（　　）方式的电路。如要求能放大两信号的差值，又能抑制共模信号，则应采用（　　）方式电路。

A. 同相输入　　　B. 反相输入　　　C. 差分输入　　　D. 以上三种都不行

8. （　　）运算电路可将方波电压转换成三角波电压。

A. 微分　　　　　　B. 积分　　　　　　C. 乘法　　　　　　D. 除法

9. 由运算放大器组成的电路中，工作在非线性状态的电路是（　　）。

A. 反相放大器　　　B. 差分放大器　　　C. 电压比较器　　　D. 同相放大器

10. 由集成运算放大器组成的电路如图 3-40 所示。其中图 3-40（a）是（　　），图 3-40（b）是（　　），图 3-40（c）是（　　）。

A. 积分运算电路　　　　　　　　B. 微分运算电路

C. 迟滞比较器　　　　　　　　　D. 反相求和运算电路

E. 单值比较器电路

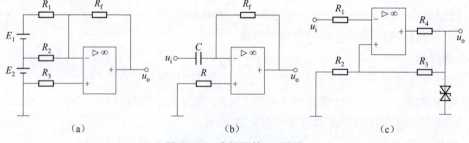

图 3-40　选择题第 10 题图

11. 如图 3-41 所示理想集成运算放大器的输出电压 u_o 应为（　　）。

A. -6 V　　　　　　B. -4 V　　　　　　C. -2 V　　　　　　D. -1 V

3.4 解答题

1. 图 3-42 所示电路中，已知 $u_i = 1\,V$，试求：（1）开关 S_1、S_2 都闭合时的 u_o 值；（2）S_1

闭合，S_2 断开时的 u_o 值；（3）开关 S_1、S_2 都断开时的 u_o 值。

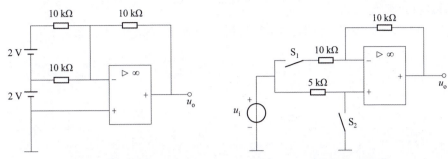

图 3-41　选择题第 11 题图　　　　图 3-42　解答题第 1 题图

2. 有一差分放大电路，已知 $u_{i1} = 2$ V，$u_{i2} = 2.001$ V，$A_{ud} = 40$ dB，$K_{CMR} = 100$ dB，试求输出电压 u_o 的差模成分 u_{od} 和共模成分 u_{oc}。

3. 如图 3-43（a）所示电路中，参考电压 $U_{REF} = 3$ V，稳压二极管稳压值为 5 V，正向压降为 0.7 V，在图 3-43（b）中画出电压传输特性曲线。

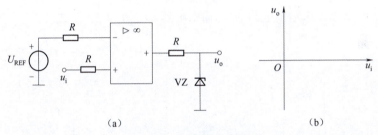

（a）　　　　　　　　　　　　　　　　　（b）

图 3-43　解答题第 3 题图

4. 用运算放大器构成稳压二极管参数测量电路如图 3-44 所示，已知 $U_S = 5$ V，$R = 1$ kΩ，测得电压表读数为 -11.3 V。

（1）求通过稳压二极管的电流和稳压二极管的稳压值；

（2）若将 U_S 增大到 7 V，测得电压表读数为 -13.36 V，求稳压二极管 VZ 的动态电阻 r_Z。

5. 求图 3-45 所示电路的 u_o。

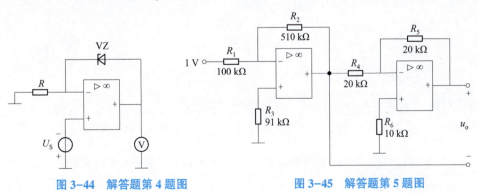

图 3-44　解答题第 4 题图　　　　图 3-45　解答题第 5 题图

6. 电路如图 3-46 所示，$u_i = 5\sin\omega t$ V。（1）画出与输入信号对应的输出波形；（2）画出电压传输特性。

7. 图 3-47 所示为一稳压电路，U_Z 为稳压二极管 VZ 的稳压值，且 $u_i > U_Z$，写出 u_o 的表达式。

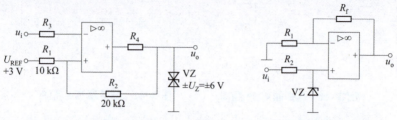

图 3-46　解答题第 6 题图　　　　图 3-47　解答题第 7 题图

8. 电路如图 3-48 所示，集成运算放大器输出电压的最大幅值为 ±15 V，稳压管 $U_Z = 8$ V，若 $U_{REF} = 4$ V，画出电路的电压传输特性曲线。若 $u_i = 10\sin\omega t$ V，画出输出电压的波形。

9. 如图 3-49 所示，求输出电路 u_o 与输入电压 u_{i1}、u_{i2} 的关系式。

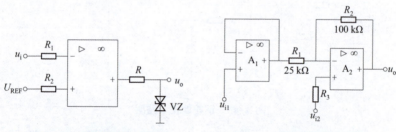

图 3-48　解答题第 8 题图　　　　图 3-49　解答题第 9 题图

10. 图 3-50 所示电路是应用集成运算放大器测量电阻的原理电路，设图中集成运算放大器为理想器件。当输出电压为 -5 V 时，试计算被测电阻 R_X 的阻值。

11. 图 3-51 是监控报警装置，如需对某一参数（如温度、压力等）进行监控时，可由传感器取得监控信号 u_i，U_{REF} 是参考电压。当 u_i 超过正常值时，报警指示灯亮，试说明其工作原理。二极管 VD 和电阻 R_3 在此起何作用？

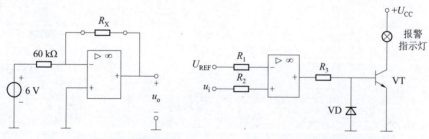

图 3-50　解答题第 10 题图　　　　图 3-51　解答题第 11 题图

项目 4

简易病房呼叫系统的分析与制作

📘 项目引入

简易病房呼叫系统由安装在病房床头的呼叫按钮和装在护士站的数码显示器组成。病人在病房按下呼叫按钮，呼叫信号通过编码和译码处理后，护士站的数码显示器迅速识别并显示病床号码；当有多个病人同时按下时，优先响应病床号最大的呼叫信号。病房呼叫系统能够帮助病人及时获得医护人员的帮助，提高医疗服务的效率和质量。这需要一个高效、可靠的数字电路系统来实现。

本项目从简易的病房呼叫系统入手，学习组合逻辑电路的分析方法和设计方法，为后续时序电路的学习打下基础。简易病房呼叫系统由呼叫按钮、编码器、译码器和数码显示器四部分组成，其原理框图如图 4-1 所示。

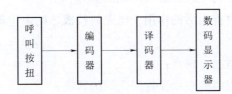

图 4-1 简易病房呼叫系统原理框图

图 4-1 中各环节的作用简要说明如下：

呼叫按钮：每个病床上安装一个呼叫按钮，按下按钮时发送一个低电平呼叫信号。

编码器：使用二-十进制优先编码器，根据呼叫信号优先级，将呼叫信号变换为 4 位二进制编码。

译码器：使用一个七段显示译码器将编码器的输出信号进行译码，得到相应的病床号。

数码显示器（数码管）：安装在护士站的数码显示器接收到译码器的输出信号后，将显示相应的病床号。

如图 4-2 所示，假设有 9 个病床呼叫按钮，按钮系统选用 9 个开关，当开关闭合时，为低电平，断开时，为高电平。多个病房同时呼叫时，只响应最大病床号，需要选用集成10 线-4 线优先编码器 74LS147。优先编码器的输出经非门反相后送给七段显示译码器74LS48，译码器输出直接驱动数码管显示病床号。

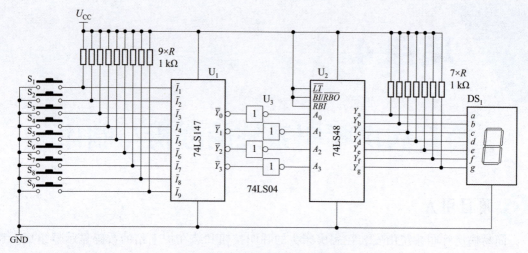

图4-2　简易病房呼叫系统电路图

 项目目标

素质目标

（1）培养规范操作意识和严谨细致的工作态度；

（2）培养逻辑严谨、辩证统一的科学思维；

（3）提升创新思维和分析问题、解决问题的能力；

（4）感受数字技术对改善生活的作用，树立科技成才的人生理想。

知识目标

（1）了解数字电路的概念、特点；

（2）理解常用数制和码制的表示及数制之间的转换；

（3）明确基本门电路和复合门电路的工作原理和逻辑功能；

（4）明确组合逻辑电路的分析和设计方法；

（5）理解加法器、编码器、译码器、数据选择器的工作原理及应用。

能力目标

（1）能正确完成基本门电路的功能检测；

（2）能根据要求完成组合逻辑电路的分析与设计；

（3）能完成加法器、编码器、译码器和数据选择器的功能测试；

（4）能根据要求完成项目的制作及测试，分析总结测试结果。

知识导图

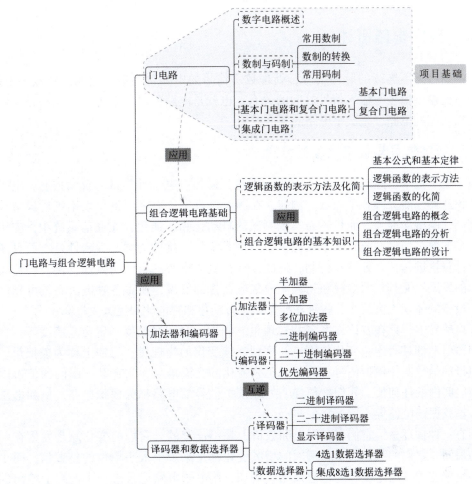

任务 4.1　门电路的识别与检测

任务导入

门电路是构成数字电路的基本单元。通过合理的设计和应用，门电路可以实现各种逻辑运算和控制功能，广泛应用于计算机系统、工业控制系统、自动化设计和通信系统中。

任务描述

能查阅器件手册，识别门电路类型及引脚；能利用仪器仪表完成门电路的逻辑功能测试；掌握集成门电路的性能，学会门电路的使用方法。

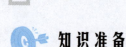

知识准备

4.1.1　数字电路概述

数字信号是不连续的脉冲信号，处理数字信号的电路称为数字电路。在数字电路中，主要是研究输出信号与输入信号之间的关系，也就是电路的逻辑功能。门电路是能够实现某一逻辑功能的电路，是数字电路的基本单元。

一、数字信号与数字电路的概念

数字电子技术已经广泛应用于电视、雷达、通信、电子计算机、自动控制、电子测量仪表、核武器、航天等各个领域。例如，在测量仪表中，数字测量仪表不仅比模拟仪表测量精度高、测试功能强，而且还易实现测试的自动化和智能化；在通信系统中，应用数字电子技术的数字通信系统，它不仅比模拟通信系统抗干扰能力强、保密性好，而且还能应用电子计算机进行信息处理和控制，形成以计算机为中心的自动交换通信网。随着集成电路技术的发展，尤其是大规模和超大规模集成器件的发展，使得各种电子系统可靠性大大提高，设备的体积大大缩小，各种功能尤其是自动化和智能化程度大大提高。

在自然界中，存在着许许多多的物理量。例如，时间、温度、压力、速度等，它们在时间和数值上都具有连续变化的特点，这种连续变化的物理量，习惯上称为模拟量。把表示模拟量的信号叫作模拟信号。例如，正弦变化的交流信号，它在某一瞬间的值可以是一个数值区间内的任何值。我们把传递、处理模拟信号的电路称为模拟电路。例如电压放大电路、正弦振荡电路等。

还有一种物理量，它们在时间上和数值上是不连续的，它们的变化总是发生在一系列离散的瞬间，它们的数值大小和每次的增减变化都是某一个最小单位的整数倍，而小于这个最小量单位的数值是没有物理意义的。例如，用电子电路记录自动生产线上输出的零件数目。这一类物理量叫作数字量。把表示数字量的信号叫作数字信号。用于传递、处理数字信号的电子电路称为数字电路。典型的模拟信号和数字信号如图 4-3 所示。

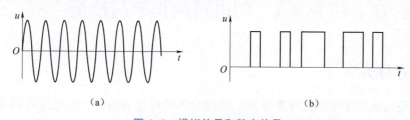

（a）　　　　　　　　　　　　　　　（b）

图 4-3　模拟信号和数字信号
（a）模拟信号；（b）数字信号

二、数字电路的特点

与模拟电路相比，数字电路主要有以下特点：

（1）数字电路研究的是输入信号的状态与输出信号的状态之间的逻辑关系，以反映电路的逻辑功能，其分析的主要工具是逻辑代数，数字电路又称为逻辑电路。

（2）工作可靠性高、抗干扰能力强。数字信号用 0 和 1 表示，不易受到噪声干扰，抗干扰能力强。

（3）便于高度集成化。由于数字电路结构简单，又允许电路元件参数有较大的离散性，因此便于集成化。

（4）数字集成电路产品系列多、通用性强、成本低。

（5）数字电路不仅能完成算术运算，而且能进行逻辑运算。

4.1.2　数制与码制

数制

一、常用数制

所谓数制就是计数的方法。把一组多位数码中每一位的构成方法以及低位向高位的进位规则称为数制。常用的数制有十进制、二进制、八进制和十六进制等。

1. 十进制（D）

人们日常生活中最常用的是十进制数。十进制是以 10 为基数的计数体制，有 0、1、2、3、4、5、6、7、8、9 十个数码，计数遵循"逢十进一"的进位规则。任意十进制数可以表示为各数码与其对应的权乘积之和，即

$$(N)_{10} = \sum_{i=-m}^{n-1} k_i \times 10^i \tag{4-1}$$

式中，n 为整数的位数，m 为小数的位数，i 为当前的数码所在位置，k_i 为第 i 位的数码，10^i 表示十进制数第 i 位的权。

例如：

$$(5555)_{10} = 5 \times 10^3 + 5 \times 10^2 + 5 \times 10^1 + 5 \times 10^0$$

$$(209.04)_{10} = 2 \times 10^2 + 0 \times 10^1 + 9 \times 10^0 + 0 \times 10^{-1} + 4 \times 10^{-2}$$

2. 二进制（B）

二进制是以 2 为基数的计数体制，数码为 0 和 1，进位规则为"逢二进一"，即：$1+1=10$。任意的二进制可以表示为

$$(N)_2 = \sum_{i=-m}^{n-1} k_i \times 2^i \tag{4-2}$$

例如：

$$(101.01)_2 = 1 \times 2^2 + 0 \times 2^1 + 1 \times 2^0 + 0 \times 2^{-1} + 1 \times 2^{-2} = (5.25)_{10}$$

二进制中只有两个数字符号，运算规则简单，在数字电路和计算机中通常采用二进制，很容易在电路中实现处理和运算，因此数字系统广泛采用二进制。但是如果数值较大，表示二进制需要的位数比较多，为了书写和记忆的简化，在数字系统中有时候也使用八进制和十六进制。

3. 八进制（O）

八进制是以 8 为基数的计数体制，有 0、1、2、3、4、5、6、7 八个数码，进位规则为"逢八进一"。任意的八进制可以表示为

$$(N)_8 = \sum_{i=-m}^{n-1} k_i \times 8^i \qquad (4-3)$$

例如：

$$(703.67)_8 = 7\times8^2+0\times8^1+3\times8^0+6\times8^{-1}+7\times8^{-2} = (451.859375)_{10}$$

4. 十六进制（H）

十六进制是以 16 为基数的计数体制，有 0、1、2、3、4、5、6、7、8、9、A、B、C、D、E、F 十六个数码，进位规则为"逢十六进一"。任意的十六进制可以表示为

$$(N)_{16} = \sum_{i=-m}^{n-1} k_i \times 16^i \qquad (4-4)$$

例如：

$$(4E6)_{16} = 4\times16^2+14\times16^1+6\times16^0 = (1254)_{10}$$

二、数制的转换

1. 非十进制转换成十进制

二进制、八进制、十六进制转换成十进制，只要把它们按照位权展开，求出各加权系数之和，就得到相应进制数所对应的十进制数。如：

进制之间的转化

$$(101010)_2 = (1\times2^5+0\times2^4+1\times2^3+0\times2^2+1\times2^1+0\times2^0)_{10} = (42)_{10}$$
$$(128)_8 = (1\times8^2+2\times8^1+8\times8^0)_{10} = (64+16+8)_{10} = (88)_{10}$$
$$(5D)_{16} = (5\times16^1+13\times16^0)_{10} = (80+13)_{10} = (93)_{10}$$

2. 十进制转换成二进制

方法为"十进制数除 2 取余法"，即十进制数除以 2，余数为权位上的数，得到的商值继续除以 2，依此步骤继续向下运算，直到商为 0 为止。

【例 4.1】将十进制数 25 转换为二进制数。

解：

2	25	…… 余	1	k_0
2	12	…… 余	0	k_1
2	6	…… 余	0	k_2
2	3	…… 余	1	k_3
2	1	…… 余	1	k_4
	0			

所以 $(25)_{10} = (11001)_2$。

十进制数与十六进制数、八进制数的转换，可以先进行十进制数与二进制数的转换，再进行二进制数与十六进制数、八进制数的转换。

3. 二进制和八进制的转换

1）二进制数转换为八进制数

方法为：把二进制数从小数点位置向两边按 3 位二进制数划分开，不足 3 位的补 0，然后把 3 位二进制数按权展开相加就是对应的八进制数。

【例 4.2】将二进制数 10110 转换为八进制数。

解：$(10110)_2 = (\underline{0\ 10}\quad\underline{110})_2 = (\underline{0\times2^2+1\times2^1+0\times2^0}\quad\underline{1\times2^2+1\times2^1+0\times2^0})_8 = (26)_8$

2）八进制数转换为二进制数

方法为：将八进制数的每一位用 3 位二进制数表示出来即为对应的二进制数。

【例 4.3】将八进制数 52 转换为二进制数。

解：$(52)_8 = (101\ 010)_2 = (101010)_2$

4. 二进制和十六进制的相互转换

1）二进制数转换为十六进制数

方法为：与二进制数转换为八进制数方法近似，只需把二进制数从小数点位置向两边按 4 位二进制数划分开，不足 4 位的补 0，然后把 4 位二进制数表示的十六进制数写出来就是对应的十六进制数。

【例 4.4】将二进制数 101101110 转换为十六进制数。

解：$(101101110)_2 = (\underline{0001}\ \underline{0110}\ \underline{1110})_2 = (16E)_{16}$

2）十六进制数转换为二进制数

方法为：将十六进制数的每一位用 4 位二进制数表示出来即为对应的二进制数。

【例 4.5】将十六进制数 F8A 转换为二进制数。

解：$(F8A)_{16} = (\underline{1111}\ \underline{1000}\ \underline{1010})_2 = (111110001010)_2$

▲点睛

（1）N 进制数转换为十进制数：按权展开相加即可。

（2）十进制数转换为 N 进制数，整数部分和小数部分分别转换。整数部分转换采用除 N 取余法，倒序排列；小数部分转换采用乘 N 取整法，正序排列。

三、常用码制

用以表示文字、符号等信息的二进制数码称为代码。建立这种代码与文字、符号或其他特定对象之间一一对应关系的过程，称为编码。

二-十进制编码是用 4 位二进制数来表示十进制数中的 0~9 十个数码，简称 BCD 码。几种常见的二-十进制编码见表 4-1。

表 4-1　几种常用的二-十进制编码

十进制数码	8421BCD 码	2421 码	5421 码	余 3 码	格雷码
0	0000	0000	0000	0011	0000
1	0001	0001	0001	0100	0001
2	0010	0010	0010	0101	0011
3	0011	0011	0011	0110	0010
4	0100	0100	0100	0111	0110
5	0101	1011	1000	1000	0111
6	0110	1100	1001	1001	0101
7	0111	1101	1010	1010	0100
8	1000	1110	1011	1011	1100
9	1001	1111	1100	1100	1000
位权	8421	2421	5421	无权	无权

1. 8421BCD 码

8421BCD 码是最常用的一种 BCD 码。选取 0000～1001 这 10 个状态来表示十进制数。这种代码每一位的权值是固定不变的，为恒权码，从高位到低位的位权分别为 8、4、2、1。

【例 4.6】 将十进制数 473 转换为 8421BCD 码。

解：将 4 转换为 0100，7 转换为 0111，3 转换为 0011，所以十进制数 473 转换为 8421BCD 码为 010001110011。

$$(473)_{10} = (010001110011)_{8421BCD}$$

2. 5421 码

恒权码，从高位到低位的位权分别为 5、4、2、1。

3. 2421 码

恒权码，从高位到低位的位权分别为 2、4、2、1。

4. 余 3 码

无权码，没有固定的位权，这种编码的每一个码与对应的 8421BCD 码之间相差 3，故称为余 3 BCD 码，一般使用较少。

【例 4.7】 $(0001)_{8421BCD} = (0100)_{余3码}$

$(36)_{10} = (01101001)_{余3码}$

5. 格雷码

无权码，其特点是任意两组相邻代码之间只有一位不同，因而常用于模拟量和数字量的转换，在模拟量发生微小变化而可能引起数字量发生变化时，格雷码只改变 1 位，这样与其他码同时改变两位或多位的情况相比更为可靠，即可减少转换和传输出错的可能性。

想一想

（1）6 位二进制数的最大值对应的十进制数是多少？

（2）8421BCD 码、5421 码、2421 码、余 3 码和格雷码各有什么特点？

4.1.3 基本门电路和复合门电路

门电路，是数字电路中最基本的逻辑元件。所谓"门"，就是一种开关，在一定条件下能允许信号通过，条件不满足时，信号就不能通过。门电路的输入信号与输出信号之间存在一定的逻辑关系，所以门电路又称为逻辑门电路。基本门电路有与门、或门和非门。

一、与门

只有决定事物结果的全部条件同时具备时，结果才发生，这种因果关系叫与逻辑关系。与逻辑控制电路如图 4-4（a）所示。开关 A 与 B 串联在回路中，两个开关都闭合时，灯 Y 亮。若其中任意一个开关断开，灯就不亮。这里开关 A、B 的闭合与灯亮的关系称为逻辑与，也称逻辑乘。与逻辑表达式为

$$Y = A \cdot B = AB \tag{4-5}$$

实现与逻辑的电路称为与门电路。与门电路如图 4-4（b）所示，这是一种由二极管组成的与门电路，图中 A、B 为输入端，Y 为输出端。根据二极管导通和截止条件，当输入端全为高电平（逻辑 1）时，二极管 VD_1 和 VD_2 都截止，则输出端为高电平（逻辑 1）；若输

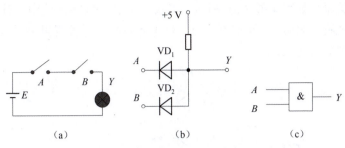

图 4-4　与门电路及逻辑符号

（a）与逻辑控制电路；（b）与门电路；（c）与门逻辑符号

入端有 1 个或一个以上为低电平（逻辑 0）时，则对应的二极管导通，输出端电压被下拉为低电平（逻辑 0）。可知，与逻辑关系遵循"全 1 出 1、有 0 出 0"的逻辑规律。与门电路逻辑符号如图 4-4（c）所示。

与逻辑真值表如表 4-2 所示，真值表是用来描述逻辑电路的输入和输出变量间逻辑关系的表格。

表 4-2　与逻辑真值表

输入		输出
A	B	Y
0	0	0
0	1	0
1	0	0
1	1	1

常用与门集成电路芯片有四-二输入与门 74LS08 和 CD4081，它的内部有四个相同的二端输入与门，每一个与门都可以单独使用，共有 14 个引脚，引脚图如图 4-5 所示。

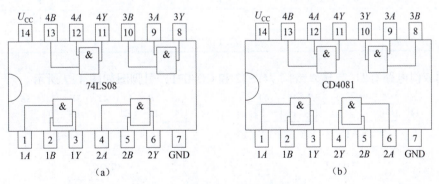

图 4-5　常用与门集成电路引脚图

（a）74LS08；（b）CD4081

二、或门

在决定事物结果的诸条件中只要有一个或者几个条件具备，该事件就会发生，这种因果关系叫或逻辑关系。如图 4-6（a）所示，开关 A 与 B 并联在回路中，开关 A 或 B 只要有一个闭合时灯 Y 就亮，只有 A、B 都断开时，灯 Y 才不亮，这种逻辑关系就称为逻辑或，也称为逻辑加。或逻辑表达式为

$$Y = A + B \qquad\qquad (4\text{-}6)$$

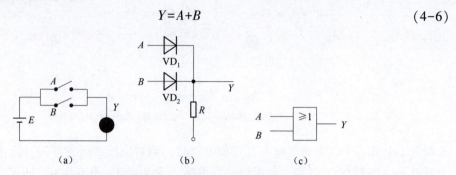

图 4-6　或逻辑控制电路及或门电路、逻辑符号

（a）或门逻辑控制电路；（b）或门逻辑电路；（c）或门逻辑符号

如图 4-6（b）所示，这是由二极管组成的或门电路，图中 A、B 为输入端，Y 为输出端。根据二极管导通和截止条件，只要任一输入端为高电平（逻辑 1）时，则与该输入端相连的二极管就导通，使输出 Y 为高电平；当输入端全为低电平（逻辑 0）时，二极管 VD_1 和 VD_2 都截止，则输出端为低电平（逻辑 0）。图 4-6（c）是或门的逻辑符号。

或逻辑的真值表见表 4-3，由真值表分析可知，或逻辑关系满足："有 1 出 1，全 0 出0"的逻辑规律。

表 4-3　或逻辑真值表

输入		输出
A	B	Y
0	0	0
0	1	1
1	0	1
1	1	1

常用或门电路有四-二输入或门 74LS32 和 CD4071，引脚图如图 4-7 所示。

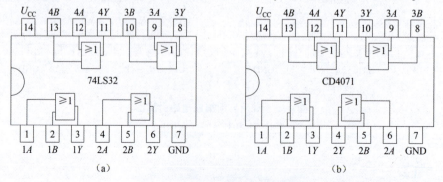

图 4-7　常用或门集成电路引脚图

（a）74LS32；（b）CD4071

三、非门

只要条件具备了，结果便不会发生；而条件不具备时，结果一定发生。这种逻辑关系叫作非逻辑关系，也叫作逻辑求反。非就是反，就是否定。非逻辑关系可用图 4-8 （a） 所示电路来表示，开关 A 与灯泡 Y 并联，开关闭合时，灯灭；开关断开时，灯亮。这种逻辑关系就是非逻辑关系，即"事情的结果和条件呈相反状态"。

非逻辑表达式为

$$Y=\overline{A} \tag{4-7}$$

实现非逻辑的电路称为非门电路。晶体三极管非门电路又称为反相器，利用晶体三极管的开关作用实现非逻辑功能，其电路和逻辑符号如图 4-8 （b）、（c） 所示，当输入端 A 为低电平 （逻辑 0） 时，晶体三极管截止，输出端为高电平 （逻辑 1）；当输入端 A 为高电平 （逻辑 1） 时，晶体三极管饱和导通，输出端为低电平 （逻辑 0）。非门的逻辑规律是"有 0 出 1，有 1 出 0"。

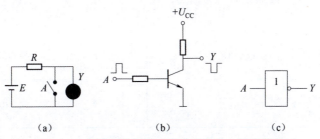

图 4-8　非逻辑控制电路及非门电路、逻辑符号

（a） 非门逻辑控制电路；（b） 非门逻辑电路；（c） 非门逻辑符号

非逻辑真值表见表 4-4。

表 4-4　非逻辑真值表

输入	输出
A	Y
0	1
1	0

常用非门集成电路芯片有六反相器 74LS04 和 CD4069，引脚图如图 4-9 所示。

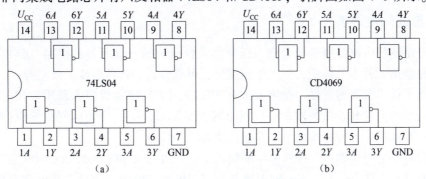

图 4-9　常用非门集成电路引脚图

（a） 74LS04；（b） CD4069

四、复合门电路

将 3 种基本逻辑门电路适当组合，构成复合逻辑门。常用的复合逻辑门电路的逻辑关系表达式、逻辑符号、逻辑运算规律见表 4-5。

表 4-5　常用的复合逻辑门电路

逻辑关系名称	逻辑表达式	逻辑符号	逻辑运算规律
与非	$Y=\overline{AB}$	A B → & → Y	有 0 出 1，全 1 出 0
或非	$Y=\overline{A+B}$	A B → ≥1 → Y	有 1 出 0，全 0 出 1
与或非	$Y=\overline{AB+CD}$	A B C D → & ≥1 → Y	与项为 1，结果为 0 其余输出全为 1
异或	$Y=A\oplus B=\overline{A}B+A\overline{B}$	A B → =1 → Y	异入出 1，同入出 0
同或	$Y=A\odot B=AB+\overline{A}\ \overline{B}$	A B → =1 → Y	异入出 0，同入出 1

▲**点睛**

对照异或和同或的逻辑运算规律，可以发现：异或和同或互为反。

$$A\odot B=\overline{A\oplus B}\qquad A\oplus B=\overline{A\odot B}$$

想一想

（1）逻辑运算与算术运算有何不同？

（2）试述三种基本逻辑关系，并各举日常生活中的一实例说明。

4.1.4　集成门电路

一、集成门电路概述

前面介绍的门电路是由二极管或三极管等元件组成的分立元件门电路。分立元件门电路的缺点是使用元件多、体积大、工作速度低、可靠性差、带负载能力较差等。

随着电子技术的飞速发展，在绝大部分实际应用中已被集成门电路所取代。将组成一个门电路的所有元件和连线制作在一块很小的半导体基片上，封装后制成集成门电路。集成门电路具有体积小、可靠性高、工作速度快等许多优点。

集成门电路的种类繁多，按所使用的制造工艺，可分为 TTL 系列和 CMOS 系列。

TTL 集成门电路内部的输入、输出级都采用双极型三极管，这种电路也称为晶体管-晶体管逻辑门电路。具有速度高、驱动能力强等优点，但其功耗较大，集成度相对较低。

根据应用领域的不同，TTL 集成门电路分为 54 系列和 74 系列，54 系列更适合在温度条件恶劣、供电电源变化大的环境中工作，常用于军品；74 系列则适合在常规条件下工作，常用于一般工业设备和消费类电子产品。74 系列是国际上通用的标准电路。其品种分为六大类：74（标准）、74S（肖特基）、74LS××（低功耗肖特基）、74AS××（先进肖特基）、74ALS××（先进低功耗肖特基）、74F××（高速），其逻辑功能完全相同。

CMOS 系列由绝缘场效应晶体管组成。它的主要优点是输入阻抗高、功耗低、抗干扰能力强且适合大规模集成。其品种包括 4000 系列和 74 系列。其中 74 系列的高速 CMOS 系列又分为 HC、HCT 和 HCU 三大类。

74 系列可以说是我们平时接触最多的芯片，74 系列分为很多种，而我们平时用得最多的应该是 74LS、74HC、74HCT 这三种。

考虑到国际上通用标准型号和我国现行半导体集成门电路型号命名方法国家标准（GB/T 3430—1989），根据工作温度和电源电压允许工作范围的不同，国产 TTL 集成门电路的标准系列为 CT54/74 系列或 CT0000 系列，其功能和外引线排列与国际 54/74 系列相同。国产 CMOS 集成门电路主要为 CC4000 或 CH4000 系列，其功能和外引线排列与国标 4000 系列相对应。高速 CMOS 系列中，74HC 和 74HCT 系列与 TTL74 系列相对应，74HC4000 系列与 CC4000 系列相对应。

▲点睛

由于集成门电路具有工作可靠、便于微型化等优点，因此现在的数字器件基本上都采用集成门电路。目前常用的 TTL 系列和 CMOS 系列电路，虽然它们的内部结构、制造工艺不同，外形尺寸、性能指标也有所差别，但使用相同的逻辑符号表示的电路具有相同的逻辑功能。

二、集成门电路使用注意事项

（1）在使用集成门电路时，首先要根据工作速度、功耗指标等要求，合理选择逻辑门的类型，然后确定合适的集成门型号。在许多电路中，TTL 和 CMOS 门电路会混合使用，因此，要熟悉各类集成逻辑门电路的性能及主要参数的数据范围。由于产品种类繁多，生产厂家不同，不同型号的产品，乃至同一型号产品的主要参数都有很大的差异，使用时应以产品说明书为准。

（2）在 TTL 和 CMOS 门电路混合使用时，无论是 TTL 门驱动 CMOS 门，还是 CMOS 门驱动 TTL 门，都必须做到驱动门能为负载门提供符合要求的高、低电平和足够的输入电流。

（3）集成门电路多余的输入端在实际使用时一般不悬空，主要是防止干扰信号串入，造成逻辑错误。对于 CMOS 门电路是绝对不允许悬空的。因为 CMOS 管的输入阻抗很高，更容易接受干扰信号，在外界静电干扰时，还会在悬空的输入端积累高电压，造成栅极击穿。多余的输入端的处理一般有以下几种方法。

①对于与门、与非门多余输入端应接高电平。可直接接电源的正极，或通过一个数千欧的电阻接电源的正极，如图 4-10（a）所示；在前级驱动能力允许时，可与有用输入端并联，如图 4-10（b）所示；对于 TTL 门电路，在外界干扰很小时，可以悬空。

②对于或门、或非门多余输入端应接低电平。可直接接地，如图 4-11（a）所示，或与有用的接入端并联，如图 4-11（b）所示。

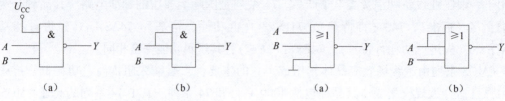

图 4-10　与非门多余输入端处理　　　　图 4-11　或非门多余输入端处理

③对于与或非门中不使用的与门至少一个输入端接地。

④多余输入端并联使用会降低速度，一般输入端不并联使用，工作速度慢时可以输入端并联使用。

（4）输出端的连接。输出端不能接电源或地；同一芯片的相同门电路可并联使用，以提高驱动能力；CMOS 输出接有大电容负载时，在输出端和电容间要接一个限流电阻。

想一想

（1）集成门电路有什么特点？

（2）为什么 CMOS 门电路的输入端绝对不允许悬空？

任务实施

一、任务要求

（1）熟悉集成门电路内部逻辑功能及引脚识别；

（2）熟悉 74LS08、74LS32、74LS04 逻辑功能测试；

（3）熟悉与门电路的简单应用；

（4）培养规范操作意识和严谨细致的工作态度。

二、设备与器件

数字电路实验台、示波器、万用表、74LS08、74LS32、74LS04、1 kΩ 电阻、光敏电阻、三极管、蜂鸣器。

三、任务内容及步骤

1. 集成门电路识别

查阅数据手册，熟悉 74LS08、74LS32、74LS04 内部逻辑功能及引脚。集成门电路引脚排列顺序的标志一般有色点、凹槽、管键及封装时压出的圆形标志。对于 74 系列双列直插式集成门电路，引脚识别方法是将该集成芯片水平放置，引脚向下，标志朝左边，左下角为第一个引脚，然后按逆时针方向数，依次为 2、3、4、…。

2. 与门电路逻辑功能测试

（1）74LS08 是四-二输入与门，内部有四个与门，每个与门有两个输入端和一个输出端。74LS08 引脚及内部电路图如图 4-5（a）所示。

（2）在数字电路实验台上，在电源关闭的情况下，将 74LS08 插入适当位置，用导线将 U_{CC} 和 GND 分别接到直流电源的 +5 V 和接地处，将输入端连接到电平开关，输出端接电平指示灯插孔。检查无误后闭合电源开关，仔细观察实训现象，并做好相关记录。依次检测 74LS08 每个与门，将结果分别记录在表 4-6 中。

表 4-6　74LS08 逻辑功能测试记录表

输入端		输出端	输入端		输出端
1A	1B	1Y	2A	2B	2Y
0	0		0	0	
0	1		0	1	
1	0		1	0	
1	1		1	1	
输入端		输出端	输入端		输出端
3A	3B	3Y	4A	4B	4Y
0	0		0	0	
0	1		0	1	
1	0		1	0	
1	1		1	1	

（3）观察与门对信号的控制作用。连线如图 4-12 所示，将输入端 A 接频率为 1 kHz、幅度为 4 V 的周期性矩形脉冲信号，将输入端 B 连接逻辑电平开关。使用逻辑电平开关分别使 B=0 和 B=1，使用示波器观察输出端 Y 的输出波形，并记录在表 4-7 中。

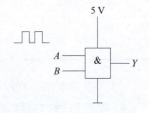

图 4-12　与门对信号的控制作用接线图

表 4-7　与门对信号的控制记录表

A 输入波形	B 逻辑电平开关状态	Y 输出波形
周期性脉冲信号	0	
周期性脉冲信号	1	

3. 或门电路逻辑功能测试

（1）74LS32 是四-二输入或门，其引脚及内部电路图如图 4-7（a）所示。

（2）搭建电路，完成 74LS32 或门逻辑功能测试，将结果分别记录在表 4-8 中。

表 4-8　74LS32 逻辑功能测试记录表

输入端		输出端	输入端		输出端
1A	1B	1Y	2A	2B	2Y
0	0		0	0	
0	1		0	1	
1	0		1	0	
1	1		1	1	

续表

输入端		输出端	输入端		输出端
3A	3B	3Y	4A	4B	4Y
0	0		0	0	
0	1		0	1	
1	0		1	0	
1	1		1	1	

（3）搭建电路，利用示波器观察或门对信号的控制作用，并做记录。

4. 非门电路逻辑功能测试

（1）六反相器 74LS04 引脚及内部电路图如图 4-9（a）所示。

（2）搭建电路，完成 74LS04 非门逻辑功能测试，将结果分别记录在表 4-9 中。

表 4-9　74LS04 逻辑功能测试记录表

输入端	输出端	输入端	输出端	输入端	输出端
1A	1Y	3A	3Y	5A	5Y
0		0		0	
1		1		1	
输入端	输出端	输入端	输出端	输入端	输出端
2A	2Y	4A	4Y	6A	6Y
0		0		0	
1		1		1	

（3）搭建电路，利用示波器观察非门对信号的控制作用，并做记录。

5. 保险箱防盗报警器电路测试

利用四-二输入与门 74LS08、按钮开关、光敏电阻、蜂鸣器等元件组成一个简单保险箱防盗报警器的电路图，如图 4-13 所示。该报警器的工作原理为，当放在保险箱前地板上的按钮开关 S 被小偷的脚踩下而闭合时，A 点为高电压，用"1"表示，同时安装在保险箱里的光敏电阻 R_g 被小偷的手电筒照射时，光敏电阻的阻值减小，两端的分压减小，则 B 点为高电压，也表现为"1"，当 A、B 都为高电压时，与门的输出端 Y 为高电压，蜂鸣器就会发出报警声。

（1）按照图 4-13 在数字电子实验台上搭线。

（2）测试电路，根据表 4-10，完成功能测试，并将结果填写在表中。

表 4-10　简易报警器电路测试记录表

开关 S 断开：无小偷踩到 闭合：有小偷踩到	光敏电阻 R_g 未遮挡：有手电照射 遮挡：无手电照射	A 点电压	B 点电压	Y 点电压	蜂鸣器状态
断开	未遮挡				
断开	遮挡				
闭合	未遮挡				
闭合	遮挡				

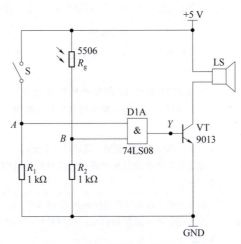

图 4-13　保险箱防盗报警器电路

6. 注意事项

（1）插接集成芯片时，认清标记，不得插反。

（2）电源电压为+5 V，注意电源极性。

（3）TTL 集成门电路闲置输入端处理方法：

根据门电路逻辑功能，与门和与非门闲置输入端处理方法为：①悬空；②接高电平，即通过限流电阻与电源相连接；③与使用的输入端并联使用。

或门和或非门闲置输入端处理方法为：①接地；②接低电平，即通过限流电阻与 GND 相连接。

四、巩固练习

记录测试结果，写出实验报告，并思考下列问题：

（1）观测 74LS08 输入与输出的关系，当输入全为高电平时，输出为_____，当输入有一个为低电平时，输出为_____。

（2）观测 74LS32 输入与输出的关系，当输入全为低电平时，输出为_____，当输入有一个为高电平时，输出为_____。

（3）观测 74LS04 输入与输出的关系，当输入为高电平时，输出为_____，当输入为低电平时，输出为_____。

（4）利用示波器观察与门对信号的控制作用，当 $B=0$ 时，Y 输出波形是_____，当 $B=1$ 时，Y 输出波形是_____。

（5）保险箱防盗报警器电路中，当光照强度变大时，光敏电阻阻值_____，两端电压_____。

五、任务评价

完成表 4-11。

表 4-11 门电路的识别与检测职业能力评比计分表

项目	配分	评分标准	自评	互评	师评	合计
集成门电路引脚识别	10	能正确识别与、或、非集成门电路型号及引脚（10分）				
与门逻辑功能测试	10	能够正确完成与门逻辑功能测试（5分）； 能正确使用示波器观察与门对信号的控制作用（5分）				
或门逻辑功能测试	10	能够正确完成或门逻辑功能测试（5分）； 能正确使用示波器观察或门对信号的控制作用（5分）				
非门逻辑功能测试	10	能够正确完成非门逻辑功能测试（5分）； 能正确使用示波器观察非门对信号的控制作用（5分）				
保险箱防盗报警器电路测试	20	能正确完成连线（5分）； 能正确完成功能测试（10分）； 能正确记录并分析结果（5分）				
巩固练习	10	每小题2分				
学习态度	10	迟到、早退，一人次扣2分；学习态度不端正不得分				
安全文明操作	10	不规范操作，一次扣5分				
7S 管理规范	10	工位不整洁，视情况扣分； 没有节约意识，扣5分				

任务 4.2　组合逻辑电路的分析与设计

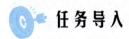 **任务导入**

在数字电路中，根据逻辑功能的不同，可以将数字电路分成两大类，一类叫作组合逻辑电路、另一类叫作时序逻辑电路。

如果一个逻辑电路在任何时刻的输出状态只取决于这一时刻的输入状态，而与电路原来的状态无关，则该电路称为组合逻辑电路。

组合逻辑电路的分析主要是根据给定的逻辑图，找出输出信号与输入信号间的关系，从而确定它的逻辑功能。而组合逻辑电路的设计，则是根据给出的实际问题，求出能实现这一逻辑要求的最简逻辑电路。

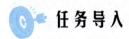 **任务描述**

通过火灾自动报警电路和儿童被锁车内报警电路的测试，学习组合逻辑电路的分析与设计方法，能按要求实现简单数字电路的分析与设计。

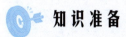 **知识准备**

4.2.1　逻辑函数的表示方法及化简

一、逻辑代数的基本公式和基本定理

和普通代数一样，逻辑代数有一套完整的运算规则，包括公理、定理和定律，用它们对逻辑函数式进行处理，可以完成对电路的化简、变换、分析和设计。

逻辑代数基本公式和基本定律如表 4-12 所示。

表 4-12　逻辑代数基本公式和基本定律

基本公式	$A+0=A$ $A+1=1$ $A+A=A$ $A+\overline{A}=1$	$A \cdot 0=0$ $A \cdot 1=A$ $A \cdot A=A$ $A \cdot \overline{A}=0$
交换律	$A+B=B+A$	$AB=BA$
结合律	$(A+B)+C=A+(B+C)$	$(AB)C=A(BC)$
分配律	$A+BC=(A+B)(A+C)$	$A(B+C)=AB+AC$
吸收律	$AB+A\overline{B}=A$	$(A+B)(A+\overline{B})=A+B$
	$A+AB=A$	$A(A+B)=A$
	$A+\overline{A}B=A+B$	$A(\overline{A}+B)=AB$
反演律	$\overline{A+B}=\overline{A}\ \overline{B}$	$\overline{AB}=\overline{A}+\overline{B}$

二、逻辑函数的表示方法

描述逻辑关系的函数称为逻辑函数。逻辑函数是以逻辑变量作为输入，以运算结果作为输出的一种函数关系，其输入变量和输出结果的取值只有 0 和 1 两种状态。当输入变量的取值确定后，输出的取值也随之确定。常用的逻辑函数表示方法有真值表、逻辑表达式、逻辑电路图、波形图和卡诺图等。它们各有特点，可以进行相互转换。

1. 真值表

真值表表示逻辑函数各个输入变量取值组合和函数值对应关系的表格。真值表最大的特点是直观地表示输入和输出之间的逻辑关系。

2. 逻辑表达式

逻辑表达式是用与、或、非等运算表示逻辑函数中各变量之间逻辑关系的代数式。逻辑表达式的特点是直观简单，便于化简。

【例 4.8】已知逻辑函数式 $Y=A+\overline{B}C+\overline{A}\overline{C}$，请列写出与它对应的真值表。

解：将输入变量 A、B、C 的各组取值代入函数式，算出函数 Y 的值，并对应地填入表 4-13 中。

表 4-13　例 4.8 的真值表

A	B	C	Y
0	0	0	1
0	0	1	1
0	1	0	1
0	1	1	1
1	0	0	1
1	0	1	1
1	1	0	1
1	1	1	1

3. 逻辑电路图

用规定的逻辑符号连接表示各变量之间的逻辑关系，就可以画出表示函数关系的逻辑电路图。

【例 4.9】试画出逻辑函数 $Y=\overline{A}B+A\overline{B}$ 的逻辑电路图。

解：将逻辑函数表达式中各变量之间的逻辑关系用与、或、非等逻辑符号表达出来，就可以画出逻辑电路图，如图 4-14 所示。

4. 波形图

将输入变量所有的可能取值与对应的输出按时间顺序依次排列起来画出的时间波形，称为函数的波形图，或称时序图。

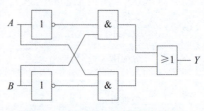

图 4-14　例 4.9 的逻辑电路图

【例 4.10】试分析图 4-15 所示波形图中 Y 与 A、B 之间的逻辑关系。

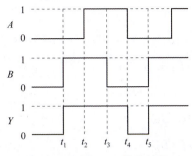

图 4-15　例 4.10 的波形图

解：由波形图可知，$t_1 \sim t_2$ 期间 $A=0$，$B=1$，$Y=1$；$t_2 \sim t_3$ 期间 $A=1$，$B=1$，$Y=1$；$t_3 \sim t_4$ 期间，$A=1$，$B=0$，$Y=1$；$t_4 \sim t_5$ 期间，$A=0$，$B=0$，$Y=0$。可见，只要 A、B 有一个是 1，$Y=1$；只有 A、B 同时为 0 时，Y 才为 0。因此，$Y=A+B$。

三、逻辑函数的化简

逻辑函数最终由逻辑电路来实现。同一个逻辑函数的表达式可以写成不同的表达式。对逻辑函数进行化简和变换，可以得到最简的逻辑函数式和所需要的形式，设计出最简洁的逻辑电路。这对于节省元器件、优化生产工艺、降低成本和提高系统的可靠性、提高产品在市场的竞争力是非常重要的。最简的逻辑函数式，即要求乘积项的数目是最少的，且在满足乘积项的数目最少的条件下，每个乘积项中所含变量的个数最少。化简的方法有公式法和卡诺图化简等几种，下面主要介绍公式法化简。

利用逻辑代数的基本定律和公式对逻辑函数表达式进行化简，常用以下几种方法。

1. 并项法

利用公式 $A+\bar{A}=1$，将两项合并一项，并消去一个变量。

例如：$L=\bar{A}\,\bar{B}C+\bar{A}BC=\bar{A}C(\bar{B}+B)=\bar{A}C$

2. 吸收法

利用公式 $A+AB=A$，消去多余项。

例如：$L=A\bar{B}+A\bar{B}CD(E+F)=A\bar{B}[1+C\bar{D}(E+F)]=A\bar{B}$

3. 消项法

利用公式 $A+\bar{A}B=A+B$，消去多余的变量因子。

例如：$L=AB+\bar{A}C+\bar{B}C=AB+(\bar{A}+\bar{B})C=AB+\overline{AB}C=AB+C$

4. 配项法

利用公式 $A=A(B+\bar{B})$ 进行配项，以便消去多余项。

例如：$L=A\bar{B}+B\bar{C}+\bar{B}C+\bar{A}B=A\bar{B}+B\bar{C}+(A+\bar{A})\bar{B}C+\bar{A}B(C+\bar{C})=A\bar{B}+B\bar{C}+A\bar{B}C+\bar{A}\bar{B}C+\bar{A}BC+$
$\bar{A}B\bar{C}=A\bar{B}(1+C)+B\bar{C}(1+\bar{A})+\bar{A}C(\bar{B}+B)=A\bar{B}+B\bar{C}+\bar{A}C$

【例 4.11】化简下列逻辑函数：

（1） $Y_1 = A\overline{B} + \overline{A}\ \overline{B} + ACD + \overline{A}CD$；

（2） $Y_2 = AB(C+D) + D + \overline{D}(A+B)(\overline{B}+\overline{C})$。

解：（1） $Y_1 = A\overline{B} + \overline{A}\ \overline{B} + ACD + \overline{A}CD = (A+\overline{A})\overline{B} + (A+\overline{A})CD = \overline{B} + CD$

    （2） $Y_2 = AB(C+D) + D + \overline{D}(A+B)(\overline{B}+\overline{C})$

$$= ABC + ABD + D + A\overline{B} + A\overline{C} + B\overline{C}$$

$$= ABC + D + A\overline{B} + A\overline{C} + B\overline{C}$$

$$= A(BC+\overline{B}+\overline{C}) + D + B\overline{C}$$

$$= A + D + B\overline{C}$$

想一想

（1） 一个逻辑函数的真值表是不是唯一的？为什么？

（2） 化简逻辑函数有什么实际意义？

4.2.2 组合逻辑电路的基本知识

一、组合逻辑电路的概念

组合逻辑电路由各种门电路按一定的逻辑功能要求组合连接而成，它和时序逻辑电路共同构成数字电路。其特点是任一时刻的电路输出信号仅取决于该时刻的输入信号，而与信号作用前电路原来所处的状态无关。组合逻辑电路框图如图 4-16 所示，图中 $X_1 \sim X_n$ 代表输入变量，$Y_1 \sim Y_m$ 代表输出变量。

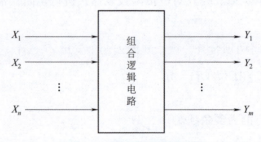

图 4-16　组合逻辑电路框图

二、组合逻辑电路的分析

组合逻辑电路的分析是根据一致的组合逻辑电路，确定其输入与输出之间的逻辑关系，验证和说明此电路逻辑功能的过程。组合逻辑电路的分析方法一般按以下步骤进行：

（1） 根据给定的逻辑电路图，写出输出端的逻辑函数表达式；

（2） 对所得到的表达式进行化简和变换，得到最简式；

（3） 根据最简式列出真值表；

（4） 分析真值表，确定电路的逻辑功能。

组合逻辑电路的分析框图如图 4-17 所示。

图 4-17　组合逻辑电路的分析框图

【例 4.12】试分析如图 4-18 所示电路的逻辑功能。

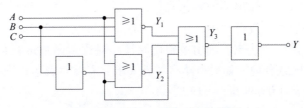

图 4-18　例 4.12 的逻辑电路图

解：（1）根据已知电路，写出输出端的逻辑表达式，并进行化简。

$$Y_1 = \overline{A+B+C}$$

$$Y_2 = \overline{A+\overline{B}}$$

$$Y_3 = \overline{Y_1+Y_2+\overline{B}}$$

$$Y = \overline{Y_3} = Y_1+Y_2+\overline{B} = \overline{A+B+C}+\overline{A+\overline{B}}+\overline{B}$$

最简与或表达式为

$$Y = \overline{A}\ \overline{B}\ \overline{C}+\overline{A}B+\overline{B} = \overline{A}B+\overline{B} = \overline{A}+\overline{B}$$

（2）列出真值表，真值表见表 4-14。

表 4-14　图 4-18 组合逻辑电路的真值表

输入			输出
A	B	C	Y
0	0	0	1
0	0	1	1
0	1	0	1
0	1	1	1
1	0	0	1
1	0	1	1
1	1	0	0
1	1	1	0

（3）分析确定电路的逻辑功能。

电路的输出 Y 只与输入 A、B 有关，而与输入 C 无关。Y 和 A、B 的逻辑关系为：A、B 中只要一个为 0，$Y=1$；A、B 全为 1 时，$Y=0$。所以 Y 和 A、B 的逻辑关系为与非运算的关系。

三、组合逻辑电路的设计

组合逻辑电路的设计与分析正好相反，根据给定的功能要求，采用某种设计方法，得到满足功能要求且最简单的组合逻辑电路。基本设计步骤如下：

（1）分析设计要求，确定全部输入变量和输出变量，根据设计要求列出真值表。

（2）根据真值表，写出输出函数表达式。

（3）对输出函数表达式进行化简，用公式法或卡诺图法都可以。

（4）简化和变换逻辑表达式，画出逻辑电路图。对逻辑函数进行化简，得到最简逻辑表达式，使设计出的电路合理。如对电路有特殊要求，需要对表达式进行变换。

组合逻辑电路的设计步骤如图 4-19 所示。

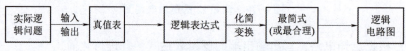

图 4-19　组合逻辑电路的设计步骤

【例 4.13】用与非门设计一个举重裁判表决电路。设举重比赛有 3 个裁判，一个主裁判和两个副裁判。杠铃完全举上的裁决由每一个裁判按一下自己面前的按钮来确定。只有当两个或两个以上裁判判明成功，并且其中有一个为主裁判时，表明成功的灯才亮。

解：（1）分析命题，列出真值表。设主裁判为变量 A，副裁判分别为 B 和 C；表示成功与否的灯为 Y，根据逻辑要求列出真值表，如表 4-15 所示。

表 4-15　举重裁判表决电路的真值表

输入			输出
A	B	C	Y
0	0	0	0
0	0	1	0
0	1	0	0
0	1	1	0
1	0	0	0
1	0	1	1
1	1	0	1
1	1	1	1

（2）由真值表写出输出函数表达式。找出真值表中输出函数为 1 的各行，在其对应的变量组合中，变量取值为 0 的用反变量，变量取值为 1 的用原变量，用这些变量组成与项，构成基本的乘积项；然后将各个基本乘积项相加，就得到对应的逻辑函数表达式：

$$Y = A\overline{B}C + AB\overline{C} + ABC$$

（3）利用公式法化简逻辑函数，得到最简输出逻辑表达式为

$$Y = A\overline{B}C + AB\overline{C} + ABC$$

$$= A\overline{B}C + AB\overline{C} + ABC + ABC$$

$$=AB(C+\overline{C})+AC(B+\overline{B})$$
$$=AB+AC$$

转换为与非门表示为

$$Y=\overline{\overline{AB}\ \overline{AC}}$$

（4）画逻辑图，举重裁判表决逻辑电路图如图 4-20
所示。

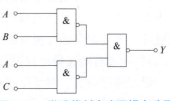

图 4-20　举重裁判表决逻辑电路图

▶**点睛**

逻辑函数最终是由数字电路实现的。逻辑表达式复杂，数字电路就复杂。为了简化数字电路，需要对逻辑表达式进行化简，以节省元器件、降低成本，并提高电路工作可靠性。

想一想

（1）什么叫组合逻辑电路？它的电路结构有什么特点？

（2）简述组合逻辑电路的一般分析方法和设计方法。

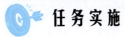 **任务实施**

一、任务要求

（1）熟悉 74LS00、74LS10 的型号及引脚识别；

（2）掌握组合逻辑电路的设计与测试方法；

（3）培养逻辑严谨、辩证统一的科学思维。

二、设备与器件

数字电路实验台、74LS00、74LS10。

三、任务内容及步骤

1. 与非门集成电路识别

四-二输入与非门 74LS00 和三-三输入与非门 74LS10 集成与非门电路的引脚及内部电路图如图 4-21 所示。

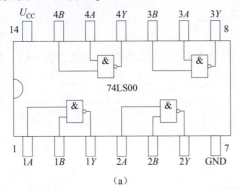

（a）

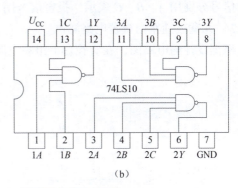

（b）

图 4-21　74LS00 和 74LS10 引脚及内部电路图

（a）74LS00；（b）74LS10

185

2. 火灾自动报警电路设计

火灾自动报警电路是由烟雾探测器、温度探测器和火光探测器同时探测周围信号，当其中两个或两个以上探测器探测到火灾信号时，报警系统就能产生报警，试用最少的与非门设计一个火灾自动报警系统电路。

1）火灾自动报警电路设计

设烟雾探测器、温度探测器和火光探测器产生信号用 A、B、C 表示，火灾自动报警系统的输出信号用 Y 表示。

2）火灾自动报警电路测试

根据设计的电路图，在实验台上组装电路，输入端 A、B、C 连接到电平开关，输出端 Y 连接电平指示灯，验证电路的逻辑功能，记录于表 4-16 中。

表 4-16　验证火灾自动报警电路功能记录表

A	B	C	Y
0	0	0	
0	0	1	
0	1	0	
0	1	1	
1	0	0	
1	0	1	
1	1	0	
1	1	1	

3. 儿童被锁车内报警电路测试

该报警电路由人体红外探测器、二氧化碳探测器和温度探测器探索车内信号，当在车内探测到儿童信号，并且二氧化碳超标信号或温度超标信号或两个信号都超标，电路会发出报警信号。试用与非门设计一个儿童被锁车内报警系统电路。

1）儿童被锁车内报警电路设计

写出设计步骤，画出逻辑电路；设人体红外探测器、二氧化碳探测器和温度探测器产生的信号分别用 A、B、C 表示，报警信号用 Y 表示。

2）儿童被锁车内报警电路测试

根据设计的电路图，在实验台上组装电路，验证电路的逻辑功能，记录于表 4-17 中。

表 4-17　验证儿童被锁车内报警电路功能记录表

A	B	C	Y
0	0	0	
0	0	1	
0	1	0	
0	1	1	
1	0	0	

续表

A	B	C	Y
1	0	1	
1	1	0	
1	1	1	

四、巩固练习

记录测试结果，写出实训报告，并思考下列问题：

（1）74LS00 有_____个引脚，内部有_____个与非门。

（2）74LS10 有_____个引脚，内部有_____个与非门。

（3）与非门的运算规则是_____。

（4）火灾自动报警系统最简逻辑表达式为_____。

（5）儿童被锁车内报警系统最简逻辑表达式为_____。

五、任务评价

完成表 4-18。

表 4-18　组合逻辑电路分析与设计职业能力评比计分表

项目	配分	评分标准	自评	互评	师评	合计
与非门集成电路识别	10	能够识别 74LS00 的型号及引脚（5分）； 能够识别 74LS10 的型号及引脚（5分）				
火灾自动报警 电路设计	25	根据要求写出真值表（5分）； 由真值表写出输出函数表达式（5分）； 对表达式进行化简（5分）； 画出逻辑电路图（5分）； 能完成电路功能验证（5分）				
儿童被锁车内报警 电路设计	25	根据要求写出真值表（5分）； 由真值表写出输出函数表达式（5分）； 对表达式进行化简（5分）； 画出逻辑电路图（5分）； 能完成电路功能验证（5分）				
巩固练习	10	每小题2分				
学习态度	10	迟到、早退，一人次扣2分；学习态度不端正不得分				
安全文明操作	10	不规范操作，一次扣5分				
7S 管理规范	10	工位不整洁，视情况扣分； 没有节约意识，扣5分				

任务 4.3　加法器和编码器的功能检测

任务导入

加法器和编码器是数字电路系统常用的逻辑器件。在数字系统中，常需要进行加、减、乘、除等运算，而乘、除和减法运算均可变换为加法运算，故加法运算电路应用十分广泛，另外，加法器还可用于码组变换、数值比较等，因此加法器是数字系统中最基本的运算单元。编码器在数字电路中扮演着将输入信号转换为对应输出代码的重要角色。它常用于将不同的输入状态映射到相应的输出代码，从而实现信息的编码和传输。

任务描述

通过集成加法器和码制转换电路的测试，使学生理解加法器的原理和功能；通过优先编码器的测试，使学生掌握编码器的原理和功能。

知识准备

组合逻辑电路在数字系统中应用非常广泛，为了实际工程应用的方便，常把某些具有特定逻辑功能的组合电路设计成标准化电路，并制造成中小规模集成电路产品，常见的有加法器、编码器、译码器、数据选择器等。

4.3.1　加法器

在数字系统如计算机中，运算器中的加法器是最重要也是最基本的运算单元。计算器中的加、减、乘、除等运算都是化作若干加法运算进行的。加法器包括半加器和全加器两种。

加法器

一、半加器

半加器是实现两个一位二进制数相加求和，并向高位进位的逻辑电路。特点是不考虑来自低位的进位。有两个输入端：加数 A_i 和被加数 B_i；两个输出端：本位和 S_i 和向高位的进 C_i。根据二进制加法运算规律列出真值表，如表 4-19 所示。

表 4-19　半加器的真值表

A_i	B_i	S_i	C_i
0	0	0	0
0	1	1	0
1	0	1	0
1	1	0	1

根据真值表可以看出，A_i 和 B_i 相同时 S_i 为 0，A_i 和 B_i 不同时，S_i 为 1，这是异或门的逻辑关系；只有 A_i 和 B_i 都为 1 时，C_i 为 1，这是与逻辑关系。写出逻辑表达式为

$$S_i = \overline{A}_i B_i + A_i \overline{B}_i = A_i \oplus B_i \tag{4-8}$$

$$C_i = A_i B_i \tag{4-9}$$

由逻辑表达式画出的逻辑电路图，由一个异或门和一个与门组成，如图 4-22（a）所示。半加器逻辑符号如图 4-22（b）所示。

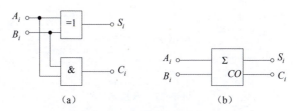

图 4-22　半加器

（a）半加器逻辑电路图；（b）半加器符号

二、全加器

全加器是实现两个一位二进制数相加，同时考虑低位向本位的进位的电路。有三个输入端：加数 A_i、被加数 B_i 和低位进位位 C_{i-1}；两个输出端：本位和 S_i 和向高位的进位 C_i。根据二进制加法运算规律列出真值表，如表 4-20 所示。

表 4-20　全加器的真值表

A_i	B_i	C_{i-1}	S_i	C_i
0	0	0	0	0
0	0	1	1	0
0	1	0	1	0
0	1	1	0	1
1	0	0	1	0
1	0	1	0	1
1	1	0	0	1
1	1	1	1	1

根据真值表写出逻辑表达式。先分析输出为 1 的条件，将输出为 1 的各行中的输入变量为 1 者取原变量，为 0 者取反变量，再将它们用与的关系写出。例如，$S_i = 1$ 的条件有四个，写出与关系应为 $\overline{A}_i \overline{B}_i C_{i-1}$、$\overline{A}_i B_i \overline{C}_{i-1}$、$A_i \overline{B}_i \overline{C}_{i-1}$、$A_i B_i C_{i-1}$，显然将输入变量的实际值代入，结果都为 1，由于这四者中任何一个得到满足，S_i 都为 1，因此这四者是或的关系。由此可得 S_i 的表达式为

$$S_i = \overline{A}_i \overline{B}_i C_{i-1} + \overline{A}_i B_i \overline{C}_{i-1} + A_i \overline{B}_i \overline{C}_{i-1} + A_i B_i C_{i-1} \tag{4-10}$$

同理可得 C_i 的表达式为

$$C_i = \overline{A_i}B_iC_{i-1} + A_i\overline{B_i}C_{i-1} + A_iB_i\overline{C_{i-1}} + A_iB_iC_{i-1} \tag{4-11}$$

对逻辑表达式进行化简得

$$S_i = A_i \oplus B_i \oplus C_{i-1} \tag{4-12}$$

$$C_i = A_iB_i + (A_i \oplus B_i)C_{i-1} \tag{4-13}$$

由逻辑表达式画出逻辑电路图如图 4-23（a）所示，逻辑符号如图 4-23（b）所示。

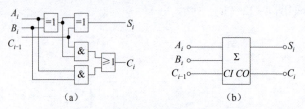

图 4-23　全加器

（a）全加器逻辑电路图；（b）全加器符号

三、多位加法器

单个半加器或全加器只能实现两个一位二进制数相加。要完成多位二进制数相加，需使用多个全加器进行相连。四位串行进位的加法器如图 4-24 所示，每位相加必须等低一位的进位信号产生后运行，因此运算速度比较慢，适合对工作速度不高的场合。

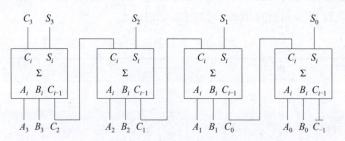

图 4-24　四位串行进位加法器

为了克服串行进位加法器运算速度慢的缺点，可以采用超前进位加法器。它是在进行加法运算时，同时各位全加器的进位信号由输入二进制数直接产生，这比逐位进位的串行进位加法器的运算速度要快得多。74HC283 为具有超前进位的四位全加器，其引脚图和逻辑符号如图 4-25 所示。它能够实现两个四位二进制数加法，每位有一个和输出，最后的进位 C_4 由第四位提供。

▲点睛

在数字系统，尤其是计算机的数字系统中，当处理很多信息或者任务时会进行大量的运算操作，最基础的运算操作则是二进制加法操作。因此二进制加法器是数字系统中最基本部件之一。

想一想

全加器与半加器有什么区别？

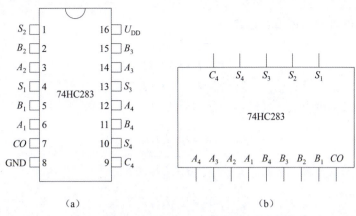

图 4-25 74HC283 的引脚图和逻辑符号

（a）引脚图；（b）逻辑符号

4.3.2 编码器

在数字系统中，有时需要将某一信息变换为特定的代码，这就需要编码器来完成，而各种信息常常都是以二进制代码的形式表示的。用二进制代码表示文字、符号或者数码等特定对象的过程，称为编码。实现编码功能的逻辑电路，称为编码器。常用的编码器有二进制编码器、二–十进制编码器、优先编码器等。

编码器

一、二进制编码器

用 n 位二进制代码对 $N=2^n$ 个信号进行编码的电路叫二进制编码器。

【例 4.14】 用非门和与非门，设计一个编码器，将 0~7 这八个十进制数编成二进制代码。

解：（1）确定输入、输出变量。

根据 $8=2^3$，编码器有 8 个输入端，分别用 $I_0 \sim I_7$ 表示，3 个输出端，用 Y_0、Y_1、Y_2 表示。假设输入端有编码请求时信号为 1，无编码请求时信号为 0，列出真值表如表 4-21 所示。从表 4-21 中可以看出，当某一个输入端为高电平时，输出与该输入对应的数码。

表 4-21 三位二进制编码器的真值表

输入								输出		
I_0	I_1	I_2	I_3	I_4	I_5	I_6	I_7	Y_2	Y_1	Y_0
1	0	0	0	0	0	0	0	0	0	0
0	1	0	0	0	0	0	0	0	0	1
0	0	1	0	0	0	0	0	0	1	0
0	0	0	1	0	0	0	0	0	1	1
0	0	0	0	1	0	0	0	1	0	0
0	0	0	0	0	1	0	0	1	0	1
0	0	0	0	0	0	1	0	1	1	0
0	0	0	0	0	0	0	1	1	1	1

（2）根据真值表写出逻辑表达式为

$$Y_2 = I_4 + I_5 + I_6 + I_7$$
$$Y_1 = I_2 + I_3 + I_6 + I_7$$
$$Y_0 = I_1 + I_3 + I_5 + I_7$$

（3）根据要求将逻辑表达式转换为与非形式为

$$Y_2 = \overline{\overline{I_4}\,\overline{I_5}\,\overline{I_6}\,\overline{I_7}}$$
$$Y_1 = \overline{\overline{I_2}\,\overline{I_3}\,\overline{I_6}\,\overline{I_7}}$$
$$Y_0 = \overline{\overline{I_1}\,\overline{I_3}\,\overline{I_5}\,\overline{I_7}}$$

（4）根据逻辑表达式画出逻辑电路图，如图 4-26 所示。I_0 的编码是隐含的，当 $I_1 \sim I_7$ 均取值为 0 时，电路的输出就是 I_0 的编码，故 I_0 可以不画。

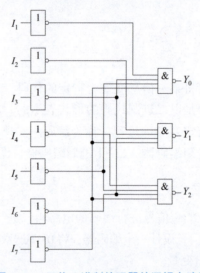

图 4-26　三位二进制编码器的逻辑电路图

由于该编码器有 8 个输入端，3 个输出端，故称为 8 线-3 线编码器。

二、二-十进制编码器

二-十进制编码器是指用四位二进制代码表示一位十进制数（0~9）的编码电路，也称为 10 线-4 线编码器，它有 10 个信号输入端和 4 个输出端。四位二进制代码共有 $2^4 = 16$ 种状态，任选其中 10 种状态可以表示 0~9 这 10 个数字。二-十进制编码方案很多，最常用的是 8421BCD 码。

【例 4.15】用非门和与非门，设计一个二-十进制编码器，将 0~9 十进制数编成 8421BCD 码输出。

解：（1）确定输入、输出变量。

编码器有 10 个输入端，分别用 $I_0 \sim I_9$ 表示，4 个输出端，用 Y_0、Y_1、Y_2、Y_3 表示。假设输入端有编码请求时信号为 1，无编码请求时信号为 0，列出真值表如表 4-22 所示。

表 4-22 例 4.15 的真值表

输入										输出			
I_0	I_1	I_2	I_3	I_4	I_5	I_6	I_7	I_8	I_9	Y_3	Y_2	Y_1	Y_0
1	0	0	0	0	0	0	0	0	0	0	0	0	0
0	1	0	0	0	0	0	0	0	0	0	0	0	1
0	0	1	0	0	0	0	0	0	0	0	0	1	0
0	0	0	1	0	0	0	0	0	0	0	0	1	1
0	0	0	0	1	0	0	0	0	0	0	1	0	0
0	0	0	0	0	1	0	0	0	0	0	1	0	1
0	0	0	0	0	0	1	0	0	0	0	1	1	0
0	0	0	0	0	0	0	1	0	0	0	1	1	1
0	0	0	0	0	0	0	0	1	0	1	0	0	0
0	0	0	0	0	0	0	0	0	1	1	0	0	1

（2）由真值表列出逻辑表达式为

$$Y_0 = I_1 + I_3 + I_5 + I_7 + I_9$$

$$Y_1 = I_2 + I_3 + I_6 + I_7$$

$$Y_2 = I_4 + I_5 + I_6 + I_7$$

$$Y_3 = I_8 + I_9$$

（3）根据题目要求，将表达式转换为与非形式为

$$Y_0 = \overline{\overline{I_1}\,\overline{I_3}\,\overline{I_5}\,\overline{I_7}\,\overline{I_9}}$$

$$Y_1 = \overline{\overline{I_2}\,\overline{I_3}\,\overline{I_6}\,\overline{I_7}}$$

$$Y_2 = \overline{\overline{I_4}\,\overline{I_5}\,\overline{I_6}\,\overline{I_7}}$$

$$Y_3 = \overline{\overline{I_8}\,\overline{I_9}}$$

（4）依据逻辑表达式画出逻辑电路图，如图 4-27 所示。

当一个输入端信号为高电平时，4 个输出端的取值组成对应的四位二进制代码，电路只能对任一输入信号进行编码，但是该电路要求任何时刻只允许一个输入端有信号输入，其余输入端无信号，否则，输出的编码会发生混乱。输入变量之间有一定的约束关系。

三、优先编码器

二进制编码器要求任何时刻只允许有一个输入信号有效，否则输出将发生混乱。优先编码器可以允许同时输入多个编码信号，事先对所有输入信号进行优先级别排序；但任何时刻只对优先级最高的输入信号进行编码，对优先级别低的输入信号则不响应，从而保证编码器可靠工作。优先编码器广泛应用于计算机的优先中断系统、键盘编码系统中。常用的集成优先编码器芯片有 10 线-4 线、8 线-3 线两种。8 线-3 线优先编码器有 74LS148，10 线-4 线优先编码器有 74LS147、CC40147 等。

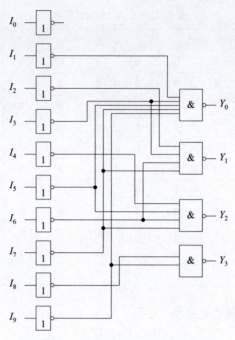

图 4-27　8421BCD 码编码器逻辑电路图

74LS148 是 8 线-3 线优先编码器，将 8 条数据线（0~7）进行 3 线（4-2-1）二进制（八进制）优先编码，即对最高位数据线进行译码。利用选通端（$\overline{EI}$）和输出选通端（EO）可进行八进制扩展。74LS148 的引脚图和逻辑符号如图 4-28 所示，74LS148 功能表（真值表）如表 4-23 所示。

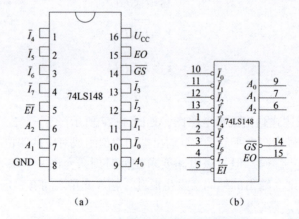

图 4-28　74LS148 的引脚图和逻辑符号

（a）74LS148 的引脚图；（b）74LS148 的逻辑符号

表 4-23　74LS148 功能表

输入									输出				
$\overline{EI}$	$\overline{I_0}$	$\overline{I_1}$	$\overline{I_2}$	$\overline{I_3}$	$\overline{I_4}$	$\overline{I_5}$	$\overline{I_6}$	$\overline{I_7}$	A_2	A_1	A_0	$\overline{GS}$	EO
1	×	×	×	×	×	×	×	×	1	1	1	1	1

续表

输入									输出				
$\overline{EI}$	$\overline{I_0}$	$\overline{I_1}$	$\overline{I_2}$	$\overline{I_3}$	$\overline{I_4}$	$\overline{I_5}$	$\overline{I_6}$	$\overline{I_7}$	A_2	A_1	A_0	$\overline{GS}$	EO
0	1	1	1	1	1	1	1	1	1	1	1	1	0
0	×	×	×	×	×	×	×	0	0	0	0	0	1
0	×	×	×	×	×	×	0	1	0	0	1	0	1
0	×	×	×	×	×	0	1	1	0	1	0	0	1
0	×	×	×	×	0	1	1	1	0	1	1	0	1
0	×	×	×	0	1	1	1	1	1	0	0	0	1
0	×	×	0	1	1	1	1	1	1	0	1	0	1
0	×	0	1	1	1	1	1	1	1	1	0	0	1
0	0	1	1	1	1	1	1	1	1	1	1	0	1

其中 $\overline{I_0}\sim\overline{I_7}$ 为 8 个输入端，$A_2A_1A_0$ 为 3 个输出端，$\overline{EI}$ 为输入选通端，EO 为输出使能端，$\overline{GS}$ 为片选优先编码输出端。

而当 $\overline{EI}=1$ 时，不论 8 个输入端为何种状态，3 个输出端均为高电平，即 $A_2A_1A_0=111$，且 $\overline{GS}$ 和 EO 均为高电平，编码器处于非工作状态；当 $\overline{EI}=0$ 时，编码器工作，若无信号输入，即 8 个输入端全为高电平，则输出端 $A_2A_1A_0=111$，且 $\overline{GS}$ 为高电平，EO 为低电平；当某一输入端有低电平输入，且比它优先级别高的输入端没有低电平输入时，输出端才输出与输入端对应的二进制代码的反码，$\overline{GS}$ 为低电平，EO 为高电平。例如，当 $\overline{I_5}=0$，且 $\overline{I_7}$、$\overline{I_6}$ 为高电平，不管其他输入端输入 0 或 1，输出只对 $\overline{I_5}$ 编码，输出为 010，为 5 对应的二进制代码的反码。

如图 4-29 所示是二-十进制优先编码器 74LS147 的引脚图和逻辑符号，74LS147 又称为 10 线-4 线优先编码器，其功能表如表 4-24 所示。

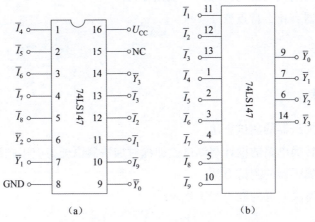

图 4-29　74LS147 的引脚图和逻辑符号

（a）74LS147 的引脚图；（b）74LS147 的逻辑符号

$\overline{Y}_3$、$\overline{Y}_2$、$\overline{Y}_1$、$\overline{Y}_0$ 为数码输出端，输出为 8421BCD 反码；$\overline{I}_1 \sim \overline{I}_9$ 为编码信号输入端，$\overline{I}_9$ 优先级最高，输入低电平有效。当 $\overline{I}_1 \sim \overline{I}_9$ 都为高电平时，输出 $\overline{Y}_3\overline{Y}_2\overline{Y}_1\overline{Y}_0 = 1111$，其原码为 0000，相当于 $\overline{I}_0$ 请求编码，因此，在逻辑功能图中没有输入端 $\overline{I}_0$。

表 4-24　74LS147 功能表

输入									输出			
$\overline{I}_1$	$\overline{I}_2$	$\overline{I}_3$	$\overline{I}_4$	$\overline{I}_5$	$\overline{I}_6$	$\overline{I}_7$	$\overline{I}_8$	$\overline{I}_9$	$\overline{Y}_3$	$\overline{Y}_2$	$\overline{Y}_1$	$\overline{Y}_0$
1	1	1	1	1	1	1	1	1	1	1	1	1
0	1	1	1	1	1	1	1	1	1	1	1	0
×	0	1	1	1	1	1	1	1	1	1	0	1
×	×	0	1	1	1	1	1	1	1	1	0	0
×	×	×	0	1	1	1	1	1	1	0	1	1
×	×	×	×	0	1	1	1	1	1	0	1	0
×	×	×	×	×	0	1	1	1	1	0	0	1
×	×	×	×	×	×	0	1	1	1	0	0	0
×	×	×	×	×	×	×	0	1	0	1	1	1
×	×	×	×	×	×	×	×	0	0	1	1	0

▲点睛

优先编码器 74LS147 没有使能控制端，可直接对优先级别最高的输入编码信号进行编码。其输出为反码，因此，当要求用译码器驱动数码显示器时，需要在输出端加反相器将反码转变为原码，再驱动显示译码器。

想一想

（1）一般编码器输入的编码信号为什么相互排斥？

（2）优先编码器有什么特点？

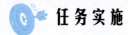 任务实施

一、任务要求

（1）熟悉集成加法器的测试方法；

（2）通过码制转换电路的设计与测试，加深对加法器原理与应用的理解；

（3）掌握优先编码器的测试方法；

（4）培养分析解决问题的能力和工程思维。

二、设备与器件

数字电路实验台、74HC283、74LS148、9 个 1 kΩ 的电阻。

三、任务内容及步骤

1. 集成加法器功能测试

（1）超前进位集成四位加法器 74HC283 引脚图如图 4-25 所示。

（2）将 74HC283 接通 +5 V 电源和地，将输入端 A_3、A_2、A_1、A_0、B_3、B_2、B_1、B_0 分别连接逻辑电平开关，输出端 S_4、S_3、S_2、S_1 和 CO 接电平指示灯，改变输入状态，观察输出结果，并将测试结果填入表 4-25 中。

表 4-25　超前进位集成四位加法器功能测试记录表

输入信号		输出信号	
$A_3A_2A_1A_0$	$B_3B_2B_1B_0$	$S_4S_3S_2S_1$	CO
0001	0010		
0010	0011		
0011	0100		
0100	0101		
0101	0110		
0110	1001		
0111	1011		

（3）码制转换电路测试。

利用超前进位集成四位加法器 74HC283 设计一个将 8421BCD 码变换为余 3 码的转换电路。

①码制转换电路设计。由于余 3 码比 8421BCD 码多 0011，故将 8421BCD 码与 0011 相加就可输出余 3 码。因此，$A_3A_2A_1A_0$ 输入 8421BCD 码，$B_3B_2B_1B_0$ 输入 0011，两者相加后在 $S_4S_3S_2S_1$ 便可输出余 3 码。

②码制转换电路测试。根据设计的电路图，在实验台上组装电路，验证电路的逻辑功能，记录于表 4-26 中。

表 4-26　码制转换电路测试记录表

输入信号			输出信号	
十进制数	$A_3A_2A_1A_0$	$B_3B_2B_1B_0$	$S_4S_3S_2S_1$	CO
0	0000	0011		
1	0001	0011		
2	0010	0011		
3	0011	0011		
4	0100	0011		
5	0101	0011		
6	0110	0011		
7	0111	0011		
8	1000	0011		
9	1001	0011		

2. 集成优先编码器功能测试

（1）集成优先编码器 74LS147 引脚图如图 4-29 所示。

（2）将 74LS147 接通 +5 V 电源和地，在 9 个输入端加上输入信号，输出端接电平指示灯，将测试结果填入表 4-27 中。表中的"×"为任意输入状态，可以表示高电平，也可以表示低电平。

表 4-27　74LS147 优先编码功能测试记录表

输入										输出			
$\overline{I_9}$	$\overline{I_8}$	$\overline{I_7}$	$\overline{I_6}$	$\overline{I_5}$	$\overline{I_4}$	$\overline{I_3}$	$\overline{I_2}$	$\overline{I_1}$	$\overline{I_0}$	$\overline{Y_3}$	$\overline{Y_2}$	$\overline{Y_1}$	$\overline{Y_0}$
1	1	1	1	1	1	1	1	1	1				
0	×	×	×	×	×	×	×	×	×				
1	0	×	×	×	×	×	×	×	×				
1	1	0	×	×	×	×	×	×	×				
1	1	1	0	×	×	×	×	×	×				
1	1	1	1	0	×	×	×	×	×				
1	1	1	1	1	0	×	×	×	×				
1	1	1	1	1	1	0	×	×	×				
1	1	1	1	1	1	1	0	×	×				
1	1	1	1	1	1	1	1	0	×				

四、巩固练习

（1）74HC283 是_____位超前加法器。

（2）集成加法器功能测试时，当输入端 $A_3A_2A_1A_0 = 1010$，$B_3B_2B_1B_0 = 1011$ 时，$S_4S_3S_2S_1 = $ _____，$CO = $ _____。

（3）8421BCD 码与_____相加就可输出余 3 码。

（4）74LS147 是_____编码器，_____电平有效，_____优先级最高。

（5）编码器的作用是_____。

五、任务评价

完成表 4-28。

表 4-28　加法器和编码器的功能检测职业能力评比计分表

项目	配分	评分标准	自评	互评	师评	合计
集成加法器功能测试	20	能正确完成连线（5分）； 能正确完成功能测试（10分）； 能正确记录并分析结果（5分）				
码制电路测试	20	能正确完成连线（5分）； 能正确完成功能测试（10分）； 能正确记录并分析结果（5分）				

项目	配分	评分标准	自评	互评	师评	合计
集成优先编码器功能测试	20	能正确完成连线（5分）； 能正确完成功能测试（10分）； 能正确记录并分析结果（5分）				
巩固练习	10	每小题2分				
学习态度	10	迟到、早退，一人次扣2分；学习态度不端正不得分				
安全文明操作	10	不规范操作，一次扣5分				
7S 管理规范	10	工位不整洁，视情况扣分； 没有节约意识，扣5分				

任务 4.4　译码器和数据选择器的功能检测

🎯 任务导入

译码器在数字电路中扮演着将编码输入信号转换为相应输出信号的重要角色。它常用于从编码信号中解码出所需的操作信号或数据，实现逻辑电路的复杂功能。数据选择器根据给定的输入地址代码，从一组输入信号中选出指定的一个送至输出端，实现信号的多路传输。

🎯 任务描述

通过二进制译码器、显示译码器和数据选择器的功能测试，熟悉译码器和数据选择器的工作原理、逻辑功能；通过数码管的识别与检测，熟悉数码管的电路结构及引脚；在操作过程中，培养严谨细致的科学精神与规范意识。

🎯 知识准备

4.4.1　译码器

译码是编码的逆操作，就是把二进制代码转换成高低电平信号输出，实现译码的电路称为译码器。它也是一个多输入、多输出的组合逻辑电路。译码器同时也是数据分配器，即将单个数据由多路端口输出。常用的译码器有二进制译码器、二-十进制译码器和显示译码器。

一、二进制译码器

如果译码器输入的二进制代码为 N 位，输出的信号个数为 2^N，这样的译码器被称为二进制译码器，也称为 N 线-2^N 线译码器。

2 线-4 线译码器逻辑电路图如图 4-30 所示，其中 A、B 为输入端，用来输入两位二进制代码；$\overline{EI}$ 为选通端，低电平有效；$\overline{Y_0} \sim \overline{Y_3}$ 为输出端，低电平有效。当 $\overline{EI}$ 为高电平时，G_5 门输出低电平，把 $G_1 \sim G_4$ 门封锁，无论 A、B 输入端是高电平或低电平，输出端均为高电平。当 $\overline{EI}$ 为低电平时，G_5 门输出高电平，$G_1 \sim G_4$ 门释放，对于 A、B 输入端每一种二进制代码组合，对应一个输出端为低电平，其他输出端为高电平，完成译码工作。其功能表如表 4-29 所示。

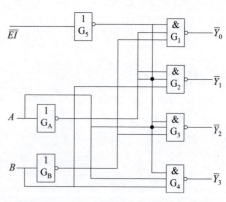

图 4-30　2 线-4 线译码器逻辑电路图

表 4-29 2 线-4 线译码器功能表

输入			输出			
$\overline{EI}$	A	B	$\overline{Y}_3$	$\overline{Y}_2$	$\overline{Y}_1$	$\overline{Y}_0$
1	×	×	1	1	1	1
0	0	0	1	1	1	0
0	0	1	1	1	0	1
0	1	0	1	0	1	1
0	1	1	0	1	1	1

【例 4.16】设计一个三位二进制译码器。

解：（1）确定输入、输出变量。

由题意知，输入变量是三位二进制代码，用 A_0、A_1、A_2 表示，有 $2^3 = 8$ 种状态，输出端与之对应，用 $\overline{Y}_0 \sim \overline{Y}_7$ 表示，又称为 3 线-8 线译码器。

（2）列真值表。

三位二进制译码器真值表如表 4-30 所示。

表 4-30 三位二进制译码器真值表

A_2	A_1	A_0	$\overline{Y}_0$	$\overline{Y}_1$	$\overline{Y}_2$	$\overline{Y}_3$	$\overline{Y}_4$	$\overline{Y}_5$	$\overline{Y}_6$	$\overline{Y}_7$
0	0	0	1	0	0	0	0	0	0	0
0	0	1	0	1	0	0	0	0	0	0
0	1	0	0	0	1	0	0	0	0	0
0	1	1	0	0	0	1	0	0	0	0
1	0	0	0	0	0	0	1	0	0	0
1	0	1	0	0	0	0	0	1	0	0
1	1	0	0	0	0	0	0	0	1	0
1	1	1	0	0	0	0	0	0	0	1

（3）根据真值表列出逻辑表达式为

$$\overline{Y}_0 = \overline{A}_2\,\overline{A}_1\,\overline{A}_0$$

$$\overline{Y}_1 = \overline{A}_2\,\overline{A}_1 A_0$$

$$\overline{Y}_2 = \overline{A}_2 A_1 \overline{A}_0$$

$$\overline{Y}_3 = \overline{A}_2 A_1 A_0$$

$$\overline{Y}_4 = A_2 \overline{A}_1\,\overline{A}_0$$

$$\overline{Y}_5 = A_2 \overline{A}_1 A_0$$

$$\overline{Y}_6 = A_2 A_1 \overline{A}_0$$

$$\overline{Y}_7 = A_2 A_1 A_0$$

（4）根据逻辑表达式画出逻辑电路图，如图 4-31 所示。

集成二进制译码器 74LS138 引脚图和逻辑符号如图 4-32 所示。

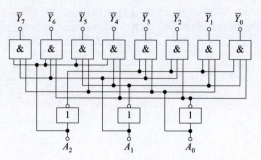

图 4-31　三位二进制译码器逻辑电路图

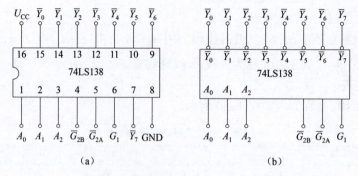

(a)　　　　　　　　　　　　　　(b)

图 4-32　集成二进制译码器 74LS138 的引脚图和逻辑符号

（a）74LS138 的引脚图；（b）74LS138 的逻辑符号

74LS138 有 3 个代码输入端 A_2、A_1、A_0 和 3 个控制输入端 G_1、$\overline{G}_{2A}$、$\overline{G}_{2B}$（也称片选端），8 个输出端为 $\overline{Y}_0 \sim \overline{Y}_7$，有效输出电平为低电平。表 4-31 为 74LS138 的功能表，从表中可知，片选控制端 $G_1 = 1$，$\overline{G}_2 = \overline{G}_{2A} + \overline{G}_{2B} = 0$ 时，译码器工作，允许译码；否则，译码器停止工作，输出端全部为高电平。

表 4-31　74LS138 的功能表

输入					输出							
使能		选择										
G_1	$\overline{G}_2$	A_2	A_1	A_0	$\overline{Y}_7$	$\overline{Y}_6$	$\overline{Y}_5$	$\overline{Y}_4$	$\overline{Y}_3$	$\overline{Y}_2$	$\overline{Y}_1$	$\overline{Y}_0$
×	1	×	×	×	1	1	1	1	1	1	1	1
0	×	×	×	×	1	1	1	1	1	1	1	1
1	0	0	0	0	1	1	1	1	1	1	1	0
1	0	0	0	1	1	1	1	1	1	1	0	1
1	0	0	1	0	1	1	1	1	1	0	1	1
1	0	0	1	1	1	1	1	1	0	1	1	1
1	0	1	0	0	1	1	1	0	1	1	1	1
1	0	1	0	1	1	1	0	1	1	1	1	1
1	0	1	1	0	1	0	1	1	1	1	1	1
1	0	1	1	1	0	1	1	1	1	1	1	1

二、二–十进制译码器

把二–十进制代码翻译成 10 个十进制数字信号的电路，称为二–十进制译码器。二–十进制译码器的输入是十进制数的四位二进制编码（BCD 码），分别用 A_3、A_2、A_1、A_0 表示；输出的是与 10 个十进制数字相对应的 10 个信号，用 $\overline{Y}_9 \sim \overline{Y}_0$ 表示。由于二–十进制译码器有 4 根输入线，10 根输出线，所以又称为 4 线–10 线译码器。

74LS42 是一个二–十进制译码器，也称 BCD 译码器，它的功能是将输入的一位 BCD 码译成 10 个高、低电平输出信号。其逻辑符号和引脚图如图 4–33 所示，其功能表如表 4–32 所示。

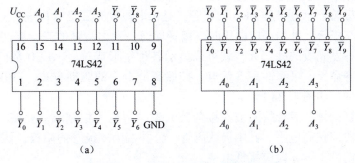

图 4–33　74LS42 的引脚图和逻辑符号

(a) 74LS42 的引脚图；(b) 74LS42 的逻辑符号

表 4–32　74LS42 的功能表

输入				输出									
A_3	A_2	A_1	A_0	$\overline{Y}_0$	$\overline{Y}_1$	$\overline{Y}_2$	$\overline{Y}_3$	$\overline{Y}_4$	$\overline{Y}_5$	$\overline{Y}_6$	$\overline{Y}_7$	$\overline{Y}_8$	$\overline{Y}_9$
0	0	0	0	0	1	1	1	1	1	1	1	1	1
0	0	0	1	1	0	1	1	1	1	1	1	1	1
0	0	1	0	1	1	0	1	1	1	1	1	1	1
0	0	1	1	1	1	1	0	1	1	1	1	1	1
0	1	0	0	1	1	1	1	0	1	1	1	1	1
0	1	0	1	1	1	1	1	1	0	1	1	1	1
0	1	1	0	1	1	1	1	1	1	0	1	1	1
0	1	1	1	1	1	1	1	1	1	1	0	1	1
1	0	0	0	1	1	1	1	1	1	1	1	0	1
1	0	0	1	1	1	1	1	1	1	1	1	1	0
1	0	1	0	1	1	1	1	1	1	1	1	1	1
1	0	1	1	1	1	1	1	1	1	1	1	1	1
1	1	0	0	1	1	1	1	1	1	1	1	1	1
1	1	0	1	1	1	1	1	1	1	1	1	1	1
1	1	1	0	1	1	1	1	1	1	1	1	1	1
1	1	1	1	1	1	1	1	1	1	1	1	1	1

▲点睛

74LS42 具有 4 个输入端，10 个输出端，$N < 2^N$，所以又称为部分译码器。由表 4-32 可知，当输入端出现 1010~1111 六组无效数码时，输出端全为高电平。若将最高位 A_3 看作使能端，该电路可做 3 线-8 线译码器使用。

三、显示译码器

在数字系统中，常常需要将译码输出显示成十进制数字或其他符号。因此，希望译码器能直接驱动数字显示器，或者能与显示器配合使用，这种类型的译码器称为显示译码器。

用来驱动各种显示器件，从而将用二进制代码表示的数字、文字、符号翻译成人们习惯的形式直观地显示出来的电路，称为显示译码器。

LED 发光二极管显示器又称 LED 数码管，是由七段发光二极管构成"8"，另外，还有一个小数点发光二极管。外加正向电压时二极管导通，发出清晰的光，有红、黄、绿等色。只要按规律控制各发光段的亮、灭，就可以显示各种字形或符号。LED 数码管具有工作电压低、体积小、寿命长、可靠性高等优点。按照高低电平的驱动方式，LED 数码管分为共阴极和共阳极两种，如图 4-34 所示。

共阴极数码管，将二极管的阴极连接为公共端，阳极为控制端。要使二极管发光，公共端接地，$a \sim g$ 段应接高电平。共阳极数码管，公共端为二极管的阳极，要使二极管发光，公共端应接电源正极，$a \sim g$ 段应接低电平。

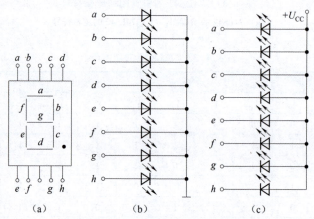

图 4-34　LED 数码管外形图及结构图

（a）外形图；（b）共阴极；（c）共阳极

数码管通常采用集成显示译码器进行驱动，集成显示译码器的型号有很多，常用的型号如表 4-33 所示。

表 4-33　常用的集成显示译码器

型号	功能说明	备注
74LS46	BCD 七段译码驱动器	输出低电平有效
74LS47	BCD 七段译码驱动器	输出低电平有效
74LS48	BCD 七段译码/内部上拉输出驱动器	输出高电平有效
74LS247	BCD 七段 15 V 输出译码驱动器	输出低电平有效

续表

型号	功能说明	备注
74LS248	BCD 七段译码升压输出驱动器	输出高电平有效
74LS249	BCD 七段译码开路输出驱动器	输出高电平有效
CC4511	BCD 锁存七段译码驱动器	输出高电平有效
CC4513	BCD 锁存七段译码驱动器（消隐）	输出高电平有效

74LS48 的引脚图如图 4-35 所示。$A_3 \sim A_0$ 为 4 线输入，$a \sim g$ 为译码器的输出。表 4-34 为 74LS48 的功能表。

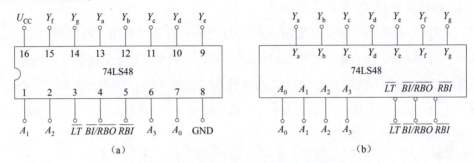

图 4-35　74LS48 的引脚图和逻辑符号

（a）74LS48 的引脚图；（b）74LS48 的逻辑符号

表 4-34　74LS48 的功能表

输入						$\overline{BI}/\overline{RBO}$	输出							字形
$\overline{LT}$	$\overline{RBI}$	A_3	A_2	A_1	A_0		Y_a	Y_b	Y_c	Y_d	Y_e	Y_f	Y_g	
1	1	0	0	0	0	1	1	1	1	1	1	1	0	0
1	×	0	0	0	1	1	0	1	1	0	0	0	0	1
1	×	0	0	1	0	1	1	1	0	1	1	0	1	2
1	×	0	0	1	1	1	1	1	1	1	0	0	1	3
1	×	0	1	0	0	1	0	1	1	0	0	1	1	4
1	×	0	1	0	1	1	1	0	1	1	0	1	1	5
1	×	0	1	1	0	1	0	0	1	1	1	1	1	6
1	×	0	1	1	1	1	1	1	1	0	0	0	0	7
1	×	1	0	0	0	1	1	1	1	1	1	1	1	8
1	×	1	0	0	1	1	1	1	1	0	0	1	1	9
1	×	1	0	1	0	1	0	0	0	1	1	0	1	c
1	×	1	0	1	1	1	0	0	1	1	0	0	1	⊐
1	×	1	1	0	0	1	0	1	0	0	0	1	1	u
1	×	1	1	0	1	1	1	0	0	1	0	1	1	⊑
1	×	1	1	1	0	1	0	0	0	1	1	1	1	ᴴ
1	×	1	1	1	1	1	0	0	0	0	0	0	0	
×	×	×	×	×	×	0	0	0	0	0	0	0	0	消隐
1	0	0	0	0	0	0	0	0	0	0	0	0	0	灭零
0	×	×	×	×	×	1	1	1	1	1	1	1	1	测试

由功能表可以看出，当 $A_3A_2A_1A_0 = 0000 \sim 1001$ 时，输出控制 LED 数码管显示 0~9。例如 $A_3A_2A_1A_0 = 0011$ 时，$a \sim g = 1111001$，输出显示十进制的"3"。当 $A_3A_2A_1A_0 = 1010 \sim 1111$ 时，输出为稳定的非数字信号。

为了增强器件的功能，在 74LS48 中还设置了一些辅助端。这些辅助端的功能如下：

（1）试灯输入端 $\overline{LT}$：低电平有效。当 $\overline{LT} = 0$ 时，数码管的七段应全亮，与输入的译码信号无关。本输入端用于测试数码管的好坏。

（2）动态灭零输入端 $\overline{RBI}$：低电平有效。当 $\overline{LT} = 1$、$\overline{RBI} = 0$ 且译码输入全为 0 时，该位输出不显示，即 0 字被熄灭；当译码输入不全为 0 时，该位正常显示。本输入端用于消隐无效的 0。如数据 0034.50 可显示为 34.5。

（3）灭灯输入/动态灭零输出端 $\overline{BI}/\overline{RBO}$：这是一个特殊的端钮，有时用作输入，有时用作输出。当 $\overline{BI}/\overline{RBO}$ 作为输入使用，$\overline{BI}/\overline{RBO} = 0$ 时，数码管七段全灭，与译码输入无关，该功能多用于数码器的动态显示。当 $\overline{BI}/\overline{RBO}$ 作为输出使用时，用作灭零指示，受控于 $\overline{LT}$ 和 $\overline{RBI}$：当 $\overline{LT} = 1$ 且 $\overline{RBI} = 0$ 时，$\overline{BI}/\overline{RBO} = 0$；其他情况下 $\overline{BI}/\overline{RBO} = 1$，主要用于显示多位数字时，多个译码器之间的连接。

想一想

（1）共阴极和共阳极 LED 数码管显示器有什么区别？
（2）常用的显示译码器有哪些？

4.4.2 数据选择器

数据选择器能根据输入的地址信号，从输入的多路数据中选择与地址信号所对应的一路传送到输出端，又叫多路转换器。

一、4 选 1 数据选择器

4 选 1 数据选择器的逻辑电路图如图 4-36 所示。A_1、A_0 为地址输入端，D_3、D_2、D_1、D_0 为数据输入端，Y 为输入端。其功能类似一个单刀多掷开关，通过地址码控制开关的转换，把输入信号中的一个信号传送到输出端 Y。

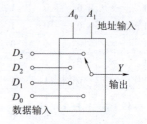

图 4-36　数据选择器示意图

二、集成 8 选 1 数据选择器

集成数据选择器的种类很多，常用的数据选择器有 2 选 1（74LS157）、4 选 1（74LS153）、8 选 1（74LS151）、16 选 1（74LS150）等类型。

如图 4-37 所示是 8 选 1 数据选择器 74LS151 的引脚图。它有 8 个数据输入端 $D_7 \sim D_0$，3 个地址输入端 A_2、A_1、A_0，2 个互补输出端 Y 和 $\overline{Y}$，使能端 $\overline{S}$ 为低电平有效。74LS151 的功能表如表 4-35 所示。

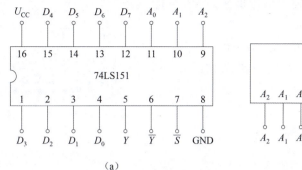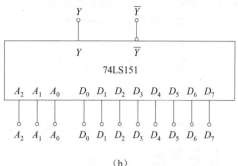

（a）

（b）

图 4-37　74LS151 的引脚图和逻辑符号

（a）74LS151 的引脚图；（b）74LS151 的逻辑符号

表 4-35　74LS151 的功能表

输入				输出
$\bar{S}$	A_2	A_1	A_0	Y
1	×	×	×	0
0	0	0	0	D_0
0	0	0	1	D_1
0	0	1	0	D_2
0	0	1	1	D_3
0	1	0	0	D_4
0	1	0	1	D_5
0	1	1	0	D_6
0	1	1	1	D_7

由功能表可知，输入地址码变量的每个取值组合对应一路输入数据。当 $\bar{S}=1$ 时，输出 $Y=0$，数据选择器不工作。当 $\bar{S}=0$ 时，数据选择器工作，其输出为

$$Y=\bar{A}_2\bar{A}_1\bar{A}_0D_0+\bar{A}_2\bar{A}_1A_0D_1+\bar{A}_2A_1\bar{A}_0D_2+\bar{A}_2A_1A_0D_3+A_2\bar{A}_1\bar{A}_0D_4+A_2\bar{A}_1A_0D_5+A_2A_1\bar{A}_0D_6+A_2A_1A_0D_7$$

$$(4-14)$$

由数据选择器输出端的逻辑表达式可见，当数据选择器的输入数据全部为 1 时，输出为地址输入变量全体最小项的和。因此，它是一个逻辑函数的最小项输出器。任意逻辑函数都可以写成最小项表达式，所以，用数据选择器也可以实现逻辑函数。当逻辑函数变量的个数与数据选择器的地址输入变量个数相同时，可直接用数据选择器实现逻辑函数。

【例 4.17】 试用 8 选 1 数据选择器 74LS151 实现逻辑函数 $F=\bar{A}\,\bar{B}\,\bar{C}+AC+\bar{A}BC$。

解：（1）首先求出逻辑函数表达式的最小项表达式

$$F=\bar{A}\,\bar{B}\,\bar{C}+AC+\bar{A}BC=\bar{A}\,\bar{B}\,\bar{C}+ABC+A\bar{B}C+\bar{A}BC$$

（2）与 8 选 1 数据选择器的表达式比较最小项的对应关系。设 $F=Y$，$A=A_2$，$B=A_1$，

$C=A_0$。Y 式中包含 F 式中的最小项时，数据取 1，没有出现的最小项，有关数据取 0，由此可得

$$D_0=D_3=D_5=D_7=1,D_1=D_2=D_4=D_6=0$$

（3）用 74LS151 实现逻辑函数 F 的逻辑图如图 4-38 所示。

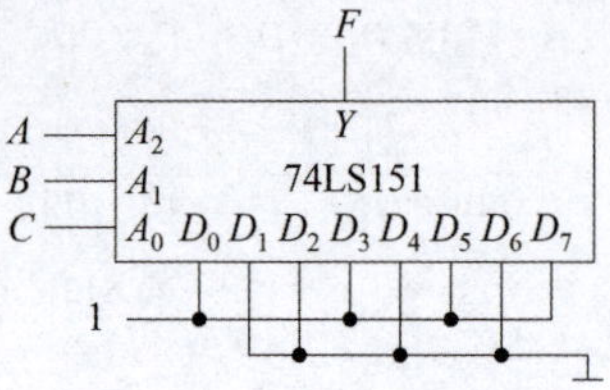

想一想

数据选择器为什么能实现逻辑函数？

图 4-38　例 4.17 连线图

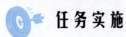

任务实施

一、任务要求

（1）熟悉数码管的外形及引脚，并能使用万用表完成数码管的检测。

（2）能完成二进制译码器、显示译码器和数据选择器的功能测试，熟悉它们的应用。

（3）培养严谨细致的科学精神与规范意识。

二、设备与器件

数字电路实验台、74LS138、74LS48、74LS151、共阳极数码管、共阴极数码管、1 kΩ 电阻 7 个、示波器。

三、任务内容及步骤

1. 二进制译码器功能测试

（1）集成二进制译码器 74LS138 的引脚图如图 4-32（a）所示。

（2）将 74LS138 接通+5 V 电源和地，将输入端 A_2、A_1、A_0 和控制输入端 G_1、$\overline{G_{2A}}$、$\overline{G_{2B}}$ 连接逻辑电平开关，输出端 $\overline{Y_0} \sim \overline{Y_7}$ 接电平指示灯，将测试结果填入表 4-36 中。表中的 "×" 为任意输入状态，可以表示高电平，也可以表示低电平。

表 4-36　74LS138 功能检测记录表

输入					输出							
G_1	$\overline{G_{2A}}+\overline{G_{2B}}$	A_2	A_1	A_0	$\overline{Y_7}$	$\overline{Y_6}$	$\overline{Y_5}$	$\overline{Y_4}$	$\overline{Y_3}$	$\overline{Y_2}$	$\overline{Y_1}$	$\overline{Y_0}$
1	0	0	0	0								
1	0	0	0	1								
1	0	0	1	0								
1	0	0	1	1								
1	0	1	0	0								
1	0	1	0	1								
1	0	1	1	0								
1	0	1	1	1								
0	×	×	×	×								
×	1	×	×	×								

2. 译码显示电路检测

1）数码管的检测

（1）观察共阳极和共阴极数码管的外形，熟悉数码管的引脚排列。

（2）利用数字万用表的二极管检测挡检测数码管。将万用表置于二极管检测挡，对于共阴极数码管，黑表笔接数码管的公共端（COM 端，通常是第 3、8 引脚），红表笔分别接触其他引脚，观察各个笔画段是否发光，可判别各引脚所对应的笔段有无损坏。对于共阳极数码管，只需把万用表的红、黑表笔互相对调即可，测试方法相同。

2）译码显示电路设计

（1）译码器 74LS48 的引脚图如图 4-39 所示。

（2）按图 4-39 所示，将 74LS48 输出端连接一位共阴极数码管，输入端 A_2、A_1、A_0、$\overline{LT}$、$\overline{RBI}$ 和 $\overline{BI}/\overline{RBO}$ 分别接逻辑电平开关，检查电路，确认无误后再接通电源。

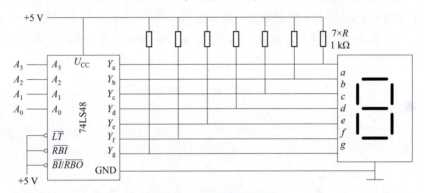

图 4-39 译码显示电路图

3）电路功能显示及测试

接通电源后，改变输入端电平信号，观察数码管显示情况。

（1）译码功能测试。将 74LS48 的 $\overline{LT}$、$\overline{RBI}$ 和 $\overline{BI}/\overline{RBO}$ 端接高电平，输入端接电平开关，输入十进制数 0~9 的 8421BCD 码，则输出端 $Y_a \sim Y_g$ 会得到一组相应的七位二进制代码，数码管显示相应的十进制数。并将输入电平和输出端电平填到表 4-37 中。

表 4-37 译码功能测试记录表

序号	输入 8421BCD 码				字形码						
	A_3	A_2	A_1	A_0	Y_a	Y_b	Y_c	Y_d	Y_e	Y_f	Y_g
0											
1											
2											
3											
4											
5											
6											
7											
8											
9											

（2）辅助功能测试，并将测试结果填入表 4-38 中。

表 4-38 辅助功能测试记录表

功能	$\overline{LT}$	$\overline{RBI}$	$\overline{BI}/\overline{RBO}$	A_3 A_2 A_1 A_0	Y_a Y_b Y_c Y_d Y_e Y_f Y_g
试灯功能	0	×	1	××××	
动态灭灯功能	1	0	×	0 0 0 0 不全为 0	
灭灯功能	×	×	0	××××	

3. 数据选择器功能测试

（1）集成 8 选 1 数据选择器 74LS151 的引脚图如图 4-37（a）所示。

（2）将 74LS151 接通 +5 V 电源和地，将地址输入端 A_2、A_1、A_0 和使能端 $\overline{S}$ 连接逻辑电平开关，D_0、D_1 和 D_2 分别连接 1 kHz、2 kHz 和 4 kHz 的矩形脉冲信号，输出端 Y 接示波器，当改变输入端电平信号时，观察输出端信号。将测试结果填入表 4-39 中。

表 4-39 74LS151 功能测试记录表

输入				输出
$\overline{S}$	A_2	A_1	A_0	Y
1	×	×	×	
0	0	0	0	
0	0	0	1	
0	0	1	0	

四、巩固练习

（1）共阴极数码管，将二极管的_____极连接为公共端，使用时公共端接_____，要是数码管显示数字"6"，则数码管的 $a\sim g$ 段应接_____。

（2）共阳极数码管，公共端为二极管的_____极，公共端接电源_____极，要是数码管显示数字"6"，则数码管的 $a\sim g$ 段应接_____。

（3）74LS48 是一种_____数码管译码器/驱动器，共有_____个引脚，其中_____为 4 线输入，_____为译码器的输出。

（4）译码显示电路中，将 74LS48 的 $\overline{LT}$ 接低电平，$\overline{BI}/\overline{RBO}$ 接高电平，则输出端 $Y_a\sim Y_g$ 均为_____，数码管_____。

（5）为使集成 8 选 1 数据选择器 74LS151 正常工作，使能端 $\overline{S}$ 应接_____电平。

五、任务评价

完成表 4-40。

表 4-40 译码器和数据选择器的功能检测职业能力评比计分表

项目	配分	评分标准	自评	互评	师评	合计
二进制译码器功能测试	15	能正确完成连线（5分）； 能正确完成功能测试（5分）； 能正确记录并分析结果（5分）				
译码显示电路检测	30	能正确识别共阴极和共阳极数码管（5分）； 能正确完成数码管检测（5分）； 能正确完成连线（5分）； 能正确完成译码功能测试（5分）； 能正确完成辅助功能测试（5分）； 能正确记录并分析结果（5分）				
数据选择器功能测试	15	能正确完成连线（5分）； 能正确利用示波器观测输出信号（5分）； 能完成数据选择功能测试（5分）				
巩固练习	10	每小题2分				
学习态度	10	迟到、早退，一人次扣2分；学习态度不端正不得分				
安全文明操作	10	不规范操作，一次扣5分				
7S 管理规范	10	工位不整洁，视情况扣分； 没有节约意识，扣5分				

项目制作 简易病房呼叫系统的装配与调试

一、任务要求

（1）掌握简易病房呼叫系统电路的组成，加深组合逻辑电路分析和设计方法的理解；

（2）查找器件手册，完成简易病房呼叫系统电路元器件的识别与检测；

（3）能正确完成简易病房呼叫系统的装配与调试。

二、设备与器件

直流电源、万用表。简易病房呼叫系统所需元器件（材）如表 4-41 所示。

表 4-41 简易病房呼叫系统元器件明细

名称	元件标号	规格型号	名称	元件标号	规格型号
按钮	$S_1 \sim S_9$	四脚按钮	编码器	U_1	74LS147
数码管	DS_1	SM420501N 共阴	译码器	U_2	74LS48
电阻	$R_1 \sim R_{16}$	1 kΩ、1/4 W	非门	U_3	74LS04

三、电路分析

简易病房呼叫系统电路图如图 4-2 所示。按钮系统选用 9 个开关，当开关闭合时，为低电平，断开时，为高电平。多个病房同时呼叫时，只响应最大数病房号，需要选用集成 10 线-4 线优先编码器 74LS147。优先编码器的输出经非门反相后送给七段显示译码器 74LS48，译码器输出直接驱动数码管显示病房号。

病房号电平输入信息、编码和译码的对应转换真值表如表 4-42 所示。

表 4-42　病房号电平输入信息、编码和译码的对应转换真值表

病房号输入									编码输出				译码输入				显示字符
S_1	S_2	S_3	S_4	S_5	S_6	S_7	S_8	S_9	$\overline{Y_3}$	$\overline{Y_2}$	$\overline{Y_1}$	$\overline{Y_0}$	A_3	A_2	A_1	A_0	
1	1	1	1	1	1	1	1	1	1	1	1	1	0	0	0	0	0
0	1	1	1	1	1	1	1	1	1	1	1	0	0	0	0	1	1
×	0	1	1	1	1	1	1	1	1	1	0	1	0	0	1	0	2
×	×	0	1	1	1	1	1	1	1	1	0	0	0	0	1	1	3
×	×	×	0	1	1	1	1	1	1	0	1	1	0	1	0	0	4
×	×	×	×	0	1	1	1	1	1	0	1	0	0	1	0	1	5
×	×	×	×	×	0	1	1	1	1	0	0	1	0	1	1	0	6
×	×	×	×	×	×	0	1	1	1	0	0	0	0	1	1	1	7
×	×	×	×	×	×	×	0	1	0	1	1	1	1	0	0	0	8
×	×	×	×	×	×	×	×	0	0	1	1	0	1	0	0	1	9

四、任务内容及步骤

1. 元器件的识别与检测

在简单了解本项目相关知识点的前提下，查阅集成电路手册，熟悉 74LS147、74LS48、74LS04 和数码管的功能，确定其引脚排列，使用仪器仪表完成功能检测。

2. 简易病房呼叫系统电路的装配

（1）根据原理图设计好元器件的布局。

（2）在印制电路板安装元器件。注意元器件成型时，尺寸须符合电路通用板插孔间距要求。按要求进行装接，不能装错，元器件排列整齐并符合工艺要求，尤其应注意集成电路和数码管引脚不要装错。

（3）装配完成后进行自检。装配完成后，应重点检查装配的准确性，焊点质量应无虚焊、假焊、漏焊、搭焊等。

3. 简易病房呼叫系统电路的调试与检测

（1）目视检验。装配完成后进行不通电自检。应对照电路原理图或接线图逐个元件、逐条导线地认真检查电路的连线是否正确、元器件的极性是否接反，焊点有无虚焊、假焊、漏焊、搭焊等，布线是否符合要求等。

　　（2）通电检测。通电后，没有按钮按下时，输入信号为高电平，数码管显示 0；当按钮按下时，输入为低电平，如果电路正常工作，则数码管将分别显示相应的病房号码；当同时有多个开关按下时，显示数码最大的病房号码。如果没有显示或显示的号码不正确，则说明电路有故障，应予以排除。

五、任务评价

　　完成表 4-43。

表 4-43　简易病房呼叫系统的装配与调试职业能力评比计分表

项目	配分	考核要求	评分标准	自评	互评	师评	合计
准备工作	10	20 min 内完成所有元器件的清点、检测及调换	规定时间外更换元件，扣 2 分/个				
电路分析	10	能正确分析电路的工作原理	分析错误，扣 3 分/处				
组装焊接	10	能正确测量元器件； 元器件按要求整形； 元件的位置正确，引脚成型、焊点符合要求，连线正确； 整机装配符合工艺要求	整形、安装或焊点不规范，扣 1 分/处； 损坏元器件，扣 2 分/处； 错装、漏装，扣 2 分/处； 少线、错线及布局不美观，扣 1 分/处				
通电调试	20	接通电源后，可观察数码管显示 0； 按下按钮，相应的输入信号为低电平信号； 按下按钮，显示相应病床号码； 当同时按下多个按钮，显示数码最大的病床号码	数码管不能正常工作，扣 5 分； 按钮按下后，输入不为低电平，扣 2 分/处； 不能正确显示病床号码，扣 5 分； 不能实现优先级最高床号显示，扣 5 分				
故障分析、检修	20	能正确分析故障原因，判断故障范围； 检修思路清晰，方法运用得当； 检修结果正确； 能正确使用仪表	故障现象观察错误，扣 2 分/次； 故障原因分析错误，扣 3 分/次； 检修思路不清、方法不当，扣 5 分/处； 检修结果错误，扣 2 分/处； 仪表使用错误，扣 1 分/处				
学习态度	10	不迟到、早退、旷课； 小组成员协作和谐，学习态度端正	不遵守考勤制度，每次扣 2～5 分； 团队不协作，学习态度不端正，扣 5 分				
安全文明操作	10	安全用电，无人为损坏仪器、元件和设备； 操作习惯良好	发生安全事故，扣 10 分； 人为损坏设备、元器件，扣 5 分				
7S 管理规范	10	保持环境整洁，秩序井然； 有节约意识	现场不整洁、工作不文明，有浪费元器件和材料现象，扣 3～5 分				

项目小结

（1）数字信号是不连续的脉冲信号，处理数字信号的电路称为数字电路。在数字电路中进行数字运算和处理采用的是二进制数、八进制数和十六进制数。

（2）逻辑电路中实现基本和常用逻辑运算的电子电路称为逻辑门电路，简称门电路。基本门电路有与门、或门和非门。复合逻辑门电路有与非门、或非门、与或非门、异或门和同或门等。

（3）描述逻辑关系的函数称为逻辑函数。常用的逻辑函数表示方法有真值表、逻辑表达式、逻辑电路图、波形图和卡诺图等。逻辑函数可以采用公式法进行化简，得到最简的逻辑函数式。

（4）在逻辑电路中，任意时刻的输出状态只取决于该时刻的输入状态，而与输入信号作用之前的电路状态无关，这种电路称为组合逻辑电路。组合逻辑电路分析是根据给定的逻辑电路，找出电路输出与输入之间的逻辑关系，确定电路的逻辑功能；组合逻辑电路的设计是对于提出的实际逻辑要求，设计出能实现该功能的最简单的组合逻辑电路。

（5）典型的集成组合逻辑电路有加法器、编码器、译码器、数据选择器等。这些集成组合逻辑电路除具有基本逻辑功能外，使用控制端、选通端等使能端，能增加使用灵活性和便于扩展逻辑功能。

思考与练习

4.1 填空题

1. 数字信号在_____和_____上都是离散的，一个数字信号只有_____种取值，分别表示为_____和_____。

2. 二进制数只有_____和_____两个数码，其计数的基数是_____，加法运算进位关系为_____。

3. 数值转换

$(38)_{10} = ($ _____ $)_2$，$(1101)_2 = ($ _____ $)_{10}$；

$(3B)_{16} = ($ _____ $)_{10}$，$(1011101)_2 = ($ _____ $)_{16}$；

$(63)_8 = ($ _____ $)_{10}$，$(53)_{10} = ($ _____ $)_{8421BCD}$。

4. 基本逻辑关系有三种，它们是_____、_____、_____。

5. 常用的复合逻辑运算有_____、_____、_____、_____、_____。

6. 只有当决定一件事的几个条件全部不具备时，这件事才不会发生，这种逻辑关系为_____。

7. 与运算的法则为_____；或运算的法则为_____。

8. 逻辑函数常用的化简方法有_____和_____。

9. 组合逻辑电路的特点是输出状态只与_____，与电路原有状态_____，其基本单元电路是_____。

10. 编码器按功能的不同分为三种：_____、_____、_____。

11. 译码器按功能的不同分为三种：_____、_____、

_____。

12. 输入三位二进制代码的二进制译码器应有_____个输入端，共输出_____个最小项。

13. 全加器有三个输入端，它们分别为_____，_____和_____；输出端有两个，分别为_____、_____。

4.2 选择题

1. 模拟电路中的工作信号为（　　）。

A. 随时间连续变化的电信号

B. 随时间不连续变化的电信号

C. 持续时间短暂的脉冲信号

2. 数字电路中的工作信号为（　　）。

A. 随时间连续变化的电信号

B. 脉冲信号

C. 直流信号

3. 与十进制数 138 相应的二进制数是（　　）。

A. 10001000　　　　　　B. 10001010　　　　　　C. 10000010

4. 与二进制数 10000111 相应的十进制数是（　　）。

A. 87　　　　　　　　　B. 135　　　　　　　　　C. 73

5. （1000100101110101）$_{8421BCD}$ 对应的十进制数为（　　）。

A. 8561　　　　　　　　B. 8975　　　　　　　　C. 7AD3　　　　　　　　D. 7971

6. 如图 4-40 所示逻辑符号的逻辑表达式为（　　）。

A. $Y=A+B$　　　　　　B. $Y=AB$　　　　　　C. $Y=A \oplus B$　　　　　　D. $Y=A \odot B$

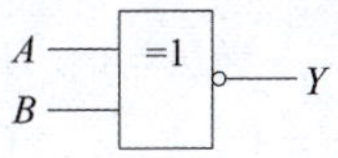

图 4-40　选择题 6 图

7. 逻辑门电路的逻辑符号如图 4-41 所示，能实现 $Y=AB$ 逻辑功能的是（　　）。

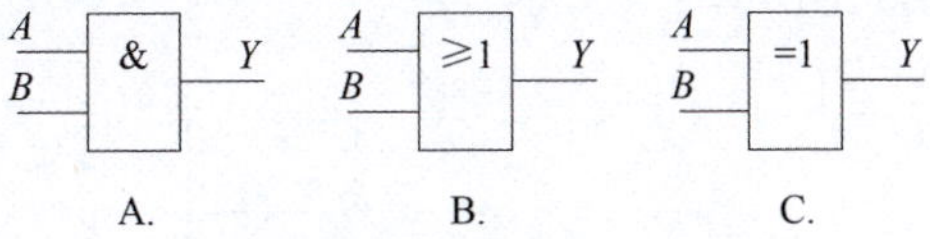

图 4-41　选择题 7 图

8. 逻辑符号如图 4-42 所示，表示"与"门的是（　　）。

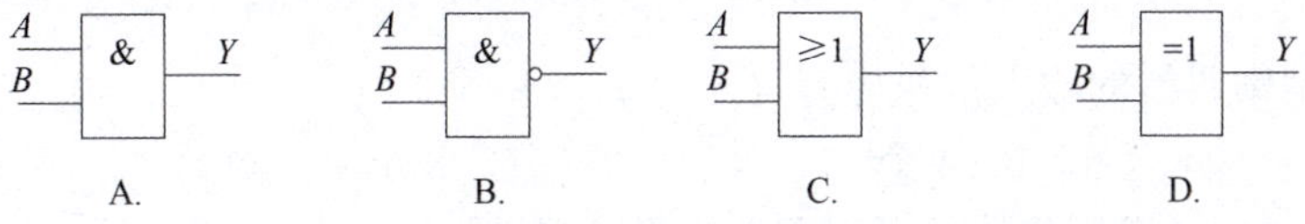

图 4-42　选择题 8 图

9. 如图 4-43 所示逻辑符号的逻辑表达式为 (   )。

A. $Y=A$ B. $Y=\overline{\overline{A}}$ C. $Y=\overline{A}$

10. 如图 4-44 所示逻辑符号的逻辑表达式为 (   )。

A. $Y=AB$ B. $Y=\overline{AB}$ C. $Y=A+B$ D. $Y=\overline{A+B}$

图 4-43   选择题 9 图   图 4-44   选择题 10 图

11. 下列逻辑式中，正确的逻辑表达式是 (   )。

A. $\overline{A+B}=\overline{A}\overline{B}$ B. $\overline{A+B}=\overline{A}\ \overline{B}$ C. $\overline{A+B}=\overline{A}+\overline{B}$

12. 逻辑式 $Y=A+B$ 可变换为 (   )。

A. $Y=\overline{\overline{A}\ \overline{B}}$ B. $Y=\overline{A}\ \overline{B}$ C. $Y=\overline{AB}$

13. 逻辑表达式 $Y=A\overline{B}+B\overline{D}+A\overline{BC}+ABCD$，化简后为 (   )。

A. $Y=A\overline{B}+\overline{BC}$ B. $Y=A\overline{B}+\overline{CD}$ C. $Y=A\overline{B}+B\overline{D}$

14. 如图 4-45 所示逻辑电路的逻辑表达式为 (   )。

A. $F=\overline{\overline{AB}+C}$ B. $F=\overline{\overline{(A+B)}\,C}$ C. $F=AB+C$

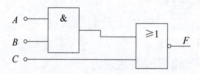

图 4-45   选择题 14 图

15. 半加器逻辑符号如图 4-46 所示，当 $A=1$，$B=1$ 时，C 和 S 分别为 (   )。

A. $C=0$，$S=0$ B. $C=0$，$S=1$ C. $C=1$，$S=0$

16. 全加器逻辑符号如图 4-47 所示，当 $A_i=0$，$B_i=1$，$C_{i-1}=0$，时，C_i 和 S_i 分别为 (   )。

A. $C_i=0$，$S_i=1$ B. $C_i=0$，$S_i=0$ C. $C_i=1$，$S_i=1$

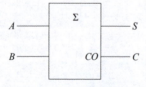   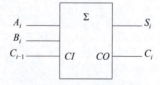

图 4-46   选择题 15 图   图 4-47   选择题 16 图

17. 二-十制编码器的输入信号应有 (   )。

A. 2 个   B. 4 个   C. 8 个   D. 10 个

18. 输入为 n 位二进制代码的译码器输出端个数为 (   )。

A. n^2 B. $2n$ C. 2^n D. n

19. 编码器的逻辑功能是（　　　）。

A. 把某种二进制代码转换成某种输出状态

B. 将某种状态转换成相应的二进制代码

C. 把二进制数转换成十进制数

20. 译码器的逻辑功能是（　　　）。

A. 把某种二进制代码转换成某种输出状态

B. 把某种状态转换成相应的二进制代码

C. 把十进制数转换成二进制数

4.3 化简逻辑表达式

（1）$F=AB+\overline{A}C+BC$；

（2）$F=AB\overline{C}+A\overline{B}C+\overline{A}BC+B(\overline{A}+B+C)$；

（3）$F=\overline{A}B+AC+\overline{B}C$。

4.4 分析与画图

1. 已知逻辑门及其输入波形如图 4-48 所示，试分别画出输出 F_1、F_2、F_3 的波形，并写出逻辑表达式。

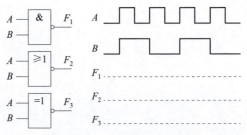

图 4-48　分析与画图 1 题图

2. 已知逻辑电路图和输入的波形如图 4-49 所示，试画出输出 F 的波形。

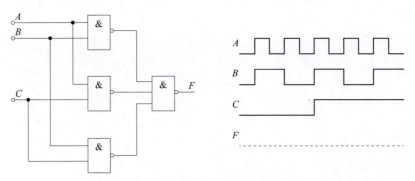

图 4-49　分析与画图 2 题图

3. 分析图 4-50 所示逻辑电路图的功能。

4. 用与非门设计一个 4 路输入的判奇电路，当 4 个输入中有奇数个 1 时，输出为 1；输入中有偶数个 1 时，输出为 0。

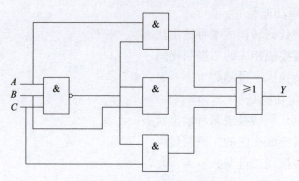

图 4-50　分析与画图 3 题图

5. 设计一个故障显示电路。要求如下，两台电动机 A 和 B 正常工作时，绿灯 F_1 亮；A 或 B 发生故障时，黄灯 F_2 亮；A 和 B 都发生故障时，红灯 F_3 亮。

6. 试用 8 选 1 数据选择器 74LS151 实现逻辑函数 $F=AB+AC+BC$。

项目 5

数字钟电路的分析与制作

🌀 项目引入

数字钟是一种用数字电路技术实现时、分、秒计时显示的装置。与机械钟相比具有更高的准确性和直观性，具有更长的使用寿命，已得到广泛的使用。

本项目采用中小规模集成电路组成数字钟电路，能够实现时、分、秒的显示，具有清零、停止等功能。数字钟电路框图如图 5-1 所示，由时钟源、计数器电路、译码显示电路和功能控制电路组成。

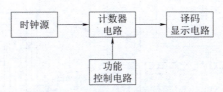

图 5-1　数字钟电路框图

时钟源：利用振荡电路产生秒脉冲信号，作为数字时钟的基准信号。

计数器电路：利用集成计数器实现六十进制和二十四进制计数器完成秒、分、时计数。

译码显示电路：采用七段显示译码器驱动六位数码管实现秒、分、时计数显示。

功能控制电路：实现时钟电路清零和暂停计数功能。

数字钟电路原理图如图 5-2 所示。其中时钟源可以利用 555 定时器构成多谐振荡器实现，电路图如图 5-41（a）所示，通过参数设置实现 1 Hz 的时钟脉冲信号，建议电阻 R_1 为 15 kΩ，R_2 为 68 kΩ，电容 C 为 10 μF，产生的脉冲信号周期约为 1 s。利用 6 片同步十进制集成计数器 74LS160 构成两个六十进制和一个二十四进制计数器，实现秒、分、时的个位和十位计数。由 74LS48 驱动六位共阴极数码管构成的译码显示电路，以实现计数结果显示。计数电路采用同步脉冲，避免后级计数器的时间延迟，提高电路效率。采用双掷开关及与门电路实现功能控制电路，S_1 实现清零功能，当 S_1 开关接低电平时，各计数器的清零端得到低电平，计数器清零；当 S_1 接高电平时，计数器从 0 开始计数。S_2 实现计数暂停功能，开关 S_2 和脉冲输出端经过与门 74LS08 接各计数器的脉冲输入端 CP，当 S_2 开关接低电平时，与门输出低电平，停止计数；当 S_2 接高电平时，与门输出脉冲信号，继续计数。

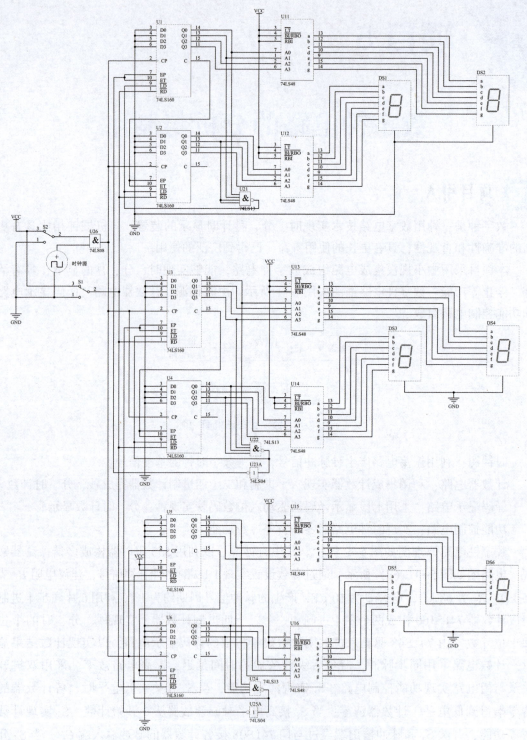

图 5-2 数字钟电路

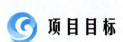 **项目目标**

素质目标

（1）正确看待个体与整体的辩证关系，提高团队的凝聚力和综合创新能力；

（2）培养规范操作意识、严谨细致的科学态度和精益求精的工匠精神；

（3）养成安全的行为规范，注重人身安全和设备安全；

（4）在电路装配过程中，注重环保、节约，树立绿色低碳理念。

知识目标

（1）了解数字钟电路的结构及工作原理；

（2）明确常见触发器电路的组成及逻辑功能；

（3）理解时序逻辑电路的特点与分类；

（4）理解寄存器和计数器电路的功能及应用；

（5）理解 555 定时器引脚结构及典型应用。

技能目标

（1）能完成触发器、寄存器、计数器的识别和逻辑功能测试；

（2）能正确分析时序逻辑电路的实际应用；

（3）能利用 555 定时器芯片构建典型应用电路；

（4）能根据要求完成数字钟电路的制作及测试，分析总结测试结果。

知识导图

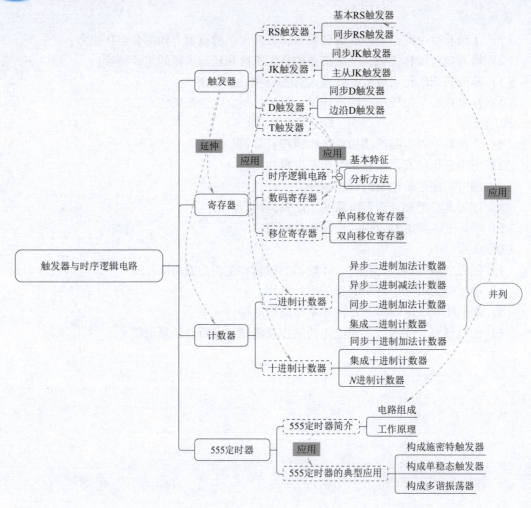

任务 5.1   触发器的功能测试

任务导入

触发器是一个具有记忆功能的，具有两个稳定状态的信息存储器件，是构成时序逻辑电路的最基本逻辑单元，也是数字逻辑电路中一种重要的单元电路。触发器具有两个稳定状态，即"0"和"1"，在一定的外界信号作用下，可以从一个稳定状态翻转到另一个稳定状态。在数字系统和计算机中有着广泛的应用。

任务描述

能查阅器件手册，识别常用触发器的类型、引脚、功能及主要性能参数；能利用数字电路实验台、仪器仪表实现不同类型触发器逻辑功能的测试；测量过程中培养严谨细致的规范操作意识。

知识准备

触发器是一个具有记忆功能的二进制信息存储器件，是构成时序逻辑电路的基本单元电路，能够接收、保持和输出信号，起到信息的接收、存储、传输的作用。触发器具有两个基本特征：

（1）触发器具有两个稳定状态，分别称为"0"状态和"1"状态，在没有外界信号作用时，触发器维持原来的稳定状态不变，即触发器具有记忆功能。

（2）在一定的外界信号作用下，触发器可以从一个稳定状态转变到另一个稳定状态。转变的过程称为翻转。

触发器按照逻辑功能可分为 RS 触发器、JK 触发器、D 触发器和 T 触发器等；从结构上可分为基本触发器、钟控触发器、主从触发器等；从触发方式上可分为电位触发型、主从触发型、边沿触发型。

5.1.1　RS 触发器

基本 RS 触发器

一、基本 RS 触发器

基本 RS 触发器由两个与非门 G_1 和 G_2 交叉连接组成，逻辑结构图如图 5-3（a）所示，逻辑符号如图 5-3（b）所示。$\bar{R}$ 和 $\bar{S}$ 是两个输入端，字母上的非号表示低电平触发有效，在逻辑符号上用小圆圈表示；Q 和 $\bar{Q}$ 是两个状态相反的输出端。规定 $Q=1$、$\bar{Q}=0$ 的状态为触发器的"1"状态，记作 $Q=1$；规定 $Q=0$、$\bar{Q}=1$ 的状态为触发器的"0"状态，记作 $Q=0$。

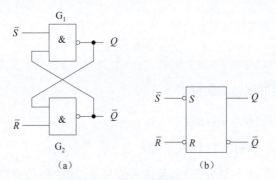

与非型基本 RS 触发器

图 5-3　基本 RS 触发器

（a）基本 RS 触发器逻辑结构图；（b）基本 RS 触发器逻辑符号

基本 RS 触发器的工作原理为：

（1）当 $\bar{R}=0$、$\bar{S}=1$ 时，触发器置"0"。这是因为 $\bar{R}=0$，G_2 门输出高电平，即 $\bar{Q}=1$，这时 G_1 门输入均为高电平，输出为低电平，即 $Q=0$，触发器被置"0"。使触发器置为

"0" 状态的输入端 $\bar{R}$ 称为置 "0" 端，也称复位端或清零端，低电平有效。

（2）当 $\bar{R}=1$、$\bar{S}=0$ 时，触发器置 "1"。因 $\bar{S}=0$，G_1 门输出为高电平，即 $Q=1$，G_2 门输入均为高电平，输出为低电平，即 $\bar{Q}=0$，触发器被置 "1"。使触发器置为 "1" 的输入端 $\bar{S}$ 称为置 "1" 端，也称置位端，低电平有效。

（3）当 $\bar{R}=1$、$\bar{S}=1$ 时，触发器保持原有状态不变。若触发器原状态为 "0" 状态，则 $Q=0$ 反馈到 G_2 门输入端，使 $\bar{Q}=1$，G_1 门输入均为高电平，使 $Q=0$，电路保持 "0" 状态不变；如果电路原状态为 "1" 状态，则电路同样保持 "1" 状态不变。

（4）当 $\bar{R}=0$、$\bar{S}=0$ 时，触发器状态不定。触发器输出 $Q=\bar{Q}=1$，既不是 "0" 状态也不是 "1" 状态。并且由于与非门延迟时间不可能完全相等，在两输入端的 0 同时撤除或同时由 0 变为 1 时，将不能确定触发器是处于 "1" 状态还是 "0" 状态。所以触发器不允许出现这种情况，应当禁止。

触发器接收输入信号之前的状态，也就是触发器原来的稳定状态，称为现态，用 Q^n 表示；触发器接收输入信号之后所处的新的稳定状态，称为次态，用 Q^{n+1} 表示。触发器的次态与输入信号、触发器的现态之间对应关系的真值表，称为特性表。根据工作原理分析，可以列出如表 5-1 所示的基本 RS 触发器的特性表，也就是功能表。

表 5-1 基本 RS 触发器的特性表

$\bar{R}$	$\bar{S}$	Q^n	Q^{n+1}	功能
0	1	0	0	置 "0"
0	1	1	0	
1	0	0	1	置 "1"
1	0	1	1	
1	1	0	0	保持
1	1	1	1	
0	0	0	不允许出现	禁用
0	0	1		

根据功能表，基本 RS 触发器的逻辑功能可用下式表示

$$\begin{cases} Q^{n+1}=S+\bar{R}Q^n \\ \bar{S}+\bar{R}=1\,(约束条件) \end{cases} \tag{5-1}$$

式（5-1）反映了触发器的次态 Q^{n+1} 与现态 Q^n 及输入信号 $\bar{R}$、$\bar{S}$ 之间的逻辑关系，称为触发器的特性方程。其中约束条件表示基本 RS 触发器的输入端不允许同时出现为 0 的情况。

这种最简单的 RS 触发器是各种多功能触发器的基本组成部分，所以称为基本 RS 触发器。

基本 RS 触发器具有以下特点：

（1）触发器的次态不仅与输入信号状态有关，而且与触发器的现态有关。

（2）电路具有两个稳定状态，即 "0" 状态和 "1" 状态。在无外来触发信号作用时，

电路将保持原状态不变。

(3) 在外加触发信号有效时，电路可以触发翻转，实现置"0"或置"1"。

(4) 在稳定状态下两个输出端的状态必须是互补关系，即有约束条件。

▲点睛

也可以用或非门构成基本 RS 触发器，其逻辑电路、逻辑符号如图 5-4 所示。当 $R=0$，$S=1$ 时，触发器置"1"；当 $R=1$，$S=0$ 时，触发器置"0"；当 $R=S=0$ 时，保持原状态不变；当 $R=S=1$ 时，触发器输出状态不确定。为保证触发器正常工作，因此要求 $RS=0$，两个输入信号，至少一个为 0。

或非型基本 RS 触发器

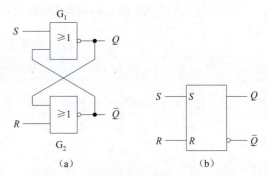

（a） （b）

图 5-4 或非门组成的基本 RS 触发器
（a）逻辑结构图；（b）逻辑符号

二、同步 RS 触发器

同步 RS 触发器

基本 RS 触发器的输出状态直接受输入信号控制，只要输入信号变化，输出就随之变化。在实际应用中，一个数字系统常包括多个触发器，希望各触发器能按一定的时间节拍，协调一致地工作，这就要求系统能有一个控制信号（称为时钟脉冲）来控制各触发器的翻转，至于翻转到什么状态，仍由 R、S 决定，这就是同步 RS 触发器。

同步 RS 触发器提高了基本 RS 触发器的抗干扰能力，工作状态不仅受输入端（R、S）控制，而且还受时钟脉冲（CP）控制的同步触发器，简称同步触发器。所谓同步就是指触发器状态的改变与时钟脉冲 CP 同步进行。

同步 RS 触发器的逻辑结构图和逻辑符号如图 5-5 所示。由与非门 G_1 和 G_2 组成基本 RS 触发器，与非门 G_3 和 G_4 组成输入控制门电路，输入信号 R、S 通过控制门进行传递，CP 称为时钟脉冲，是输入控制信号。时钟脉冲（CP）是等周期、等幅度的脉冲串，由外部电路产生，用来控制同步触发器的工作。

同步 RS 触发器的工作原理为：

(1) $CP=0$ 时，控制门 G_3 和 G_4 被封锁，输入信号 S、R 不起作用，触发器保持原来状态不变。

(2) $CP=1$ 时，控制门 G_3 和 G_4 被打开，输入信号被接收，G_3 和 G_4 输出为 $\bar{S}$、$\bar{R}$，其工作原理与基本 RS 触发器相同。

同步 RS 触发器的特性表见表 5-2。

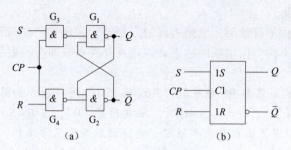

图 5-5　同步 RS 触发器

（a）同步 RS 触发器逻辑结构图；（b）同步 RS 触发器逻辑符号

表 5-2　同步 RS 触发器的特性表

CP	R	S	Q^n	Q^{n+1}	功能
0	×	×	×	Q^n	$Q^{n+1}=Q^n$，保持
1	0	0	0	0	$Q^{n+1}=Q^n$，保持
1	0	0	1	1	
1	0	1	0	1	$Q^{n+1}=1$，置"1"
1	0	1	1	1	
1	1	0	0	0	$Q^{n+1}=0$，置"0"
1	1	0	1	0	
1	1	1	0	不用	不允许
1	1	1	1	不用	

根据同步 RS 触发器的功能特性表可以得到特性方程为

$$\begin{cases} Q^{n+1}=S+\bar{R}Q^n \\ RS=0 \quad （约束条件） \qquad CP=1 \text{ 期间有效} \end{cases} \tag{5-2}$$

其中约束条件表示，同步 RS 触发器的输入端不允许同时出现 1 的情况。

【例 5.1】试画出同步 RS 触发器的输出波形。设触发器初态为"0"。

解：根据同步 RS 触发器的逻辑功能，可直接画出输出波形，其输出波形如图 5-6 所示。

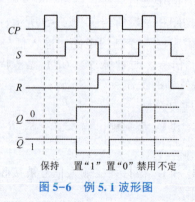

保持　置"1"置"0"禁用不定

图 5-6　例 5.1 波形图

同步 RS 触发器的特点：

（1）时钟电平控制。在 $CP=1$ 期间接收输入信号，$CP=0$ 时状态保持不变，与基本 RS 触发器相比，对触发器状态的转变增加了时间控制。

（2）R、S 之间有约束。不能允许出现 R 和 S 同时为 1 的情况，否则会使触发器处于不确定的状态。

（3）与基本 RS 触发器相比，同步 RS 触发器抗干扰能力增强。但是，同步 RS 触发器一般要求在 $CP=1$ 期间，触发器只能翻转一次，而同步 RS 触发器的触发方式为电平触发，在 $CP=1$ 期间，当 R、S 端的信号多次变化时，触发器的输出状态也随之发生多次变化。这种由于输入信号变化而引起的触发器翻转的现象，称为触发器的空翻现象。

▲点睛

触发器的空翻现象是数字电路设计中常见的问题之一，会导致触发器的输出不稳定，甚至产生错误的逻辑值。可能会对电路的稳定性和正确性产生不利影响。为了避免触发器的空翻现象，需要选择合适的触发器类型和型号，合理设计电路，并采用异步设计技术。在进行数字电路设计时，需要注意时钟信号的稳定性和正确性，以及触发器输出稳定性的影响因素，并进行充分的仿真和验证。通过采取这些措施，可以有效地避免触发器的空翻现象，提高数字电路的性能和可靠性。

想一想

（1）为什么基本 RS 触发器的两个输入端禁止同时为 0？

（2）基本 RS 触发器和同步 RS 触发器在电路结构上有何异同？

5.1.2　JK 触发器

为了解决因电平触发引起的空翻现象及输入端之间存在的约束现象，可对同步 RS 触发器进行改进，从而设计出 JK 触发器。

一、同步 JK 触发器

在同步 RS 触发器的基础上，将输出端 Q 和 $\bar{Q}$ 的状态反馈到输入端（见图 5-7），这样，G_3 和 G_4 的输出不会同时出现 0，从而避免了不定状态的出现。J、K 端相当于同步 RS 触发器的 S、R 端。

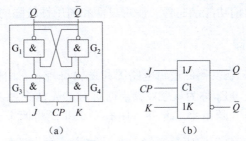

图 5-7　同步 JK 触发器

（a）同步 JK 触发器逻辑电路图；（b）同步 JK 触发器逻辑符号

同步 JK 触发器的工作原理为：

（1）$CP=0$ 时，控制门 G_3 和 G_4 被封锁，触发器不受输入信号 J、K 变化的影响，保持原来状态不变。

（2）$CP=1$ 时，控制门 G_3 和 G_4 解除封锁，输入 J、K 端的信号可控制触发器的状态。

①$J=0$，$K=0$ 时，G_3、G_4 输出均为 1，触发器保持原状态不变，即 $Q^{n+1}=Q^n$。

②$J=0$，$K=1$ 时，设触发器的初始状态 $Q^n=0$，则 G_3 和 G_4 均输出 1，触发器保持原状态 0。设初始状态 $Q^n=1$，则 G_3 输出 1、G_4 输出 0，从而使 G_2 输出为 1，G_1 输出为 0，即 $Q^{n+1}=0$。触发器置 "0"。

③$J=1$，$K=0$ 时，设触发器的初始状态 $Q^n=0$，则 G_3 输出 0、G_4 输出 1，触发器输出 1。若初态 $Q^n=1$，则也有相同的结论 $Q^{n+1}=1$。触发器置 "1"。

④$J=1$，$K=1$ 时，设触发器的初始状态 $Q^n=0$，G_3 输出 0、G_4 输出 1，则触发器翻转为 1。若初态 $Q^n=1$，G_3 输出 1、G_4 输出 0，触发器翻转为 0，即 $Q^{n+1}=\overline{Q^n}$，实现翻转。

同步 JK 触发器的特性表见表 5-3。

表 5-3　同步 JK 触发器的特性表

CP	J	K	Q^n	Q^{n+1}	功能
0	×	×	×	0	$Q^{n+1}=Q^n$，保持
1	0	0	0	0	$Q^{n+1}=Q^n$，保持
1	0	0	1	1	
1	0	1	0	0	$Q^{n+1}=0$，置 "0"
1	0	1	1	0	
1	1	0	0	1	$Q^{n+1}=1$，置 "1"
1	1	0	1	1	
1	1	1	0	1	$Q^{n+1}=\overline{Q^n}$，翻转
1	1	1	1	0	

根据特性表可以得到特征方程为

$$Q^{n+1}=J\overline{Q^n}+\overline{K}Q^n \tag{5-3}$$

可见，同步 JK 触发器消除了同步 RS 触发器的输入约束条件。但是，当 $CP=1$ 时，同步 JK 触发器的触发输入端都是开放的，仍然存在空翻现象。主从型 JK 触发器可以有效地抑制 "空翻" 现象，是目前功能最完善、使用灵活和通用性较强的一种触发器。

二、主从 JK 触发器

图 5-8 所示是主从 JK 触发器的逻辑电路图和逻辑符号。它由两个可控 RS 触发器串联组成，FF_1 称为主触发器，FF_2 称为从触发器。时钟脉冲先使主触发器翻转，而后使从触发器翻转，这就是 "主从型" 的由来。此外，还有一个非门将两个触发器联系起来。J 和 K 是信号输入端，分别与 $\overline{Q}$ 和 Q 构成与逻辑关系，称为主触发器的 S 端和 R 端，即 $S=J\overline{Q}$，$R=KQ$。从触发器的 S 端和 R 端即为主触发器的输出端 Q_1 和 $\overline{Q_1}$。$\overline{S_d}$ 是直接置 "1" 端，$\overline{R_d}$ 是直接置 "0" 端，用来预置触发器的初始状态，不受时钟控制，低电平有效，触发器正常

工作时，应使 $\bar{R}_d = \bar{S}_d = 1$。

为了提高触发器的抗干扰能力和可靠性，触发器只在时钟脉冲的下降沿（CP 由 $1\to 0$）或上升沿（CP 由 $0\to 1$）才接收信号，并按输入信号决定触发器状态，其他时刻触发器状态保持不变，这样的触发器称为边沿触发器。JK 触发器有上升沿触发和下降沿触发两种。为了区别于电平触发，在逻辑符号中靠近 CP 输入端方框的内侧加入"∧"符号，表示边沿触发，如果没有"∧"符号表示电平触发。下降沿触发的逻辑符号在 CP 输入端靠近方框处用一小圆圈表示，如图 5-8（b）所示；如果没有小圆圈表示上升沿触发。

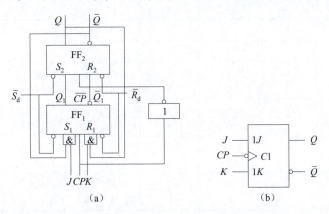

图 5-8　主从 JK 触发器

（a）主从 JK 触发器逻辑电路图；（b）主从 JK 触发器逻辑符号

主从 JK 触发器中的主触发器和从触发器工作在 CP 的不同时区。当 $CP=1$ 时，主触发器 FF$_1$ 正常工作，主触发器的输出状态 Q_1 和 $\bar{Q}_1$ 随输入信号 J、K 状态变化而改变；此时 $\overline{CP}=0$，从触发器 FF$_2$ 封锁，输出状态保持不变。

当 CP 由 1 负跃变成 0 时，主触发器 FF$_1$ 封锁，输出状态 Q_1 和 $\bar{Q}_1$ 保持不变；由于 $\overline{CP}=1$，从触发器 FF$_2$ 正常工作，由于 $S_2=Q_1$，$R_2=\bar{Q}_1$，从触发器的输出状态由主触发器的状态决定。

下面从四种情况分析主从 JK 触发器的逻辑功能。

（1）$J=0$，$K=0$。因主触发器保持初态不变，所以当 CP 脉冲下降沿到来时，触发器保持原状态不变，即 $Q^{n+1}=Q^n$。

（2）$J=1$，$K=0$。设触发器的初始状态 $Q^n=0$，则当 $CP=1$ 时，主触发器输出 $Q^n=1$，$\bar{Q}_1=0$，当 CP 脉冲下降沿到来时，从触发器置"1"，即 $Q^{n+1}=0$。若初态 $Q^n=1$，则也有相同的结论，$Q^{n+1}=1$。

（3）$J=0$，$K=1$。设触发器的初始状态 $Q^n=0$，则当 $CP=1$ 时，主触发器输出 Q_1，$\bar{Q}_1=1$。CP 脉冲下降沿到来时，从触发器置"0"，即 $Q^{n+1}=0$。若初态 $Q^n=1$，则也有相同的结论，$Q^{n+1}=0$。

（4）$J=1$，$K=1$。设触发器的初始状态 $Q^n=0$，则当 $CP=1$ 时，主触发器输出 $Q_1=1$，$\bar{Q}_1=0$。CP 脉冲下降沿到来时，从触发器翻转为 1。若初态 $Q^n=1$，则当 $CP=1$ 时，主触发

器输出 $Q_1 = 0$，$\overline{Q}_1 = 1$。CP 脉冲下降沿到来时，从触发器翻转为 0。次态和初态相反，即 $Q^{n+1} = \overline{Q}^n$，实现翻转。

可见，主从 JK 触发器是一种具有保持、翻转、置"1"、置"0"功能的触发器，克服了 RS 触发器的禁用状态，是一种使用灵活、功能强、性能好的触发器。主从 JK 触发器的特性表如表 5-4 所示。

表 5-4　主从 JK 触发器的特性表

$\overline{S}_d$	$\overline{R}_d$	CP	J	K	Q^n	Q^{n+1}	功能
0	1	×	×	×	×	0	设置初态
1	0	×	×	×	×	1	
1	1	↓	0	0	0	0	$Q^{n+1} = Q^n$ 保持
1	1	↓	0	0	1	1	
1	1	↓	0	1	0	0	$Q^{n+1} = 0$
1	1	↓	0	1	1	0	置"0"
1	1	↓	1	0	0	1	$Q^{n+1} = 1$
1	1	↓	1	0	1	1	置"1"
1	1	↓	1	1	0	1	$Q^{n+1} = \overline{Q}^n$
1	1	↓	1	1	1	0	翻转

根据主从 JK 触发器的功能特性，可以得到特征方程为

$$Q^{n+1} = J\overline{Q}^n + \overline{K}Q^n \tag{5-4}$$

【例 5.2】图 5-9 所示的主从 JK 触发器，若 CP、J、K 的输入信号波形如图 5-9 所示，试画出 Q 端的输出波形，假定触发器的初态为 0。

解：根据主从 JK 触发器的逻辑功能可画出输出 Q 端的波形图。

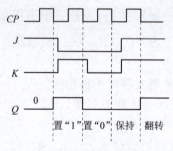

图 5-9　例 5.2 波形图

主从 JK 触发器的特点：

（1）主从 JK 触发器具有置"1"（置位）、置"0"（复位）、保持（记忆）和翻转（计数功能）。

（2）主从 JK 触发器属于脉冲触发方式，触发翻转只在时钟脉冲的下降沿发生。

（3）主从触发器功能完善、使用方便，不存在约束条件。

常用的集成芯片型号有下降沿触发的双 JK 触发器 74LS112、上升沿触发的双 JK 触发器 CC4027 和四 JK 触发器 74LS276 等。双 JK 触发器 74LS112 内部包含两个具有复位、置位端

的下降沿触发的 JK 触发器，通常用于缓冲触发器、计数器和移位寄存器电路中。它的引脚图和逻辑图如图 5-10 所示。其中 $\overline{S}_D$、$\overline{R}_D$ 分别为异步置 "1" 端和异步置 "0" 端，均为低电平有效。

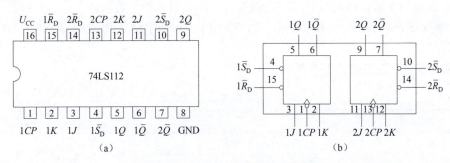

图 5-10 74LS112 的引脚图和逻辑图

（a）74LS112 的引脚图；（b）74LS112 的逻辑图

▲**点睛**

JK 触发器是数字电路触发器中的基本电路单元，具有置位、保持和翻转功能。在各种集成触发器中，JK 触发器的功能最为齐全。在实际应用中，JK 触发器不仅通用性强，还可以灵活转换为其他类型的触发器，可以构成 D 触发器和 T 触发器。

想一想

（1）主从 JK 触发器的基本触发电路包括几个逻辑门？在什么情况下触发工作？

（2）同步 JK 触发器和主从 JK 触发器有哪些不同？

5.1.3　D 触发器

D 触发器也称为 "延迟触发器" 或 "数据触发器"，具有暂存数据的功能，且边沿特性好，抗干扰能力强，是数字电子产品中广泛使用的触发器之一。

一、同步 D 触发器

同步 D 触发器只有一个数据输入端 D 和一个时钟脉冲输入端，有两个输出端 Q 和 $\overline{Q}$。电路如图 5-11 所示，在同步 RS 触发器输入端接入一个非门 G_5，使 R 端和 S 端永远为不同的电平。

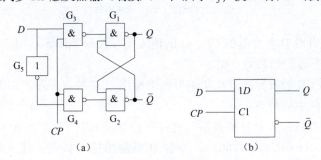

图 5-11 D 触发器

（a）逻辑电路图；（b）逻辑符号

D 触发器的工作原理为：

（1）在 $CP=0$ 时，控制门 G_3 和 G_4 被封锁，D 端输入信号不起作用，触发器保持原来状态不变。

（2）在 $CP=1$ 时，控制门 G_3 和 G_4 被打开，D 端输入信号被接收。当 $D=0$ 时，相当于同步 RS 触发器 $S=0$，$R=1$，输出为 0；当 $D=1$ 时，相当于同步 RS 触发器 $S=1$，$R=0$，触发器输出为 1。

D 触发器的特性表如表 5-5 所示。

表 5-5 D 触发器的特性表

D	Q^n	Q^{n+1}	功能
0	0	0	置 "0"
0	1	0	
1	0	1	置 "1"
1	1	1	

根据 D 触发器的功能特性，得到特征方程为

$$Q^{n+1}=D \tag{5-5}$$

二、边沿 D 触发器

边沿 D 触发器是利用时钟脉冲 CP 的上升沿或下降沿到达时刻接收 D 端输入信号，使电路的输出状态跟随输入信号改变，而在 CP 其他时间内，触发器的状态不会改变。图 5-12 所示为边沿 D 触发器的逻辑符号，图 5-12（a）中为上升沿触发 D 触发器，只有在 CP 上升沿到达时刻才接收 D 端的输入信号；图 5-12（b）中为下降沿触发 D 触发器，只有在 CP 下降沿到达时刻才接收 D 端的输入信号。边沿 D 触发器的逻辑功能与同步 D 触发器相同。因此，特性表和特征方程也相同。

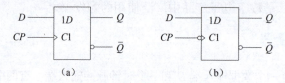

图 5-12 边沿 D 触发器的逻辑符号
（a）上升沿触发；（b）下降沿触发

【例 5.3】若上升沿 D 触发器的 CP、D 的输入信号波形如图 5-13 所示，试画出 Q 端的输出波形，假定触发器的初态为 "0"。

解：根据上升沿 D 触发器的逻辑功能可画出输出 Q 端的波形图，如图 5-13 所示。

边沿 D 触发器的主要特点：

（1）抗干扰能力强，由于 D 触发器只允许时钟脉冲 CP 的上升沿或下降沿到来的时刻，改变触发器的状态，在 CP 其他时间内，不管 D 端输出信号如何变化，触发器的输出状态不会改变，可有效抑制空翻。

（2）只具有置 "1"、置 "0" 功能，且输出跟随输入变化。

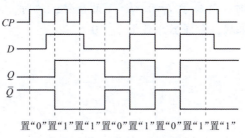

图 5-13　例 5.3 波形图

（3）使用方便灵活，工作速度很高。

常用的集成 D 触发器有双 D 触发器 74LS74、四 D 触发器 74LS75 和六 D 触发器 74LS176。如图 5-14 所示为双 D 触发器 74LS74 的引脚图和逻辑图。它是双上升沿 D 触发器，每个触发器仍然具有低电平有效的异步置"1"、置"0"端 $\overline{R}_D$、$\overline{S}_D$，其功能表如表 5-6 所示。

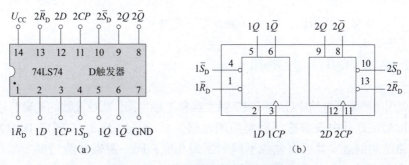

图 5-14　74LS74 的引脚图和逻辑图

（a）74LS74 的引脚图；（b）74LS74 的逻辑图

表 5-6　74LS74 的功能表

输入				输出	功能
异步输入端		时钟	同步输入端	Q	
$\overline{R}_D$	$\overline{S}_D$	CP	D		
0	0	×	×	不允许	不允许
0	1	×	×	0	异步置"0"
1	0	×	×	1	异步置"1"
1	1	↑	0	0	同步置"0"
1	1	↑	1	1	同步置"1"

▲点睛

同一电路结构的触发器可以做成不同的逻辑功能；同一逻辑功能的触发器可以用不同的电路结构来实现。比如，可以用 JK 触发器转换为 D 触发器。如图 5-15 所示，将 JK 触发器的 K 输入端连接一个非门，再与 J 输入端连接在一起作为 D 输入端。当 $D=1$ 时，相当于 $J=1$、$K=0$ 的条件，此时，不管触发器原来的状态如何，CP 脉冲的下降沿到来后，触发器总是置于"1"；当 $D=0$ 时，对应于 $J=0$、$K=1$ 的条件，此时，不管触发器原来的状态如何，CP 脉冲的下降沿到来后，触发器总是置于"0"。

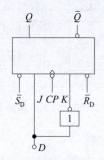

图 5-15　由 JK 触发器转换为 D 触发器

想一想

（1）同步 D 触发器的基本结构组成分哪两大部分？为什么 D 触发器能有效抑制空翻现象？

（2）与同步 D 触发器相比，边沿 D 触发器有哪些优点？

5.1.4　T 触发器和 T′触发器

在实际应用的触发器电路中经常用到 T 触发器和 T′触发器，T 触发器的逻辑符号如图 5-16 所示。但实际集成产品中没有这两种类型的电路，可以是由 JK 触发器或 D 触发器转换而来。同一电路结构的触发器可以做成不同的逻辑功能；同一逻辑功能的触发器可以用不同的电路结构来实现。

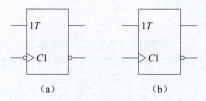

图 5-16　T 触发器的逻辑符号

（a）下降沿触发；（b）上升沿触发

把 JK 触发器的 J、K 端连接起来作为输入端，构成 T 触发器。如图 5-17（a）所示。根据输入信号 T 取值的不同，具有保持和翻转功能，即当 $T=0$ 时能保持状态不变，$T=1$ 时，每来一个 CP 脉冲，触发器状态翻转一次。T 触发器的特性表如表 5-7 所示。

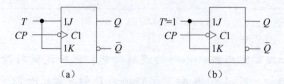

图 5-17　T 触发器和 T′触发器

（a）由 JK 触发器转换成的 T 触发器；（b）由 JK 触发器转换成的 T′触发器

表 5-7　T 触发器的特性表

T	Q^n	Q^{n+1}	功能
0	0	0	$Q^{n+1}=Q^n$
0	1	1	保持
1	0	1	$Q^{n+1}=\overline{Q^n}$
1	1	0	翻转

将 T 代入 JK 触发器的特征方程中得到 T 触发器的特征方程为

$$Q^{n+1}=T\overline{Q^n}+\overline{T}Q^n=T\oplus Q^n \qquad (5-6)$$

T 触发器的逻辑功能为，当 $T=0$ 时，$Q^{n+1}=Q^n$，输入时钟脉冲 CP 时，触发器仍保持原来状态不变，即具有保持功能；当 $T=1$ 时，$Q^{n+1}=\overline{Q^n}$，每输入一个时钟脉冲 CP，触发器的状态变化一次，即具有翻转功能。T 触发器常被用来组成计数器。

将 JK 触发器的 J 和 K 相连作为 T′ 输入端，并接成高电平 1，都成为 T′ 触发器，如图 5-17（b）所示。

T′ 触发器实际上是 T 触发器输入 $T=1$ 时的一个特例，凡是每来一个时钟脉冲就翻转一次，因此 T′ 触发器又称为计数触发器。T′ 触发器的特征方程为

$$Q^{n+1}=\overline{Q^n} \qquad (5-7)$$

想一想

（1）T 触发器和 T′ 触发器有哪些特性？

（2）尝试用边沿 D 触发器实现 T 触发器和 T′ 触发器的功能。

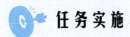 **任务实施**

一、任务要求

（1）练习查阅器件手册，熟悉常用触发器的类型、引脚、功能及主要性能参数。

（2）掌握边沿 D 触发器和 JK 触发器逻辑功能的测试方法。

（3）练习 T′ 触发器实现计数功能的测试。

（4）测量过程中培养严谨细致的规范操作意识。

二、设备与器件

数字电路实验台、万用表、示波器、74LS00、74LS74、74LS112。

三、任务内容及步骤

1. 74LS00 构成的基本 RS 触发器测试

（1）74LS00 引脚及内部电路图如图 4-21（a）所示。

（2）在数字电路实验台上，在电源关闭的情况下，将 74LS00 插入适当位置，用导线将 14 引脚 U_{CC} 接 +5 V 电源，7 引脚 GND 接地，将 2、6 引脚相连，3、5 引脚相连，输入

端 1、4 连接到逻辑电平开关，输出端 3、6 接电平指示灯，利用万用表测试 Q 和 $\overline{Q}$ 端即 3、6 引脚的电压（也可用电平指示灯测试）。根据要求，改变 $\overline{R}_D$ 和 $\overline{S}_D$ 电平，将结果记录在表 5-8 中。

表 5-8　74LS00 构成的基本 RS 触发器测试记录表

$\overline{R}_D$（1 引脚）	$\overline{S}_D$（4 引脚）	Q/V（6 引脚）	$\overline{Q}/V$（3 引脚）
0	1		
1	0		
0	0		
1	1		

2. 上升沿 D 触发器 74LS74 的功能测试

（1）74LS74 引脚图如图 5-14（a）所示。

（2）置"0"和置"1"功能测试。将 74LS74 插入适当位置，用导线将 U_{CC} 和 GND 分别接到直流电源的 +5 V 和接地处，将 $\overline{R}_D$ 和 $\overline{S}_D$ 连接到逻辑开关，CP 和 D 可接高电平或低电平，利用万用表测试 Q 和 $\overline{Q}$ 端电压（也可用电平指示灯测试）。根据要求，改变 $\overline{R}_D$ 和 $\overline{S}_D$ 电平，将结果记录在表 5-9 中。

表 5-9　置"0"和置"1"功能测试记录表

$\overline{R}_D$	$\overline{S}_D$	Q/V	$\overline{Q}/V$
0	1		
1	0		

（3）74LS74 功能测试。将 $\overline{R}_D$ 和 $\overline{S}_D$ 接高电平，D 端接到逻辑开关，CP 接单脉冲电路。根据表 5-10 的要求测试触发器的输出状态。

表 5-10　74LS74 功能测试记录表

$\overline{R}_D$	$\overline{S}_D$	CP	D	Q^n	Q^{n+1}
1	1	↑	1	0	
1	1	↑	1	1	
1	1	↑	0	0	
1	1	↑	0	1	

3. JK 触发器 74LS112 逻辑功能测试

（1）74LS112 引脚如图 5-10 所示。

（2）置"0"和置"1"功能测试。接通电源为 +5 V，将 $\overline{R}_D$ 和 $\overline{S}_D$ 接到逻辑开关，CP 和 J、K 接高电平或低电平。根据表 5-11 的要求，改变 $\overline{R}_D$ 和 $\overline{S}_D$ 电平，将结果记录在表 5-11 中。

表 5-111　置"0"和置"1"功能测试记录表

$\overline{R}_D$	$\overline{S}_D$	Q/V	$\overline{Q}/V$
0	1		
1	0		

（3）74LS112 功能测试。将 $\overline{R}_D$ 和 $\overline{S}_D$ 接高电平，J、K 端接到逻辑开关，CP 接单脉冲电路。根据表 5-12 的要求测试触发器的输出状态。

表 5-12　74LS112 功能测试记录表

$\overline{R}_D$	$\overline{S}_D$	CP	J	K	Q^n	Q^{n+1}
1	1	↓	0	0	0	
1	1	↑	0	0	1	
1	1	↓	0	1	0	
1	1	↑	0	1	1	
1	1	↓	1	0	0	
1	1	↑	1	0	1	
1	1	↓	1	1	0	
1	1	↑	1	1	1	

4. T′触发器计数功能的测试

将 D 触发器 74LS74 的 D 端和 $\overline{Q}$ 端相连，组成 T′触发器，CP 端输入幅值为 5 V、频率为 1 kHz 的连续脉冲信号，用示波器观察并记录 CP 和 Q 端的波形信号。

尝试利用 JK 触发器 74LS112 构成 T′触发器，完成计数功能的测试。

四、巩固练习

（1）基本 RS 触发器当 $\overline{R}=0$、$\overline{S}=1$ 时，触发器实现_____功能，当 $\overline{R}=1$、$\overline{S}=0$ 时，触发器实现_____功能，当 $\overline{R}=0$、$\overline{S}=0$ 时，触发器实现_____功能，当 $\overline{R}=1$、$\overline{S}=1$ 时，触发器实现_____功能。

（2）边沿 D 触发器 74LS74，当 $\overline{R}_D=0$，$\overline{S}_D=1$ 时，实现_____功能，当 $\overline{R}_D=1$，$\overline{S}_D=0$ 时实现_____功能。

（3）边沿 JK 触发器 74LS112，当 $\overline{R}_D=0$，$\overline{S}_D=1$ 时，实现_____功能，当 $\overline{R}_D=1$，$\overline{S}_D=0$ 时实现_____功能。

（4）将 D 触发器 74LS74 的 D 端和 $\overline{Q}$ 端相连，组成_____，能实现_____功能。

（5）如何利用 JK 触发器 74LS112 构成 T′触发器？

五、任务评价

完成表 5-13。

表 5-13　触发器的功能测试职业能力评比计分表

项目	配分	评分标准	自评	互评	师评	合计
74LS00 构成的基本 RS 触发器测试	15	能正确搭接电路（5分）； 能正确完成功能测试（10分）				
74LS74 逻辑功能测试	15	能正确搭接电路（5分）； 能正确完成置"0"、置"1"功能测试（5分）； 能正确完成功能测试（5分）				
JK 触发器 74LS112 逻辑功能测试	15	能正确搭接电路（5分）； 能正确完成置"0"、置"1"功能测试（5分）； 能正确完成功能测试（5分）				
T′触发器计数功能测试	15	能正确搭接电路（5分）； 能正确使用示波器观察 CP 和 Q 信号（5分）； 能正确利用 JK 触发器构成 T′触发器，并完成测试（5分）				
巩固练习	10	每小题 2 分				
学习态度	10	迟到、早退，一人次扣 2 分；学习态度不端正不得分				
安全文明操作	10	不安全规范操作，一次扣 5 分				
7S 管理规范	10	工位不整洁，视情况扣分； 没有节约意识，扣 5 分				

任务 5.2　寄存器的功能测试

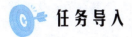

任务导入

在数字电路中，寄存器是一种重要的单元电路，其功能是用来存放数据、指令等。寄存器是由具有存储功能的触发器组合起来构成的。一个触发器可以存储 1 位二进制数码，n 个触发器可存储 n 位二进制数码。寄存器按照逻辑功能的不同，可分为数码寄存器和移位寄存器两大类。

任务描述

能利用 D 触发器构成数码寄存器，并完成逻辑功能测试，掌握其工作原理及使用方法；能完成循环彩灯电路测试，熟悉集成移位寄存器的工作原理、功能及使用方法。

知识准备

5.2.1　时序逻辑电路的概述

1. 时序逻辑电路的基本特征

在数字电路中，凡是任一时刻的稳定输出不仅取决于该时刻的输入，而且还与电路原来的状态有关者，都叫作时序逻辑电路，简称时序电路。时序逻辑电路由组合逻辑电路和存储电路两部分组成。时序逻辑电路组成框图如图 5-18 所示。其中 $A_1 \sim A_n$ 代表时序逻辑电路的输入；$Y_1 \sim Y_m$ 代表时序逻辑电路的输出；$X_1 \sim X_s$ 代表存储电路的输入；$Q_1 \sim Q_r$ 代表存储电路的输出。

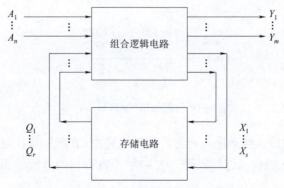

图 5-18　时序逻辑电路组成框图

组合逻辑电路的作用是完成逻辑运算或算术运算等操作，由门电路组成，其输出信号必须反馈到存储电路的输入端，以便决定下一时刻存储电路的状态。存储电路的作用是记忆处理中间结果，主要由具有记忆功能的触发器组成，其状态必须反馈到组合逻辑电路的输入端，与输入信号共同决定组合逻辑电路的输出。

时序逻辑电路是一种重要的数字逻辑电路，它与组合逻辑电路的功能和特点不同。组合逻辑电路在任一时刻的输出仅取决于当时的输入，与过去的历史无关，即有什么样的输入就有什么样的输出。从电路的组成来看，它不含任何具有存储功能的触发器。时序逻辑电路在任一时刻的输出不仅取决于该时刻的输入，而且还与电路原来的状态有关。从电路组成来看，它包含有触发器，而触发器就是最简单、最基本的时序电路。

时序逻辑电路的分类有很多种，但主要按照其存储电路中各触发器是否由统一时钟控制，分为同步时序电路与异步时序电路两类。同步时序电路是存储电路里所有触发器有一个统一的时钟源，它们的状态在同一时刻更新。异步时序电路则没有统一的时钟脉冲或没有时钟脉冲，电路的状态更新不是同时发生的。

2. 时序逻辑电路的分析方法

对时序逻辑电路进行分析，就是找出电路的逻辑功能。具体来说，就是根据逻辑电路分析列出状态表，然后画出状态转换图和波形图，找出输出状态和输出函数在时钟及输入变量的作用下的变化规律，并做出该电路的功能分析描述。

想一想

（1）时序逻辑电路主要由哪几部分组成??

（2）时序逻辑电路与组合逻辑电路有什么不同？

数码寄存器

5.2.2 数码寄存器

具有接收数码、寄存数码、输出数码和清除数码功能的寄存器称为数码寄存器。在接收指令（在计算机中称为写指令）控制下，将数据送入寄存器存放；需要时可在输出指令（读出指令）控制下，将数据由寄存器输出。

如图 5-19 所示是由 4 个 D 触发器构成四位二进制数码寄存器的逻辑图。

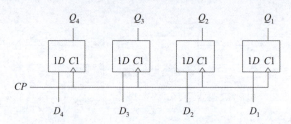

图 5-19　四位二进制数码寄存器

4 个触发器的时钟输入端连接在一起，受时钟脉冲 CP 的同步控制，$D_1 \sim D_4$ 是寄存器并行的数据输入端，输入四位二进制数码；$Q_1 \sim Q_4$ 是寄存器的并行输出端，输出四位二进制数码。

若要将四位二进制数码 $D_4D_3D_2D_1 = 1010$ 存入寄存器中，只要在时钟脉冲 CP 输入端加入时钟脉冲。当 CP 上升沿出现时，4 个触发器的输出端 $D_4D_3D_2D_1 = 1010$，于是四位二进制数码同时存入 4 个触发器中。当外部电路需要这组数据时，可以从 $Q_4Q_3Q_2Q_1$ 端读出。

当接收脉冲 CP 到来后，输入数据 $D_4D_3D_2D_1$ 就一起送入 D 触发器，这种输入方式称为并行输入。寄存器在输出时也是各位同时输出的。因此，称这种输出方式为并行输出。因此这种数码寄存器称为并行输入-并行输出数码寄存器。

可以采用集成 4D 触发器 74LS175 构成寄存器。74LS175 的引脚图和逻辑符号如图 5-20 所示，在其外引脚中，D_0、D_1、D_2、D_3 是四位数码的并行输入端，$\overline{MR}$ 是清零端，CP 是时钟脉冲输入端，Q_0、$\overline{Q}_0$、Q_1、$\overline{Q}_1$、Q_2、$\overline{Q}_2$、Q_3、$\overline{Q}_3$ 是四位数码的并行输出端。表 5-14 为 74LS175 的功能表。

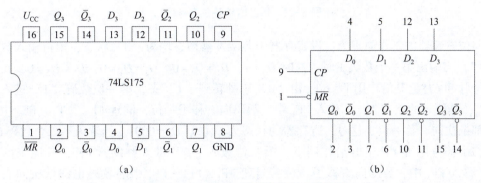

图 5-20　74LS175 的引脚图和逻辑符号

（a）74LS175 的引脚图；（b）74LS175 的逻辑符号

表 5-14　74LS175 功能表

输入						输出			
$\overline{MR}$	CP	D_0	D_1	D_2	D_3	Q_0	Q_1	Q_2	Q_3
L	×	×	×	×	×	L	L	L	L
H	↑	D_0	D_1	D_2	D_3	D_0	D_1	D_2	D_3
H	H	×	×	×	×	保持			
H	L	×	×	×	×	保持			

想一想

（1）什么是数码寄存器？

（2）数码寄存器主要由什么组成？具有什么功能？

5.2.3　移位寄存器

移位寄存器是一种不仅能存储数码，还能使寄存的数码移位的寄存器。移位寄存器可分成单向移位寄存器和双向移位寄存器。

一、单向移位寄存器

由边沿 D 触发组成的四位右移移位寄存器电路图如图 5-21 所示，其中第一个触发器 FF_0 的输入端 D_i 接收输入信号，其余的每个触发器的输入端均与前面一个触发器输出端 Q 端相连。

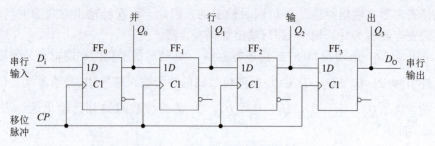

图 5-21　四位右移移位寄存器

移位寄存器的工作原理为：设寄存器中各触发器初态均为 "0" 状态，串行输入数码为 "1011"，当输出第一个数码 1 时，这时 $D_0 = 1$，$D_1 = D_0 = 0$，$D_2 = D_1 = 0$，$D_3 = D_2 = 0$，在第一个移位脉冲 CP 上升沿作用下，FF_0 由 "0" 态翻转到 "1" 态，第一位数码 "1" 进入触发器 FF_0，其原来的状态 $Q_0 = 1$ 移入 FF_1 中，数码向右移了一位，同理 FF_1、FF_2、FF_3 中的数码也都依次向右移一位。这时，寄存器的状态为 $Q_3Q_2Q_1Q_0 = 0001$。当输入第二个数码 0 时，在第二个移位脉冲 CP 上升沿作用下，第二位数码 "0" 进入触发器 FF_0，其原来的状态 $Q_0 = 1$ 移入 FF_1 中，数码向右移了一位，同理 FF_1、FF_2、FF_3 中的数码也都依次向右移一位。这时，寄存器的状态为 $Q_3Q_2Q_1Q_0 = 0010$。依次类推，在移位脉冲的作用下，数码由低位到高位存入寄存器，实现了右移。在各时移位脉冲作用下，触发器的状态转换关系如表 5-15 所示。

表 5-15　右移移位寄存器的状态转换表

移位脉冲 CP	Q_3	Q_2	Q_1	Q_0	输入数据 D_i
初始	0	0	0	0	1
1	0	0	0	1	0
2	0	0	1	0	1
3	0	1	0	1	1
4	1	0	1	1	×
并行输出	1011				

若需要从移位寄存器中取出数码，可从每位触发器的输出端引出，这种输出方式称为并行输出。另一种输出方式是由最后一级触发器 FF_4 输出端引出。若寄存器中已存有数码 1011，每来一个移位脉冲输出一个数码（即将寄存器中的数码右移一位），则再来 4 个移位脉冲后，四位数码全部逐个输出，这种方式称为串行输出。

▲点睛

移位寄存器也可以进行左移位，其原理和右移移位寄存器没有本质的区别。电子工程手册编委会规定向高位移位称为右移，向低位移位称为左移，而不管纸面上的方向如何。

二、双向移位寄存器

把左移和右移移位寄存器组合起来，加上移位方向控制信号，便可方便地构成双向移位寄存器。74LS194 是集成四位双向移位寄存器，其引脚图和逻辑功能示意图如图 5-22 所示，具有并行输出、并行输入、左移、右移、保持等多种功能。其中 $D_0 \sim D_3$ 为并行输入端，$Q_0 \sim Q_3$ 为并行输出端，D_{SR} 为右移串行输入端，D_{SL} 为左移串行输入端；S_1、S_0 为操作模式控制端；$\overline{R}_D$ 为直接无条件清零端；CP 为时钟脉冲输入端。

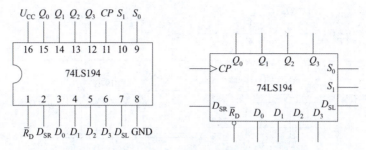

图 5-22　74LS194 的引脚图和逻辑功能示意图

74LS194 的功能表如表 5-16 所示。

表 5-16　74LS194 的功能表

输入											输出				工作模式
清零	控制		串行输入		时钟	并行输入				输出					
$\overline{R}_D$	S_1	S_0	D_{SL}	D_{SR}	CP	D_0	D_1	D_2	D_3	Q_0	Q_1	Q_2	Q_3		
0	×	×	×	×	×	×	×	×	×	0	0	0	0	异步清零
1	0	0	×	×	×	×	×	×	×	Q_0^n	Q_1^n	Q_2^n	Q_3^n	保持
1	0	1	×	1	↑	×	×	×	×	1	Q_0^n	Q_1^n	Q_2^n	右移，D_{SR} 为串行输入，
1	0	1	×	0	↑	×	×	×	×	0	Q_0^n	Q_1^n	Q_2^n	Q_3 为串行输出
1	1	0	1	×	↑	×	×	×	×	Q_1^n	Q_2^n	Q_3^n	1	左移，D_{SL} 为串行输入，
1	1	0	0	×	↑	×	×	×	×	Q_1^n	Q_2^n	Q_3^n	0	Q_0 为串行输出
1	1	1	×	×	↑	D_0	D_1	D_2	D_3	D_0	D_1	D_2	D_3	并行置数

（1）置零功能：当清零端 $\overline{R}_D = 0$ 时，各输出端均为 "0"，与时钟无关。

（2）保持功能：当清零端 $\overline{R}_D = 1$ 且 $S_1 S_0 = 00$ 时，移位寄存器处于保持状态。

（3）并行置数功能：当 $\overline{R}_D = 1$ 且 $S_1 S_0 = 11$ 时，寄存器为并行输入方式，即在 CP 脉冲上升沿作用下，将输入到 $D_0 \sim D_3$ 的数据同时存入寄存器中，$Q_0 \sim Q_3$ 为并行输出端。

（4）右移串行输入功能：当 $\overline{R}_D = 1$ 且 $S_1 S_0 = 01$ 时，在 CP 时钟上升沿作用下，寄存器执行右移工作功能，D_{SR} 为右移串行输入端。

（5）左移串行输入功能：当 $\overline{R}_D = 1$ 且 $S_1 S_0 = 10$ 时，寄存器为左移工作方式，D_{SL} 为左移串行输出端。

如图 5-23 所示，将两片四位双向移位寄存器 74LS194 的输入和输出同时作为八位双向移位寄存器的输入和输出。将 74LS194（1）的右移串行输入端 D_{SR} 作为八位双向移位寄存器的右移串行输入端，同时将 74LS194（1）的串行输出端 Q_3 与 74LS194（2）的右移串行输入端 D_{SR} 相连。同样，将 74LS194（1）的左移输入端 D_{SL} 作为八位双向移位寄存器的左移串行输出端，同时将 74LS194（2）的串行输出端 Q_4 与 74LS194（1）的左移串行输入端 D_{SL} 相连。将两片四位 74LS194 的时钟脉冲输入端 CP、清零端 $\overline{R}_D$ 和操作模式控制端 S_1、S_0 分别相连便可构成八位双向移位寄存器。

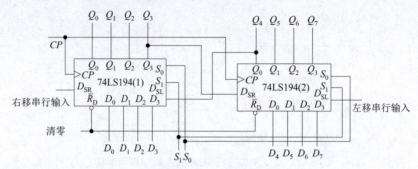

图 5-23　八位移位寄存器

想一想

（1）移位寄存器具有什么功能？

（2）移位寄存器与数码寄存器有什么区别？

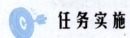 任务实施

一、任务要求

（1）掌握利用 D 触发器构成数码寄存器的测试方法；

（2）掌握集成移位寄存器的功能测试；

（3）学会利用移位寄存器实现四位循环彩灯电路功能测试；

（4）测量过程中培养严谨细致的规范操作意识。

二、设备与器件

数字电路实验台、万用表、示波器、74LS194、74LS175、单刀双掷开关、1 kΩ 电阻 4 个、LED 4 个。

三、任务内容及步骤

1. 4D 触发器 74LS175 构成数码寄存器的逻辑功能测试

74LS175 引脚图如图 5-20 所示。在数字电路实验台上，在电源关闭的情况下，将 74LS175 插入适当位置，用导线将 U_{CC} 和 GND 分别接到直流电源的 +5 V 和接地处，清零端 $\overline{MR}$ 和输入端 $D_3 D_2 D_1 D_0$ 连接逻辑开关，CP 接单脉冲电路，输出端 $Q_3 Q_2 Q_1 Q_0$ 连接电平指示灯。自拟表格，逐项进行测试，并与给出的功能表做对比。

2. 集成双向移位寄存器 74LS194 逻辑功能测试

74LS194 引脚图如图 5-22 所示。在数字电路实验台上，在电源关闭的情况下，将 74LS194 插入适当位置，用导线将 U_{CC} 和 GND 分别接到直流电源的 +5 V 和接地处，将清零

端 $\overline{R}_D$、移位控制端 D_{SR} 和 D_{SL}、操作模式控制端 S_1 和 S_0 及输入端 $D_3D_2D_1D_0$ 连接逻辑开关，CP 接单脉冲电路，输出端 $Q_3Q_2Q_1Q_0$ 连接电平指示灯。

自拟表格，逐项进行测试，并与给出的功能表做对比。

3. 利用 74LS194 组成四位循环彩灯电路功能测试

如图 5-24 所示，利用集成移位寄存器 74LS194 组成四位循环彩灯电路。将输出端 Q_3 接右移输入端 D_{SR}，利用电平逻辑开关设置 $D_3D_2D_1D_0 = 0111$，清零端 $\overline{R}_D = 1$，$S_0 = 1$，S_1 连接单刀双掷开关，CP 端输入幅值为 5 V、频率为 1 Hz 的连续脉冲信号；首先将开关 J_1 打到上挡位，$S_1S_0 = 11$，74LS194 实现并行置数功能，将输出端置数为 0111；当 J_1 打到下挡位，$S_1S_0 = 01$，74LS194 实现右移功能，从而实现右移循环彩灯电路设计。尝试改变电路设置，实现控制彩灯左移、全亮及全灭功能设计。

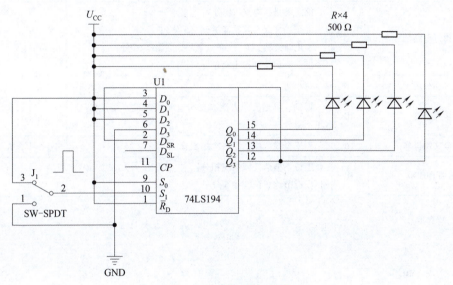

图 5-24　循环彩灯电路

四、巩固练习

（1）4D 触发器 74LS175 若要实现清零功能，清零端 $\overline{MR}$ = _____。

（2）设置 74LS175 的 $\overline{MR} = 1$，若设置 $D_3D_2D_1D_0$ 为 1010，当 CP 上升沿时，$Q_3Q_2Q_1Q_0$ = _____。

（3）74LS194 是集成_____寄存器，当 $\overline{R}_D$ = _____，实现清零功能。

（4）当 74LS194 的清零端 $\overline{R}_D = 1$ 且 $CP = 0$，或 $\overline{R}_D = 1$ 且 $S_1S_0 = 00$ 时，移位寄存器实现_____功能。

（5）四位循环彩灯电路实现右移功能，需要 $\overline{R}_D$ = _____且 S_1S_0 = _____；当 $\overline{R}_D$ = _____且 S_1S_0 = _____时，能实现左移功能。

五、任务评价

完成表 5-17。

表 5-17　寄存器的功能测试职业能力评比计分表

项目	配分	评分标准	自评	互评	师评	合计
74LS175 逻辑功能测试	20	能正确搭接电路（5分）； 能正确完成功能测试（10分）； 能正确记录并得出结论（5分）				
74LS194 逻辑功能测试	20	能正确搭接电路（5分）； 能正确完成功能测试（10分）； 能正确记录并得出结论（5分）				
四位循环彩灯电路功能测试	20	能正确搭接电路（5分）； 能正确完成右移功能测试（5分）； 能正确实现左移、全亮、全灭功能测试（5分）； 能正确记录并得出结论（5分）				
巩固练习	10	每小题2分				
学习态度	10	迟到、早退，一人次扣2分；学习态度不端正不得分				
安全文明操作	10	不安全规范操作，一次扣5分				
7S 管理规范	10	工位不整洁，视情况扣分； 没有节约意识，扣5分				

任务 5.3　计数器的功能检测

任务导入

计数器是用来记忆输入脉冲个数的逻辑器件，主要由触发器组成。它可用于定时、分频、产生节拍脉冲和脉冲序列及进行数字运算等，是使用最多的时序逻辑电路。

任务描述

能熟悉不同进制计数器的构成；能完成集成计数器电路的功能测试；能用集成计数器构成任意进制计数器。

知识准备

计数器的种类很多，特点各异。按各触发器翻转情况的不同，分为同步计数器和异步计数器。在同步计数器中，当时钟信号到来时触发器状态同时翻转；在异步计数器中，触发器状态不同时翻转。按数制的不同，分为二进制计数器、十进制计数器和任意进制计数器。按计数器中数字编码方式分为二进制计数器、二-十进制计数器、循环码计数器等。

5.3.1　二进制计数器

二进制计数器是构成其他各种计数器的基础。二进制计数器是指按二进制编码方式进行计数的电路。用 n 表示二进制代码的位数，用 N 表示有效数字个数，在二进制计数器中有 $N=2^n$ 个状态。

一、异步二进制加法计数器

异步计数器在计数时采用从低位向高位逐位进（借）位的方式工作。因此，其中的各个触发器不是同步翻转的。

由 JK 触发器组成的四位异步二进制加法计数器如图 5-25 所示，每个触发器的 J、K 端都接高电平，即接成 T′触发器。计数脉冲 CP 由最低位的触发器的时钟脉冲端加入，每个触发器均为下降沿触发，低位触发器的 Q 输出端接相邻高位的时钟脉冲 CP 端。二进制加法计数的规则是，每一位如果是 1，则再加 1 时变成 0，同时向高位发出进位信号，使高位翻转。

计数器在计数前，$\overline{R_D}$ 置零端加负脉冲，使各触发器为 "0" 状态，即 $Q_3Q_2Q_1Q_0=0000$。计数过程中，$\overline{R_D}$ 为高电平。

输入第一个计数脉冲 CP，当脉冲的下降沿到来时，最低位触发器 FF_0 由 "0" 态翻转为 "1" 态，因为 Q_0 端输出的上升沿加到 Q_1 的 CP 端，FF_1 不满足翻转条件，保持 "0" 态不变。这时计数器的状态为 $Q_3Q_2Q_1Q_0=0001$。

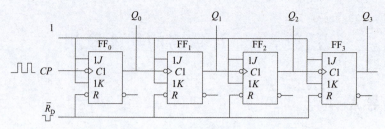

图 5-25　四位异步二进制加法计数器

当输入第二个计数脉冲 CP 时，触发器 FF_0 由"1"态翻转为"0"态，Q_0 端输出的下降沿加到 Q_1 的 CP 端，FF_1 翻转，由"0"态翻转为"1"态。Q_1 端输出的上升沿加到 Q_2 的 CP 端，FF_2 不满足翻转条件，保持"0"态不变。这时计数器的状态为 $Q_3Q_2Q_1Q_0 = 0010$。

当连续输入计数脉冲 CP 时，只要低位触发器由"1"态翻转到"0"态，相邻高位触发器的状态改变。计数器中各触发器的状态转换顺序如表 5-18 所示。由状态转换表 5-18 可知，在计数脉冲 CP 作用下，计数器状态符合二进制加法规律，故称为异步二进制加法计数器。从状态 0000 开始，每来一个脉冲，计数器中数值加 1，当输入第十六个脉冲时，计满归零，因此，该电路也称为一位十六进制计数器。

表 5-18　四位异步二进制加法计数器状态转换表

计数脉冲	计数器状态				相应的十进制数
	Q_3	Q_2	Q_1	Q_0	
0	0	0	0	0	0
1	0	0	0	1	1
2	0	0	1	0	2
3	0	0	1	1	3
4	0	1	0	0	4
5	0	1	0	1	5
6	0	1	1	0	6
7	0	1	1	1	7
8	1	0	0	0	8
9	1	0	0	1	9
10	1	0	1	0	10
11	1	0	1	1	11
12	1	1	0	0	12
13	1	1	0	1	13
14	1	1	1	0	14
15	1	1	1	1	15
16	0	0	0	0	0

二、异步二进制减法计数器

将四位异步二进制加法计数器电路稍做变动，即将触发器 FF_3、FF_2、FF_1 的时钟信号分别与前级触发器的 $\bar{Q}$ 端相连，就构成四位异步二进制减法计数器，电路如图 5-26 所示。

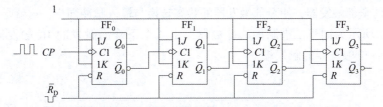

图 5-26　四位异步二进制减法计数器

计数器在计数前，$\bar{R}_D$ 置 "0" 端加负脉冲，使各触发器为 "0" 态，即 $Q_3Q_2Q_1Q_0 = 0000$。计数过程中，$\bar{R}_D$ 为高电平。

当第一个减法计数脉冲 CP 下降沿到来时，最低位触发器 FF_0 由 "0" 态翻转为 "1" 态，$\bar{Q}_0 = 0$，产生一个下降沿信号，满足 FF_1 翻转条件，FF_1 输出 $Q_1 = 1$，$\bar{Q}_1 = 0$。同理 FF_2 和 FF_3 也随之发生翻转，这时计数器的输出状态为 $Q_3Q_2Q_1Q_0 = 1111$。

当第二个计数脉冲 CP 下降沿到来时，触发器 FF_0 由 "1" 态翻转为 "0" 态，$\bar{Q}_0 = 1$，产生上升沿信号，FF_1 不满足翻转条件，输出状态不发生改变。同理 FF_2 和 FF_3 输出状态也保持不变，计数器的输出状态为 $Q_3Q_2Q_1Q_0 = 1110$。当时钟脉冲 CP 连续输入时，得到状态转换表如表 5-19 所示。

表 5-19　四位异步二进制减法计数器状态转换表

计数脉冲	计数器状态				相应的十进制数
	Q_3	Q_2	Q_1	Q_0	
0	0	0	0	0	0
1	1	1	1	1	15
2	1	1	1	0	14
3	1	1	0	1	13
4	1	1	0	0	12
5	1	0	1	1	11
6	1	0	1	0	10
7	1	0	0	1	9
8	1	0	0	0	8
9	0	1	1	1	7
10	0	1	1	0	6
11	0	1	0	1	5
12	0	1	0	0	4
13	0	0	1	1	3
14	0	0	1	0	2
15	0	0	0	1	1
16	0	0	0	0	0

三、同步二进制加法计数器

异步二进制加法计数器由于进位信号是逐步传递的，它的计数速度受到限制，输入脉冲更要经过传输延迟时间才能到达新的稳定状态。为了提高计数速度，应设法利用计数脉冲去触发计数器的全部触发器，使全部触发器的状态转换与输入脉冲同步，这就是同步计数器。

如图 5-27 所示为同步二进制加法计数器，由 4 个下降沿触发的 JK 触发器构成，计数脉冲同时控制各位触发器的触发端。

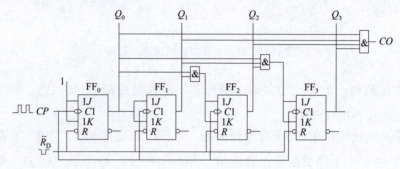

图 5-27　同步二进制加法计数器电路

触发器 FF_0 由于 $J=K=1$，构成 T′ 触发器，每一个计数脉冲 CP 下降沿到来时，其输出状态翻转一次。FF_1、FF_2 和 FF_3 为 T 触发器，当 J、K 输入端为 0 时，保持原状态不变，当 J、K 输入端为 1 时，在下一个计数脉冲 CP 下降沿作用下，输出状态翻转。当第一个脉冲 CP 到来时，触发器 FF_0 输出 $Q_0=1$，FF_1、FF_2 和 FF_3 由于 $J=K=0$，其输出状态保持不变，此时 $Q_3Q_2Q_1Q_0=0001$；当第二个脉冲到来时，触发器 FF_0 输出 0，而 FF_1 的 $J=K=1$，输出 1，FF_2 和 FF_3 由于 $J=K=0$，其输出状态保持不变，此时 $Q_3Q_2Q_1Q_0=0010$；由于 FF_2 的 $J=K=Q_0Q_1$，只有当 Q_0 和 Q_1 全为 1 时，即第四个脉冲到来时，Q_2 才能输出高电平；由于 FF_3 的 $J=K=Q_0Q_1Q_2$，只有当 Q_0、Q_1 和 Q_2 全为 1 时，即第八个脉冲到来时，Q_3 才能输出高电平。在第十五个脉冲 CP 到来时，$Q_3Q_2Q_1Q_0=1111$；当第十六个脉冲到来时，计数器返回初始值 0000 状态。同时，CO 由 0 变为 1，输出一个进位信号，实现逢 16 进 1。其状态转换表与异步二进制加法计数器相似。

▲点睛

由于计数脉冲同时加到各位触发器的 CP 端，它们的状态变换和计数脉冲同步，这是"同步"名称的由来；异步计数器的计数脉冲只加到部分触发器的 CP 端，其他触发器的触发信号则由电路内部提供，各触发器不在同一时刻发生状态更新。同步计数器的计数速度比异步计数器快。

四、集成二进制计数器

图 5-28（a）所示为集成四位异步二进制加法计数器 74LS197 的引脚图，图 5-28（b）为 74LS197 的结构框图。

$D_0 \sim D_3$ 是并行数据输入端，$Q_0 \sim Q_3$ 是计数器输出端。$\overline{CR}$ 是异步清零端，低电平有效。

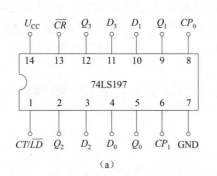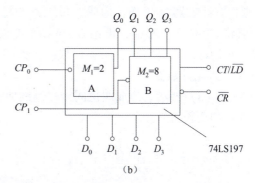

图 5-28　集成四位异步二进制加法计数器 74LS197

（a）74LS197 的引脚图；（b）74LS197 的结构框图

当 $\overline{CR}$ 为低电平时，不管 CP_0、CP_1 时钟端状态如何，都可完成异步清零功能。$CT/\overline{LD}$ 为计数/置数控制端，低电平有效。当 $\overline{CR}=1$，$CT/\overline{LD}=0$ 时，不管 CP_0、CP_1 时钟端状态如何，计数器实现异步置数，将 $D_0 \sim D_3$ 置给 $Q_0 \sim Q_3$。CP_0 和 CP_1 是两组时钟脉冲输入端。74LS197 功能表见表 5-20。

表 5-20　74LS197 功能表

输入				输出
$\overline{CR}$	$CT/\overline{LD}$	CP_0	CP_1	$Q_0\ \ Q_1\ \ Q_2\ \ Q_3$
0	×	×	×	0　0　0　0，异步清零
1	0	×	×	$D_0\ \ D_1\ \ D_2\ \ D_3$，异步置数
1	1	CP	×	二进制加法计数
1	1	×	CP	八进制加法计数
1	1	CP	Q_0	十六进制加法计数

值得注意的是：74LS197 集成电路有两组 CP 输入端，其内部包括两组相对独立的计数器，即为图 5-28（b）中的计数器 A、计数器 B。

若将 CP 加在 CP_0 端，CP_1 端接地或置"1"，则仅有计数器 A 工作，构成一位二进制即二进制异步加法计数器，如图 5-29（a）所示；若将 CP 加在 CP_1 端，CP_0 端接地或置

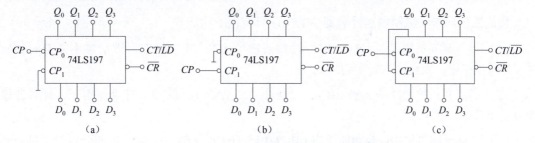

图 5-29　用 74LS197 构成不同进制计数器

（a）二进制计数器；（b）八进制计数器；（c）十六进制计数器

"1"，则仅有计数器 B 工作，构成三位二进制即八进制异步加法计数器，如图 5-29（b）所示；若将 CP 加在 CP_0 端，再把 Q_0 与 CP_1 连接起来，则实现了计数器 A、B 的级联，构成四位二进制即十六进制异步加法计数器，如图 5-29（c）所示，因此也把 74LS197 称为二–八–十六进制计数器。

图 5-30（a）所示为集成四位同步二进制加法计数器 74LS161 的引脚图，图 5-30（b）为 74LS161 的逻辑符号。

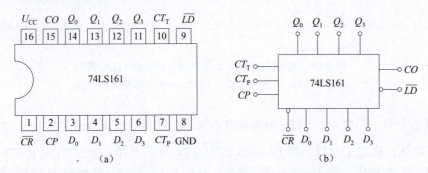

图 5-30　集成四位同步二进制加法计数器 74LS161 的引脚图和逻辑符号

（a）74LS161 的引脚图；（b）74LS161 的逻辑符号

$D_0 \sim D_3$ 为并行数据输入端，$Q_0 \sim Q_3$ 为状态输出端，CP 为时钟脉冲输入端，上升沿有效。$\overline{CR}$ 为清零端，低电平有效。$\overline{LD}$ 为同步并行置数控制端，低电平有效。CT_P 和 CT_T 为工作状态控制端，当两者或其中之一为低电平时，计数器保持原态，当两者为高电平时，实现计数功能。CO 为进位信号输出端，高电平有效。如表 5-21 所示为 74LS161 的逻辑功能表。

表 5-21　74LS161 的逻辑功能表

输　入									输　出				
$\overline{CR}$	$\overline{LD}$	CT_P	CT_T	CP	D_0	D_1	D_2	D_3	Q_0	Q_1	Q_2	Q_3	CO
0	×	×	×	×	×	×	×	×	0	0	0	0	0
1	0	×	×	↑	d_0	d_1	d_2	d_3	d_0	d_1	d_2	d_3	
1	1	1	1	↑	×	×	×	×	计		数		
1	1	0	×	×	×	×	×	×	保		持		
1	1	×	0	×	×	×	×	×	保		持		0

集成四位同步二进制加法计数器 74LS161 具有以下功能：

（1）异步清零功能。当 $\overline{CR}=0$ 时，计数器输出为全"0"状态。因清零不需与时钟脉冲 CP 同步作用，因此称为异步清零。

（2）同步并行置数功能。当 $\overline{CR}=1$、$\overline{LD}=0$ 时，即在 CP 脉冲上升沿作用下，计数器输出并行数据 $D_3D_2D_1D_0$。

（3）二进制同步加法计数功能。当 $\overline{CR}=\overline{LD}=1$ 且 $CT_P \cdot CT_T=1$ 时，按四位自然二进制码同步计数，当计数器累加到"1111"状态时，溢出进位输出端 CO 输出一个高电平进位信号。

（4）保持功能。当 $\overline{CR}=\overline{LD}=1$ 且 $CT_P \cdot CT_T=0$ 时，计数器状态保持不变。

▲点睛

集成四位同步二进制加法计数器74LS163，其逻辑功能、计数工作原理和外引线排列与74LS161没有大的区别。主要区别是74LS163采用同步清零，首先使 $\overline{CR}=0$，然后在 CP 上升沿作用下计数器能实现清零功能；74LS161为异步清零，当 $\overline{CR}=0$ 时，不需与时钟脉冲 CP 作用，计数器输出为全零状态。

想一想

（1）什么是异步计数器？什么是同步计数器？两者有什么优缺点？

（2）74LS161具有哪些功能？

5.3.2 十进制计数器

一、同步十进制加法计数器

虽然二进制计数器有电路结构简单、运算方便的特点，但日常生活中人们使用的是十进制计数。因此，数字系统中经常要用到十进制计数器。十进制计数器与二进制计数器的工作原理基本相同，在四位二进制计数器的16种状态的基础上，只使用0000~1001，剩下的6种状态1010~1111不用，即可实现8421BCD码十进制计数器。计数顺序如表5-22所示。

表5-22 同步十进制计数器的状态表

计数脉冲	计数器状态				输出
	Q_3	Q_2	Q_1	Q_0	CO
0	0	0	0	0	0
1	0	0	0	1	0
2	0	0	1	0	0
3	0	0	1	1	0
4	0	1	0	0	0
5	0	1	0	1	0
6	0	1	1	0	0
7	0	1	1	1	0
8	1	0	0	0	0
9	1	0	0	1	1
10	0	0	0	0	0

如图5-31所示为由4个JK触发器组成的8421BCD码同步十进制加法计数器。在计数前，在计数器的置"0"端 $\overline{R}_{\mathrm{D}}$ 加负脉冲，使各触发器为"0"状态，即 $Q_3Q_2Q_1Q_0=0000$。计数过程中，$\overline{R}_{\mathrm{D}}$ 为高电平。

触发器 FF_0 构成 T 触发器，每一个计数脉冲 CP 下降沿到来时，其输出状态翻转一次。FF_1 的 $J_1=\overline{Q}_3Q_0$、$K_1=Q_0$，在 FF_3 的 $Q_3=0$，$\overline{Q}_3=1$ 时，$J_1=Q_0$，FF_1 为 T 触发器。当 $Q_0=1$

时，FF_1 处于计数状态；当 $Q_0 = 0$ 时，FF_1 处于保持状态。FF_2 的 $J_2 = K_2 = Q_1 Q_0$，也为 T 触发器。FF_3 的 $J_3 = Q_2 Q_1 Q_0$，$K_3 = Q_0$，只有在 FF_1、FF_2 和 FF_3 都为 1 时，才具备翻转条件。由此可知，在输入前七个计数脉冲 CP 时，与同步二进制加法计数器相同，此时，$Q_3 = 0$，$CO = Q_3 Q_0$。当输入第七个计数脉冲 CP 时，$Q_3 Q_2 Q_1 Q_0 = 0111$，此时，$J_3 = 1$、$K_3 = 1$，FF_3 具备翻转条件。

在输入第八个计数脉冲 CP 时，$Q_3 Q_2 Q_1 Q_0 = 1000$，这时，FF_3 为 $Q_3 = 1$，$\overline{Q}_3 = 0$，从而 $J_1 = 0$，$K_1 = 0$，此时 FF_2、FF_3 的 $J_2 = 0$、$K_2 = 0$，$J_3 = 0$、$K_3 = 0$。因此，除 FF_0 具备翻转条件，FF_1、FF_2 和 FF_3 都处于保持状态。当输入第九个计数脉冲 CP 时，$Q_3 Q_2 Q_1 Q_0 = 1001$，输出 CO 由 0 变为 1，$CO = 1$。这时，$J_1 = 0$，$K_1 = 0$，$J_2 = 0$、$K_2 = 0$，$J_3 = 0$、$K_3 = 1$。因此，FF_1 和 FF_2 不具备翻转条件，FF_0 和 FF_3 都具备翻转条件。当输入第十个计数脉冲 CP 时，计数器返回初始状态，$Q_3 Q_2 Q_1 Q_0 = 0000$，同时，CO 由 1 变为 0，向高位计数器输出一个负跃变的进位信号，实现十进制计数。

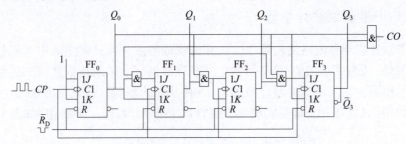

图 5-31　4 个 JK 触发器组成的 8421BCD 码同步十进制加法计数器

二、集成十进制计数器

1. 集成异步十进制加法计数器 74LS290

图 5-32（a）所示为集成异步十进制加法计数器 74LS290 的引脚图，图 5-32（b）为 74LS290 的逻辑图。

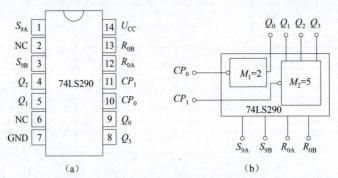

图 5-32　集成异步十进制加法计数器 74LS290 的引脚图和逻辑图
(a) 74LS290 的引脚图；(b) 74LS290 的逻辑图

其中 CP_0 和 CP_1 是两组时钟脉冲输入端；$Q_0 \sim Q_3$ 是计数器状态输出端；S_9 包括两个并行端口 S_{9A} 和 S_{9B}，是置"9"端；R_0 包括两个并行端口 R_{0A} 和 R_{0B}，是清零端。表 5-23 所示为 74LS290 的逻辑功能表。

表 5-23 74LS290 的逻辑功能表

输 入			输 出				备注
R_0	S_9	CP	Q_0^{n+1}	Q_1^{n+1}	Q_2^{n+1}	Q_3^{n+1}	
1	0	×	0	0	0	0	清零
×	1	×	1	0	0	1	置"9"
0	0	↓	计 数				

集成异步十进制加法计数器 74LS290 具有以下功能：

（1）异步清零功能。当 $S_9 = S_{9A} \cdot S_{9B} = 0$，$R_0 = R_{0A} = R_{0B} = 1$ 时，则计数器清零，并与 CP 无关。

（2）异步置"9"功能。当 $S_9 = S_{9A} \cdot S_{9B} = 1$ 时，计数器置"9"，即被置成 1001 的状态。置"9"功能也与 CP 无关。

（3）计数功能。当 $S_9 = S_{9A} \cdot S_{9B} = 0$，$R_0 = R_{0A} = R_{0B} = 0$ 时，根据不同的连接方法，74LS290 可实现二进制、五进制和十进制计数功能。

将计数脉冲由 CP_0 输入，由 Q_0 输出，构成二进制计数器，如图 5-33（a）所示；将计数脉冲由 CP_1 输入，由 Q_3、Q_2、Q_1 输出，构成五进制计数器，如图 5-33（b）所示；将 Q_0 与 CP_1 相连，计数脉冲 CP 由 CP_0 输入，构成 8421BCD 码十进制计数器，如图 5-33（c）所示；把 CP_0 和 Q_3 相连，计数脉冲由 CP_1 输入，构成 5421BCD 码十进制计数器，如图 5-33（d）所示。

因此，74LS290 又可称为二-五-十进制计数器。

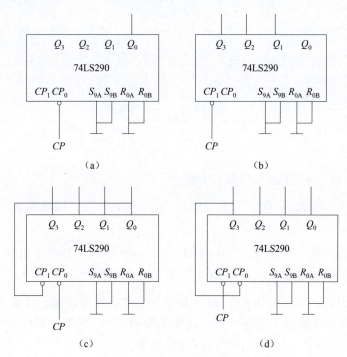

图 5-33 用 74LS290 构成不同进制计数器

（a）二进制计数器；（b）五进制计数器；
（c）8421BCD 码十进制计数器；（d）5421BCD 码十进制计数器

2. 同步十进制加法计数器 74LS160

74LS160 是一个具有异步清零、同步置数、可以保持状态不变的十进制上升沿加法计数器。其引脚图和功能图如图 5-34 所示。

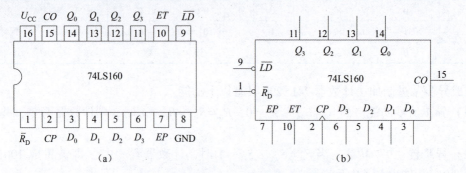

图 5-34 74LS160 的引脚图和功能图
（a）74LS160 的引脚图；（b）74LS160 的功能图

$D_0 \sim D_3$ 是并行数据输入端，$Q_0 \sim Q_3$ 是数据输出端，EP、ET 为计数控制端，CO 是进位输出端，CP 为时钟输入端，$\overline{R}_D$ 是异步清零输入端，$\overline{LD}$ 是同步并行置入控制端。其逻辑功能表如表 5-24 所示。

表 5-24 74LS160 的逻辑功能表

输入									输出			
$\overline{R}_D$	$\overline{LD}$	EP	ET	CP	D_0	D_1	D_2	D_3	Q_0	Q_1	Q_2	Q_3
0	×	×	×	×	×	×	×	×	0	0	0	0
1	0	×	×	↑	d_0	d_1	d_2	d_3	d_0	d_1	d_2	d_3
1	1	1	1	↑	×	×	×	×	计数			
1	1	0	×	×	×	×	×	×	保持			
1	1	×	0	×	×	×	×	×	保持（$CO=0$）			

由表 5-24 可知，74LS160 具有以下功能：

（1）异步清零。当 $\overline{R}_D = 0$ 时，计数器输出为全"0"状态，因清零不需与时钟脉冲 CP 同步作用，实现异步清零。

（2）同步并行置数。当 $\overline{R}_D = 1$、$\overline{LD} = 0$ 时，即在 CP 脉冲上升沿作用下，并行输入数据被置入计数器的输出端 $Q_3 Q_2 Q_1 Q_0 = d_3 d_2 d_1 d_0$，实现同步置数功能。

（3）计数。当 $\overline{R}_D = \overline{LD} = 1$ 且 $ET \cdot EP = 1$ 时，计数器开始计数，每来一个脉冲计数器加 1，实现四位同步可预置十进制计数，计数从 0000 计到 1001，当再来一脉冲时，又从 0000 重新开始计数，同时溢出进位输出端 CO 输出 1。

（4）保持。当 $\overline{R}_D = \overline{LD} = 1$ 且 $ET \cdot EP = 0$ 时，计数器状态保持不变。如果在此情况下，$EP = 0$，$ET = 1$，则进位输出信号 CO 保持不变；若 $ET = 0$，不管 EP 状态如何，进位输出信号 CO 为低电平 0。

三、N 进制计数器

目前常用的计数器主要有二进制计数器和十进制计数器，当需要任意一种进制的计数器时，只能将现有的计数器改接而得。可以通过对集成计数器的清零输入端和置数输入端进行设置，构成 N 进制计数器。清零和置数有同步和异步之分，同步方式时，当 CP 触发沿到来时才能完成清零和置数功能；异步方式时，通过时钟触发异步输入端实现清零和置数功能。具体的计数器可以通过计数器的状态转换表鉴别其清零和置数方式。

1. 异步清零法（也称反馈复位法）

由于计数器的异步清零控制端获得清零信号后，便被立刻清零。因此，采用异步清零功能获得 N 进制计数器的方法是：在输入第 N 个计数脉冲 CP 后，将计数器输出 $Q_3Q_2Q_1Q_0$ 中的高电平 1 通过反馈控制电路产生的清零信号加到异步清零控制端，使计数器立刻清零，回到初始"0"状态，从而实现 N 进制计数。

由同步十进制计数器 74LS160 和一片四输入与非门 74LS00 构成六进制计数器如图 5-35 所示。六进制计数器要求电路在"6"时进位，即输出为"6"时给输入端置"0"。计数器从 $Q_3Q_2Q_1Q_0=0000$ 状态开始计数，到计到 0101 时，当第 6 个计数脉冲上升沿到来，计数器输出 0110 状态，与非门立刻输出"0"，通过与非门电路将输出端状态反馈到异步清零端 $\overline{R}_\mathrm{D}$，使计数器复位至 0000 状态，使 0110 为瞬间状态，不能成为有效状态，从而完成 0~5 计数循环。

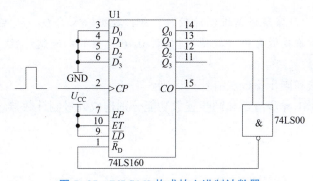

图 5-35　74LS160 构成的六进制计数器

▲**点睛**

利用异步清零端 $\overline{R}_\mathrm{D}$ 实现任意进制计数时，并行数据输入端 $D_0 \sim D_3$ 可接任意数据，在本例中，$D_0 \sim D_3$ 端都接低电平（接地），当然，也可接其他数据。

2. 同步置数法（也称反馈预置法）

利用同步置数功能获得 N 进制计数器时，计数器的并行数据输入端 $D_3D_2D_1D_0$ 必须接计数起始数据，并置入计数器。由于同步置数控制端获得置数信号后，$D_3D_2D_1D_0$ 输入的数据并不能置入计数器，还需要再输入一个计数脉冲 CP 才能置入计数器。因此，使用同步置数功能构成 N 进制计数器的方法是：在输入第 $N-1$ 个计数脉冲 CP 后，将计数器 $Q_3Q_2Q_1Q_0$ 输出中的高电平"1"通过反馈控制电路产生的置数信号，加到同步置数控制端，在输入第 N 个计数脉冲 CP 后，$D_3D_2D_1D_0$ 输入的数据被置入计数器，使电路返回到初始的预置状态，

从而实现 N 进制计数。这种方法使输出端不会出现瞬间的过渡状态。

集成四位二进制加法计数器 74LS161 构成的七进制计数器如图 5-36 所示。计数器从 $Q_3Q_2Q_1Q_0 = 0000$ 状态开始计数，计数到第 6 个脉冲时，$Q_3Q_2Q_1Q_0 = 0110$，此时与非门输出为 "0"，与非门电路将输出端状态反馈到同步并行置入控制端 $\overline{LD}$，使 $\overline{LD} = 0$，为 74LS160 同步预置做好准备。在第 7 个 CP 上升沿作用时，完成同步预置，使 $Q_3Q_2Q_1Q_0 = 0000$，完成了 0~6 的计数。

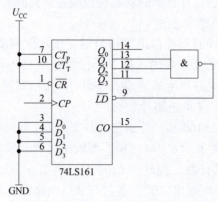

图 5-36　74LS161 构成的七进制计数器

▶点睛

利用同步置数端 $\overline{LD}$ 实现任意进制计数时，并行数据输入端 $D_0 \sim D_3$ 需要接计数器初值，在本例中，$D_0 \sim D_3$ 端都接低电平（接地），实现 0~6 计数的七进制计数。

想一想

（1）异步清零法和同步置数法有什么区别？

（2）试用 74LS161 异步清零和同步置数功能分别构成九进制计数器。

⊙ 任 务 实 施

一、任务要求

（1）熟悉同步十进制计数器 74LS160 的功能测试方法。

（2）熟悉计数器、译码器和数码管的应用。

（3）测量过程中培养严谨细致的规范操作意识。

二、设备与器件

数字电路实验台、万用表、示波器、74LS160、74LS48、74LS10、数码管。

三、任务内容及步骤

1. 同步十进制计数器 74LS160 功能测试

（1）异步清零功能测试。在数字电路实验台上，在电源关闭的情况下，将 74LS160 插入适当位置，用导线将 U_{CC} 和 GND 分别接到直流电源的 +5 V 和接地处。输入端 $D_3D_2D_1D_0$

和 $\overline{R}_\mathrm{D}$、$\overline{LD}$ 连接逻辑电平开关，输出端 $Q_3Q_2Q_1Q_0$ 连接电平指示灯，CP 接单脉冲电路。设置 $\overline{R}_\mathrm{D}=0$，$\overline{LD}=1$，$D_3D_2D_1D_0$ 设置为任意数据，观察输出 $Q_3Q_2Q_1Q_0$ 的状态变化；再设置 $\overline{R}_\mathrm{D}=\overline{LD}=1$，依次改变 $D_3D_2D_1D_0$ 输入电平值，观察输出 $Q_3Q_2Q_1Q_0$ 的状态变化，并将结果填入表 5-25 的项次 1 中。

表 5-25　异步清零功能测试记录表

项次	输入									输出					功能
	$\overline{R}_\mathrm{D}$	$\overline{LD}$	EP	ET	$CP\uparrow$	D_3	D_2	D_1	D_0	Q_3	Q_2	Q_1	Q_0	CO	
1	0	×	×	×	×	×	×	×	×						
2	1	0	×	×	1	0	0	0	1						
					2	0	0	1	0						
					3	0	1	0	1						
					4	1	1	1	1						

（2）同步置数功能测试。设置 $\overline{R}_\mathrm{D}=\overline{LD}=1$，依次按照表 5-25 改变 $D_3D_2D_1D_0$ 输入电平值，在 CP 单次脉冲作用下，观察输出 $Q_3Q_2Q_1Q_0$ 的状态变化，并将结果填入表 5-25 的项次 2 中。

（3）计数功能测试。设置 $\overline{LD}=\overline{R}_\mathrm{D}=1$，时钟脉冲 CP 接实验台上的 1 kHz、电压幅度为 5 V 的脉冲，用双踪示波器观察并记录 CP、Q_3、Q_2、Q_1、Q_0、CO 的状态变化，并将结果填入表 5-26 中。注意触发沿的对应关系，要求观察记录 10 个以上 CP 脉冲。

表 5-26　74LS160 功能测试记录表

输出	CP 个数										
	0	1	2	3	4	5	6	7	8	9	10
Q_3	0										
Q_2	0										
Q_1	0										
Q_0	0										
CO	0										
十进制数	0										

2. 利用 74LS160、译码器和数码管级联成八进制计数器

（1）采用同步置数法设计一个八进制加法计数器。同步十进制计数器 74LS160、译码器 74LS48、与非门 74LS10、数码管的连线如图 5-37 所示。

（2）74LS160 的 CP 输入端接频率为 1 Hz、电压幅度为 5 V 的脉冲。

（3）检查电路，确认无误后，再接电源。利用示波器记录输入脉冲信号、74LS10 输出信号和数码管显示的数字，验证电路的逻辑功能。

（4）尝试更改连线，采用异步清零法实现八进制计数器。

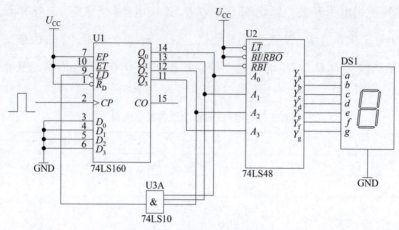

图 5-37　八进制计数器电路

四、巩固练习

（1）当 74LS160 计数器的清零端 $\overline{R}_D = 0$ 时，$Q_3Q_2Q_1Q_0 =$ _____，计数器能实现计数功能。

（2）74LS160 计数器的置数端 $\overline{LD} = 0$ 时，$Q_3Q_2Q_1Q_0 =$ _____，计数器能实现计数功能。

（3）Q_0 的一个周期包含了 _____ 个 CLK 脉冲，其频率和 CLK 的频率的关系是 _____；Q_3 的一个周期包含了 _____ 个 CLK 脉冲，其频率和 CLK 的频率关系是 _____。

（4）用 74LS160 采用同步置数法，利用示波器观测输入、输出信号，当第 _____ 个计数脉冲到来时，与非门电路将输出低电平信号，使 $\overline{LD} = 0$，当下一个计数脉冲上升沿作用时，完成同步预置。

（5）若 74LS161 实现八进制计数器，电路如何设计？

五、任务评价

完成表 5-27。

表 5-27　计数器的功能检测职业能力评比计分表

项目	配分	评分标准	自评	互评	师评	合计
74LS160 逻辑功能的测试	30	能正确搭接电路（5分）； 能正确实现同步置数功能测试（5分）； 能正确实现异步清零功能测试（5分）； 能正确实现计数功能测试（5分）； 能正确记录并得出结论（10分）				

续表

项目	配分	评分标准	自评	互评	师评	合计
八进制计数器电路功能测试	30	能正确搭接电路（5分）； 能正确使用示波器观测输入信号和输出信号（5分）； 能正确实现同步置数法实现八进制计数功能测试（5分）； 能正确采用异步清零法实现八进制计数功能测试（10分）； 能正确记录并得出结论（5分）				
巩固练习	10	每小题2分				
学习态度	10	迟到、早退，一人次扣2分；学习态度不端正不得分				
安全文明操作	10	不安全规范操作，一次扣5分				
7S 管理规范	10	工位不整洁，视情况扣分； 没有节约意识，扣5分				

任务 5.4　555 定时器的识别与功能测试

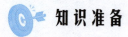 **任务导入**

555 定时器是一种能够产生定时信号，完成各种定时或延时功能的中规模集成电路。它将模拟功能和数字逻辑功能巧妙地结合在一起，电路功能灵活，适用范围广泛，只要在外部配上几个阻容元件，就可以构成性能稳定而准确的方波发生器、单稳态触发器和施密特触发器、多谐振荡器等电路。因此，广泛应用于仪器仪表、家用电器、电子测量及自动控制等方面。

任务描述

区分 555 定时器的不同类型及型号；查阅器件手册，识别 555 定时器的引脚功能；能利用 555 定时器构成施密特触发器、单稳态触发器和多谐振荡器；测试过程中培养严谨细致的规范操作意识。

知识准备

5.4.1　555 定时器简介

555 定时器有 TTL 型和 CMOS 型，它们的逻辑功能完全相同。TTL 型单定时器后 3 位数字为 555，双定时器为 556，四定时器为 558；CMOS 型单定时器的最后 4 位数字为 7555，双定时器为 7556，四定时器为 7558。它们的引脚排列相同。555 定时器的电源电压范围宽，TTL 型 555 定时器为 5~16 V，CMOS 型 555 定时器为 3~18 V。可以提供与 TTL 和 CMOS 数字电路兼容的接口电平和高达 200 mA 的负载电流；可输出一定的功率直接驱动微电机、指示灯、扬声器等。

一、555 定时器的电路组成

如图 5-38（a）所示是 555 集定时器的内部电路图，引脚图如图 5-38（b）所示。555 定时器主要由 5 个部分组成。

1. 基本 RS 触发器

基本 RS 触发器由两个与非门组成，输入信号分别是电压比较器 C_1 和 C_2 的输出电压。$\overline{R_D}$ 是进行外部置 "0" 的复位端，当 $\overline{R_D} = 0$ 时，使输出 $u_o = 0$。定时器正常工作时，$\overline{R_D} = 1$。

2. 电压比较器

C_1 和 C_2 是两个电压比较器。比较器有两个输入端，当 $u_+ > u_-$ 时，输出高电平，当 $u_+ < u_-$ 时，输出低电平。

3. 分压器

3 个阻值为 5 kΩ 的电阻串联起来构成分压器（555 也因此得名），为比较器 C_1 和 C_2 提供基准电压，C_1 的基准电压为 $u_+ = \dfrac{2}{3}U_{CC}$，C_2 的基准电压为 $u_- = \dfrac{1}{3}U_{CC}$，如果在电压控制端 CO 另加控制电压，则可改变 C_1、C_2 的基准电压。工作中不使用 CO 端时，一般都通过一个 0.01 μF 的电容接地，以旁路高频干扰，起到稳定电路的作用。

4. 放电晶体管和输出缓冲级

晶体管 VT 集电极开路，外接电容提供充放电回路，被称为泄放晶体管。其工作状态受基本 RS 触发器的输出和 $\overline{R}_D$ 控制。反相器 G 起到整形和提升负载能力的作用。

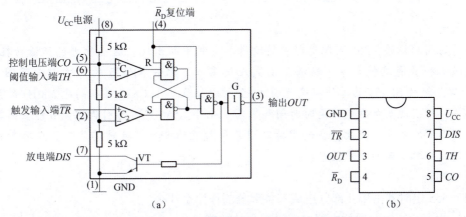

图 5-38　555 定时器的电路结构及引脚图

（a）电路结构图；（b）引脚图

二、555 定时器的工作原理

当复位端 $\overline{R}_D = 0$ 时，无论其他输入端的状态如何，$u_o = 0$，VT 饱和导通。

当 $\overline{R}_D = 1$，$u_{TH} > \dfrac{2}{3}U_{CC}$，$u_{\overline{TR}} > \dfrac{1}{3}U_{CC}$ 时，比较器 C_1 输出低电平，C_2 输出高电平，基本 RS 触发器被置 "0"，放电晶体管 VT 导通，$u_o = 0$。

当 $\overline{R}_D = 1$，$u_{TH} < \dfrac{2}{3}U_{CC}$，$u_{\overline{TR}} < \dfrac{1}{3}U_{CC}$ 时，比较器 C_1 输出高电平，C_2 输出低电平，基本 RS 触发器被置 "1"，放电晶体管 VT 截止，$u_o = 1$。

当 $\overline{R}_D = 1$，$u_{TH} < \dfrac{2}{3}U_{CC}$，$u_{\overline{TR}} > \dfrac{1}{3}U_{CC}$ 时，比较器 C_1 输出高电平，C_2 也输出高电平，即基本 RS 触发器 $R = 1$，$S = 1$，触发器状态不变，电路亦保持原状态不变。

由上述分析可得 555 定时器的功能表，如表 5-28 所示。

表 5-28　555 定时器的功能表

$\overline{R}_D$	触发输入端 u_{TH}	阈值输入端 $u_{\overline{TR}}$	输出端 u_o	放电晶体管 VT
0	×	×	0	导通
1	$> \dfrac{2}{3}U_{CC}$	$> \dfrac{1}{3}U_{CC}$	0	导通

$\overline{R}_D$	触发输入端 u_{TH}	阈值输入端 $u_{\overline{TR}}$	输出端 u_o	放电晶体管 VT
1	$<\frac{2}{3}U_{CC}$	$<\frac{1}{3}U_{CC}$	1	截止
1	$<\frac{2}{3}U_{CC}$	$>\frac{1}{3}U_{CC}$	保持	保持
1	$>\frac{2}{3}U_{CC}$	$<\frac{1}{3}U_{CC}$	不允许	不允许

▲点睛

随着时间的推移，555 定时器芯片的改进和变种不断出现。这些改进包括低功耗版本、高精度版本和多通道版本等，以满足不同应用需求。比如 NE555 的工作温度范围为 0 ～ 70 ℃，军用级的 SE555 的工作温度范围为−55 ～ +125 ℃。TLC555 可在高达 2 MHz 的频率下正常工作，可实现更加准确的延时时间和振荡。此外，555 定时器引脚配置可能会因芯片的封装类型而有所不同。因此，在使用特定型号和封装的 555 定时器芯片时，应参考相关的数据手册以获取正确的资料信息。

想一想

（1）555 定时器由哪几部分组成？各部分的作用是什么？

（2）根据 555 定时器的内部电路说明它的功能。

5.4.2　555 定时器的典型应用

一、555 定时器构成施密特触发器

1. 电路组成

施密特触发器具有两个稳定状态，这两个稳定状态的维持和转换完全取决于输入信号的电位。将 555 定时器的 2 引脚 TH 端和 6 引脚 $\overline{TR}$ 连接起来，作为触发信号输入端，便组成了施密特触发器，如图 5-39（a）所示。

2. 工作原理

如图 5-39（b）所示是当输入端电压 u_i 是三角波时，施密特触发器的输出波形。

（1）输入电压 u_i 从 0 开始逐渐增加，当 $0<u_i<\frac{1}{3}U_{CC}$ 时，由于 $u_{TH}<\frac{1}{3}U_{CC}$，输出 $u_o=1$。

（2）u_i 继续增加，当 $\frac{1}{3}U_{CC}\leqslant u_i<\frac{2}{3}U_{CC}$ 时，由于 $u_{TH}<\frac{2}{3}U_{CC}$，输出端电压保持不变，$u_o=1$。

（3）u_i 再增加，当 $u_i\geqslant\frac{2}{3}U_{CC}$，由于 $u_{TH}>\frac{2}{3}U_{CC}$，$u_{\overline{TR}}>\frac{2}{3}U_{CC}$，输出端电压 $u_o=0$。

（4）同理，u_i 下降过程中，当 $\frac{1}{3}U_{CC}\leqslant u_i<\frac{2}{3}U_{CC}$ 时，输出端电压保持不变，$u_o=0$。

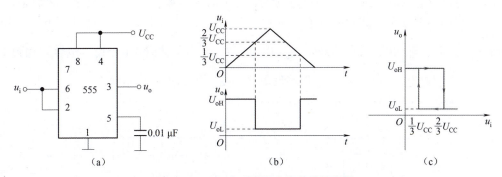

图 5-39　555 定时器构成施密特触发器

（a）电路图；（b）波形图；（c）电压传输特性图

（5）当 $u_i < \dfrac{1}{3}U_{CC}$ 时，电路再次翻转，$u_o = 1$。

如图 5-39（c）所示为电压传输特性图。由上述分析可知，施密特触发器输入电压上升和下降过程中两次翻转对应的输入电压不同，上限阈值电压为 $\dfrac{2}{3}U_{CC}$，下限阈值电压为 $\dfrac{1}{3}U_{CC}$。其回差电压为

$$\Delta U_T = U_{T+} - U_{T-} = \frac{1}{3}U_{CC} \tag{5-8}$$

在 CO 端加入控制电压 U_{CO}，通过调节其大小达到调节上限触发电平、下限触发电平和回差电压的目的。

施密特触发器可将输入变换缓慢的电压波形变换成符合数字电路要求的脉冲信号。由于具有滞回特性，因此具有较强的抗干扰能力，被广泛应用于脉冲整形、波形变换等。

二、555 定时器构成单稳态触发器

1. 电路组成

将 555 定时器的 2 引脚 $\overline{TR}$ 作为信号输入端 u_i，下降沿有效，将 6 引脚 TH 和 7 引脚 DIS 相连后和定时元件 R、C 相连，3 引脚为信号输出端 u_o，便构成了单稳态触发器。电路如图 5-40（a）所示。

2. 工作原理

（1）稳定状态。当输入没有触发信号时，即 u_i 是高电平时，电路工作在稳定状态。若接通电源后，如果 $u_o = 0$，放电晶体管 VT 导通，电容 C 通过 VT 放电，使 $u_C = 0$。此时输入端 u_{TH} 为低电平，$u_{\overline{TR}}$ 为高电平，$u_o = 0$。如果接通电源后 $u_o = 1$，放电晶体管 VT 截止，电源 U_{CC} 通过电阻 R 和电容 C 充电，当 u_C 上升到 $\dfrac{2}{3}U_{CC}$ 时，此时输入端 u_{TH} 和 $u_{\overline{TR}}$ 均为高电平，$u_o = 0$。同时放电晶体管 VT 导通，电容 C 放电，使 $u_C = 0$，故 $u_o = 0$。

（2）输入触发信号进入暂稳态。当输入端施加下降沿触发信号 $u_i < \dfrac{1}{3}U_{CC}$，由于稳定状

态时 $u_C = 0$，此时输入端 u_{TH} 和 $u_{\overline{TR}}$ 均为低电平，输出状态翻转，$u_o = 1$。同时，放电晶体管 VT 截止，电源 U_{CC} 通过电阻 R、电容 C 充电，充电时间常数 $\tau = RC$，电路进入暂稳态。

（3）自动返回稳态。随着电容 C 的充电，u_C 增大，输入端电压 u_i 回到高电平。当 u_C 上升到 $\frac{2}{3}U_{CC}$ 时，输出状态再次翻转，$u_o = 0$。同时，放电晶体管 VT 导通，电容 C 通过放电晶体管 VT 迅速放电，使 $u_C \approx 0$，u_o 保持低电平不变，电路返回稳定状态。

其工作波形图如图 5-40（b）所示。

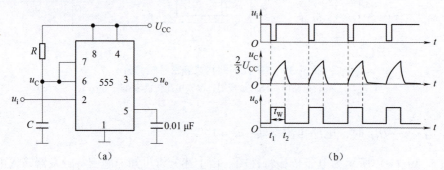

图 5-40　555 构成的单稳态触发器电路及工作波形

（a）555 构成的单稳态触发器电路；（b）工作波形

输出的脉冲宽度 t_W 为暂稳态维持的时间，也就是电容 C 的充电时间。

$$t_W = t_2 - t_1 = RC\ln\frac{U_{CC}-0}{U_{CC}-\frac{2}{3}U_{CC}} = RC\ln 3 \approx 1.1RC \qquad (5-9)$$

单稳态触发器在没有外加触发脉冲作用时，电路处于稳定状态，只有外加触发脉冲作用下，电路才从稳定状态翻转到暂稳态，经过一段时间后又自动返回到原来的稳定状态。暂稳态持续时间取决于电路外接的 R、C 值，与外加触发脉冲没有关系。单稳态触发器被应用于脉冲整形、脉冲定时、脉冲展宽等方面。

三、555 定时器构成多谐振荡器

1. 电路组成

由 555 定时器构成的多谐振荡器如图 5-41（a）所示，R_1、R_2 和 C 是外接定时元件，决定输出矩形脉冲的振荡频率和振荡周期，将 555 电路的 6 引脚 TH、2 引脚 $\overline{TR}$ 连接起来接电容 C，5 引脚 CO 经过 0.01 μF 电容接地，电源 U_{CC} 通过电阻 R_1、R_2 与电容 C 连接，7 引脚 DIS 接到 R_1、R_2 连接点。

2. 工作原理

接通电源前电容 C 上无电荷，所以接通电源瞬间，C 来不及充电，故 $u_C = 0$，$u_o = 1$。放电晶体管 VT 截止。电源 U_{CC} 通过电阻 R_1 和 R_2 向电容 C 充电，u_C 缓慢上升，当 u_C 上升到 $\frac{2}{3}U_{CC}$ 时，输出状态翻转，$u_o = 0$。此时放电晶体管 VT 导通，电容 C 通过 R_2 放电。随着电容 C 放电，u_C 不断下降。当 u_C 下降到 $\frac{1}{3}U_{CC}$ 时，输出状态翻转，$u_o = 1$。放电晶体管 VT

截止，电容 C 又开始充电，进入下一个循环。输出端产生一个一定频率的矩形脉冲，电路的工作波形如图5-41（b）所示。

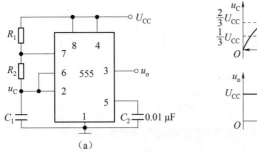 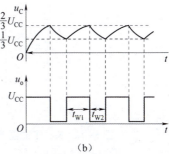

（a）　　　　　　　　　　　　　　（b）

图5-41　由555定时器构成的多谐振荡器及工作波形

（a）555构成的多谐振荡器；（b）工作波形

t_{W1} 为电容电压 u_C 由 $\frac{1}{3}U_{CC}$ 充电到 $\frac{2}{3}U_{CC}$ 的时间，即

$$t_{W1} = (R_1+R_2)C_1\ln2 \approx 0.7(R_1+R_2)C_1 \tag{5-10}$$

t_{W2} 为电容电压 u_C 由 $\frac{2}{3}U_{CC}$ 放电到 $\frac{1}{3}U_{CC}$ 的时间，即

$$t_{W2} = R_2C_1\ln2 \approx 0.7R_2C_1 \tag{5-11}$$

输出信号的振荡周期为

$$T = t_{W1}+t_{W2} \approx 0.7(R_1+2R_2)C_1 \tag{5-12}$$

振荡频率 f 为

$$f = \frac{1}{T} \approx \frac{1.43}{(R_1+2R_2)C_1} \tag{5-13}$$

脉冲宽度与脉冲周期之比，称为占空比，用 q 表示为

$$q = \frac{T_1}{T} = \frac{t_{W1}}{T} = \frac{0.7(R_1+R_2)C_1}{0.7(R_1+2R_2)C_1} = \frac{R_1+R_2}{R_1+2R_2} \tag{5-14}$$

3. 占空比可调的多谐振荡器

如图5-42所示，在555定时器构成的多谐振荡器电路基础上，利用二极管 VD_1、VD_2 和电位器 R_P 实现输出脉冲占空比可调。在放电晶体管 VT 截止时，电源 U_{CC} 经过 R_1 和 VD_1 对电容充电；当放电晶体管 VT 导通时，C 经过 VD_2、R_2 和放电晶体管 VT 放电。调节电位器 R_P 可改变 R_1 和 R_2 的比值，实现输出占空比可调。

多谐振荡器没有稳定状态，只有两个暂稳态。接通电源后，不需要外加触发信号，电路通过电容的充电和放电可在两个暂稳态之间相互转换，从而产生自激振荡，输出周期性的矩形脉冲信号。

　▲点睛

555定时器构成的多谐振荡器要输出符合要求的频率脉冲，其对电阻和电容的精度要求较高，因此不太容易输出严格符合要求的频率脉冲。在频率稳定度要求较高的场合，可采用石英晶体振荡器，但是成本也相对较高。

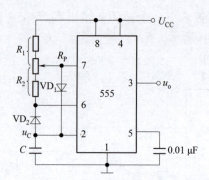

图 5-42　555 定时器构成的占空比可调的多谐振荡器

想一想

（1）555 定时器有哪些典型应用？

（2）555 定时器构成的多谐振荡器的振荡周期和频率如何计算？

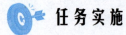 **任务实施**

一、任务要求

（1）练习查阅器件手册，熟悉 555 定时器的引脚功能。

（2）掌握 555 定时器构成施密特触发器、单稳态触发器和多谐振荡器的方法及测试。

（3）测量过程中培养严谨细致的规范操作意识。

二、设备与器件

数字电路实验台、NE555、NE556、NE558、电容、电阻、二极管、LED、继电器等。

三、任务内容及步骤

1. 555 芯片引脚识别

观察芯片，区分 NE555、NE556、NE558 不同型号特点；查阅器件手册，识别 NE555 定时器各引脚及功能，并完成表 5-29。

表 5-29　555 芯片引脚识别

管脚	名称	功能
1		
2		
3		
4		
5		
6		
7		
8		

2. 555 定时器构成施密特触发器的测试

根据图 5-43 连线。接通 +5 V 电源，在控制端 CO 分别不接电压和接入 +5 V 的电压，输入频率为 1 kHz 的正弦电压信号，用示波器分别观察输入、输出波形，测出正向阈值电压和负向阈值电压，并计算出回差电压，将结果填入表 5-30 中。

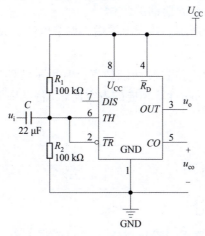

图 5-43　用 555 定时器构成施密特触发器

表 5-30　用 555 定时器构成施密特触发器的测试记录表

CO	正向阈值电压/V	负向阈值电压/V	回差电压/V
不接电压			
+5 V			

3. 用 555 定时器构成单稳态触发器的测试

（1）用 555 定时器设计一个输出脉冲宽度为 0.5 ms 的单稳态触发器，取电容 $C = 0.1$ μF，求电阻 R 值。

（2）电路连线如图 5-44 所示。输入端连接频率为 500 Hz 的矩形脉冲信号，用示波器观察 u_i、u_o 和 u_C 波形，并计算输出脉冲的周期 T、幅度 U_m 和脉冲宽度 t_W，并将结果填入表 5-31 中。

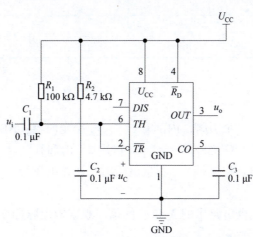

图 5-44　用 555 定时器构成单稳态触发器

表 5-31　用 555 定时器构成单稳态触发器的测试记录表

输入信号频率/Hz	T/s	U_m/V	t_W/s
500			

4. 用 555 定时器构成多谐振荡器的测试

（1）电路连线如图 5-45 所示。接通电源后，调节电位器 R_P，利用示波器观察 u_o 和 u_C 波形变化。

（2）调节 R_P 抽头置于中间位置和两端位置，利用示波器观察并记录输出波形的周期 T、幅度 U_m 和脉冲宽度 t_W，同时计算相应的占空比 q，将结果填入表 5-32 中。

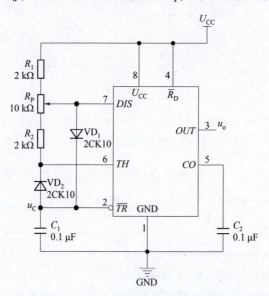

图 5-45　用 555 定时器构成多谐振荡器

表 5-32　用 555 定时器构成多谐振荡器记录表

R_P 抽头位置	U_m/V	t_W/s	q
最下面			
最上面			
中间			

四、巩固练习

（1）NE555 有＿＿＿＿个引脚，内部有＿＿＿＿个定时器；NE556 有＿＿＿＿个引脚，内部有＿＿＿＿个定时器；NE558 有＿＿＿＿个引脚，内部有＿＿＿＿个定时器。

（2）施密特触发器电路控制端 CO 不接电压时，回差电压为＿＿＿＿，CO 接 5 V 的电压时，回差电压为＿＿＿＿。

（3）改变单稳态触发器电路中的 R 和 C 的值，观察输出脉冲变化，输出脉冲宽度与电阻 R、电容 C 成＿＿＿＿关系。

（4）多谐振荡器电路中 C_1 的作用是_____，C_2 的作用是_____，VD_1 的作用是_____。

（5）调节电位器 R_P 由下向上改变时，利用示波器观察 u_o 和 u_C 波形变化是_____。

五、任务评价

完成表 5-33。

表 5-33　555 定时器的识别与功能测试职业能力评比计分表

项目	配分	评分标准	自评	互评	师评	合计
555 芯片引脚识别	10	能正确区分不同型号（5 分）； 能正确识别引脚功能（5 分）				
用 555 定时器构成施密特触发器的测试	15	能正确搭接电路（5 分）； 能正确使用示波器观察输入、输出波形（5 分）； 能正确测出正向阈值电压和负向阈值电压，并计算出回差电压（5 分）				
用 555 定时器构成单稳态触发器的测试	15	能正确计算 R 值并搭接电路（5 分）； 能正确使用示波器观察 u_i、u_o 和 u_C 波形（5 分）； 能正确计算输出脉冲的 T、U_m、t_W（5 分）				
用 555 定时器构成多谐振荡器的测试	20	能正确搭接电路（5 分）； 能正确使用示波器观察输入、输出波形（5 分）； 能正确设置 R_P 抽头位置，观测并计算 T、U_m、t_W、q（10 分）				
巩固练习	10	每小题 2 分				
学习态度	10	迟到、早退，一人次扣 2 分；学习态度不端正不得分				
安全文明操作	10	不安全规范操作，一次扣 5 分				
7S 管理规范	10	工位不整洁，视情况扣分； 没有节约意识，扣 5 分				

项目制作　数字钟电路的装配与调试

一、任务要求

（1）理解数字钟电路的结构及工作原理。

（2）借助器件手册，完成数字钟电路元器件的识别与检测。

（3）完成数字钟电路的装配与调试。

二、设备与器件

焊接工具1套、焊锡丝、斜口钳、直流电源、万用表、示波器。数字时钟电路所需元器件（材）如表5-34所示。

表5-34 数字钟电路元器件明细表

序号	名称	元件标号	规格型号	数量
1	单刀双掷开关	S_1、S_2	SS-12D10G5	2
2	共阴极数码管	$DS_1 \sim DS_6$	SM420501N	6
3	译码器	$U_{11} \sim U_{16}$	74LS48	6
4	十进制计数器	$U_1 \sim U_6$	74LS160	6
5	与非门	U_{21}、U_{22}、U_{24}	74LS13	3
6	非门	U_{23}、U_{25}	74LS04	2
7	555电路	U_7	NE555	1
8	电阻	R_1	15 kΩ	1
		R_2	68 kΩ	1
9	电容	C_1	10 μF	1
		C_2	0.01 μF	1
10	印制电路板		配套	1

三、电路分析

数字钟电路图如图5-2所示。该电路主要由时钟源、计数器电路、译码显示电路和功能控制电路组成。

1. 时钟源

利用555定时器构成多谐振荡器，电路图如图5-41（a）所示。通过参数设置实现1 Hz的时钟脉冲信号，建议电阻R_1为15 kΩ，R_2为68 kΩ，电容C为10 μF，产生的脉冲信号周期约为1 s。也可以采用石英晶体振荡器构成时钟源，计时精确度更高。

2. 计数器电路

如图5-46所示，利用6片集成同步十进制计数器74LS160设计两个六十进制和一个二十四进制计数器，实现秒、分、时的个位和十位计数，然后送到显示电路，以便实现数字显示。将秒计数器的清零信号通过非门74LS04取反后送至U_3的EP和ET端作为分计数器的进位信号，将分计数器的清零信号通过非门74LS04取反后送至U_1的EP和ET端作为时计数器的进位信号。计数电路采用同步脉冲，避免后级计数器的时间延迟，提高电路效率。

3. 译码显示电路

采用74LS48驱动六位共阴极数码管实现计数结果显示。

4. 功能控制电路

采用双掷开关及与门电路实现功能控制的电路，如图5-47所示。S_1实现清零功能，当

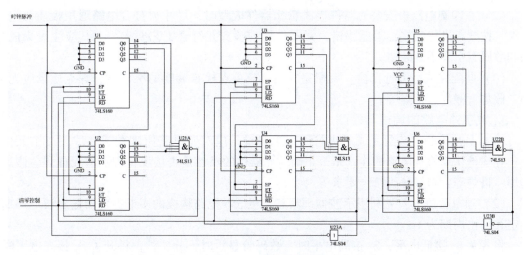

图 5-46　计数器电路图

S_1 开关接低电平时，各计数器的清零端得到低电平，计数器清零；当 S_1 接高电平时，计数器从 0 开始计数。S_2 实现计数暂停功能，开关 S_2 和脉冲输出端经过与门 74LS08 接各计数器的脉冲输入端 CP，当 S_2 开关接低电平时，与门输出低电平，停止计数；当 S_2 接高电平时，与门输出脉冲信号，继续计数。

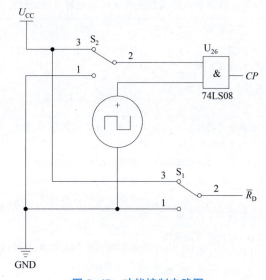

图 5-47　功能控制电路图

四、任务内容及步骤

1. 元器件的识别与检测

在简单了解本项目相关知识点的前提下，查阅器件手册，熟悉 555、74LS160、74LS48、74LS08、74LS13 和数码管的功能，确定其引脚排列，使用仪器仪表完成功能检测。

2. 数字钟电路的装配

（1）根据原理图设计好元器件的布局。

（2）在印制电路板安装元器件。注意元器件成型时，尺寸须符合电路通用板插孔间距要求。按要求进行装接，不能装错，元器件排列整齐并符合工艺要求，尤其应注意集成电路和数码管引脚不要装错。

（3）装配完成后进行自检。装配完成后，应重点检查装配的准确性，焊点质量应无虚焊、假焊、漏焊、搭焊等。

3. 数字钟电路的调试与检测

（1）目视检验。装配完成后进行不通电自检。应对照电路原理图或接线图逐个元件、逐条导线地认真检查电路的连线是否正确，元器件的极性是否接反，焊点有无虚焊、假焊、漏焊、搭焊等，布线是否符合要求等。

（2）通电检测。首先利用示波器观察和测量 555 电路构成的多谐振荡器输出波形周期，确定其输出周期为 1 s。

将开关 S_1 接低电平，S_2 接高电平时，数码管显示时、分、秒；将开关 S_1 接高电平时，数码管归零，将 S_2 接低电平时，数字钟停止计时。如果没有显示或显示的号码不正确，则说明电路有故障，应予以排除。

五、任务评价

完成表 5-35。

表 5-35　数字钟电路的装配与调试职业能力评比计分表

项目	配分	考核要求	评分标准	自评	互评	师评	合计
准备工作	10	20 min 内完成所有元器件的清点、检测及调换	规定时间外更换元件，扣 2 分/个				
电路分析	10	能正确分析电路的工作原理	分析错误，扣 3 分/处				
组装焊接	10	能正确测量元器件；元器件按要求整形；元件的位置正确，引脚成型、焊点符合要求，连线正确；整机装配符合工艺要求	整形、安装或焊点不规范，扣 1 分/处；损坏元器件，扣 2 分/处；错装、漏装，扣 2 分/处；少线、错线及布局不美观，扣 1 分/处				
通电调试	20	利用示波器观察多谐振荡器输出波形周期应为 1 s；开关 S_1 接低电平，S_2 接高电平时，数码管显示时、分、秒；开关 S_1 接高电平时，数码管显示 0；开关 S_2 接低电平时，数字钟停止计时	多谐振荡器不能正常工作，扣 5 分/处；不能实现正常时钟功能，扣 5 分/处；不能实现清零功能，扣 5 分/处；不能实现停止计数功能，扣 5 分/处				

续表

项目	配分	考核要求	评分标准	自评	互评	师评	合计
故障分析、检修	20	能正确分析故障原因，判断故障范围； 检修思路清晰，方法运用得当； 检修结果正确； 能正确使用仪表	故障现象观察错误，扣 2 分/次； 故障原因分析错误，扣 3 分/次； 检修思路不清、方法不当，扣 5 分/处； 检修结果错误，扣 2 分/处； 仪表使用错误，扣 1 分/处				
学习态度	10	不迟到、早退、旷课； 小组成员协作和谐，学习态度端正	不遵守考勤制度，每次扣 2~5 分； 团队不协作，学习态度不端正，扣 5 分				
安全文明操作	10	安全用电，无人为损坏仪器、元件和设备； 操作习惯良好	发生安全事故，扣 10 分； 人为损坏设备、元器件，扣 5 分				
7S 管理规范	10	保持环境整洁，秩序井然； 有节约意识	现场不整洁、工作不文明，有浪费元器件和材料现象，扣 3~5 分				

项目小结

（1）在数字电路中，凡是任一时刻的稳定输出不仅取决于该时刻的输入，而且还与电路原来的状态有关者，都叫作时序逻辑电路，简称时序电路。时序逻辑电路由组合逻辑电路和存储电路两部分组成。触发器是数字逻辑电路中的基本单元电路，是构成时序逻辑电路的基本单元。

（2）时序逻辑电路的典型单元电路有寄存器和计数器。寄存器是一种重要的单元电路，其功能是用来存放数据、指令等。寄存器按照逻辑功能的不同，可分为数码寄存器和移位寄存器两大类。

（3）计数器是用来记忆输入脉冲个数的逻辑器件。按各触发器翻转情况的不同，分为同步计数器和异步计数器。按计数器中数字编码方式分为二进制计数器、二-十进制计数器等。可以采用清零法和置数法实现任意进制计数器。

（4）555 定时器是一种能够产生定时信号，能够完成各种定时或延时功能的中规模集成电路。只需外接少量阻容元件便可构成单稳态触发器、施密特触发器、多谐振荡器等。此外，它还可以组成其他各种实用电路。

思考与练习

5.1 填空题

1. 触发器具有_____个稳定状态，在输入信号消失后，它能保持_____。

2. 或非门构成的基本 RS 触发器，原状态为"1"，$R=$_____，$S=$_____时，其输出为"0"。

3. 同步 RS 触发器状态的改变是与_____信号同步的。

4. 在 CP 脉冲和输入信号作用下，主从 JK 触发器能够具有_____、_____、_____和_____的逻辑功能。

5. D 触发器原状态为"0"，输入 $D=1$，当时钟脉冲上升沿到来时，其状态为_____；时钟脉冲上升沿到来后，D 由 1 变为 0，其状态为_____。

6. 时序逻辑电路由_____电路和_____电路两部分组成。

7. 寄存器按照逻辑功能的不同，可分为_____寄存器和_____寄存器两大类。

8. 计数器按各触发器翻转情况的不同，分为_____和_____计数器。按数制的不同，分为_____、_____和任意进制计数器。

9. 集成 555 定时器内部主要由_____、_____、_____、_____和_____五部分组成。

10. 555 定时器的最基本应用有_____、_____和_____三种。

5.2 判断题

1. 触发器有两个稳定状态，在外界输入信号的作用下，可以从一个稳定状态转变为另一个稳定状态。（　　）

2. 同步 RS 触发器只有 CP 信号到来后，才依据 R、S 信号改变输出状态。（　　）

3. 主从 JK 触发器能避免出现输出状态不定。（　　）

4. 同一逻辑功能的触发器，其电路结构一定相同。（　　）

5. 同步 D 触发器的 Q 端和 D 端的状态在任何时刻都是相同的。（　　）

6. 寄存器具有存储数码和信号的功能。（　　）

7. 构成计数电路的器件必须有记忆能力。（　　）

8. 移位寄存器只能串行输出。（　　）

9. 移位寄存器就是数码寄存器，它们没有区别。（　　）

10. 移位寄存器有接收、暂存、清除和数码移位等作用。（　　）

5.3 选择题

1. 对于触发器和组合逻辑电路，以下（　　）的说法是正确的。

A. 两者都有记忆能力　　　　　　　　B. 两者都无记忆能力

C. 只有组合逻辑电路有记忆能力　　　D. 只有触发器有记忆能力

2. 对于 JK 触发器，输入 $J=0$、$K=1$，CP 脉冲作用后，触发器的 Q^{n+1} 应为（　　）。

A. 0　　　　　　　　　　　　　　　B. 1

C. 可能是 0，也可能是 1　　　　　　D. 与 Q^n 有关

3. JK 触发器在 CP 脉冲作用下，若使 $Q^{n+1}=\overline{Q^n}$，则输入信号应为（　　）。

A. $J=K=1$　　　　B. $J=Q$，$K=\overline{Q}$　　　C. $J=\overline{Q}$，$K=Q$　　　D. $J=K=0$

4. 具有置"0"、置"1"、保持、翻转功能的触发器叫（　　）。

A. JK 触发器　　　　B. 基本 RS 触发器　　　C. 同步 D 触发器　　　D. 同步 RS 触发器

5. 仅具有"保持""翻转"功能的触发器叫（　　）。

A. JK 触发器　　　　　B. RS 触发器　　　　　C. D 触发器　　　　　D. T 触发器

6. 下列电路不属于时序逻辑电路的是（　　）。

A. 数码寄存器　　　　B. 编码器　　　　　C. 触发器　　　　　D. 可逆计数器

7. 下列逻辑电路不具有记忆功能的是（　　）。

A. 译码器　　　　　B. RS 触发器　　　　C. 寄存器　　　　　D. 计数器

8. 时序逻辑电路特点中，下列叙述正确的是（　　）。

A. 电路任一时刻的输出只与当时输入信号有关

B. 电路任一时刻的输出只与电路原来状态有关

C. 电路任一时刻的输出与输入信号和电路原来状态均有关

D. 电路任一时刻的输出与输入信号和电路原来状态均无关

9. 具有记忆功能的逻辑电路是（　　）。

A. 加法器　　　　　B. 显示器　　　　　C. 译码器　　　　　D. 计数器

10. 数码寄存器采用的输入输出方式为（　　）。

A. 并行输入、并行输出　　　　　　　　B. 串行输入、串行输出

C. 并行输入、串行输出　　　　　　　　D. 串行输入、并行输出

5.4 分析与画图

1. 基本 RS 触发器输入信号如图 5-48 所示，试画出输出 Q 的波形，设初始状态为"0"。

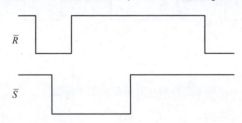

图 5-48　分析与画图 1 题图

2. 同步 RS 触发器输入信号如图 5-49 所示，试画出输出 Q 的波形，设初始状态为"0"。

3. 已知主从 JK 触发器 J、K 的波形如图 5-50 所示，试画出输出 Q 的波形图（设初始状态为"0"）。

4. 已知同步 D 触发器的输入信号波形如图 5-51 所示，试画出输出 Q 的波形。

5. 如图 5-52 所示移位寄存器的初始状态为 111，试画出连续 4 个 CP 脉冲作用下 $Q_2Q_1Q_0$ 各端的波形。

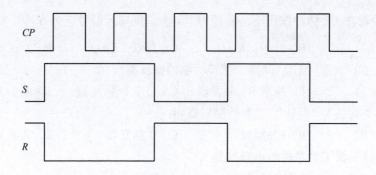

图 5-49　分析与画图 2 题图

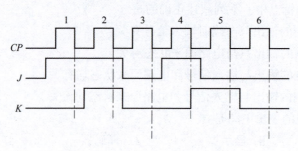

图 5-50　分析与画图 3 题图

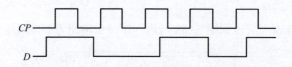

图 5-51　分析与画图 4 题图

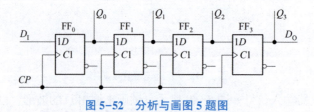

图 5-52　分析与画图 5 题图

6. 试用两片 74LS160 组成二十进制计数器电路。

7. 555 定时器电路主要由哪几部分组成？各引脚的功能是什么？

8. 图 5-53 所示电路是一个防盗报警装置，a、b 两端用一细铜丝接通，当盗窃者闯入室内将铜丝碰掉后，扬声器即发出报警声，试说明电路的工作原理。

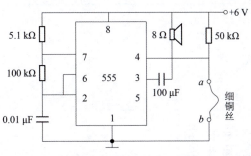

图 5-53　分析与画图 8 题图

9. 试分析图 5-54 所示电路为何种电路，并根据输入波形画出输出波形 u_o。

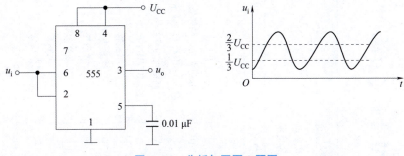

图 5-54　分析与画图 9 题图

10. 由 555 定时器接成多谐振荡器如图 5-55 所示，设 $U_\text{CC} = 5\ \text{V}$，$R_1 = 10\ \text{k}\Omega$，$R_2 = 2\ \text{k}\Omega$，$C = 0.01\ \mu\text{F}$，计算输出矩形波的频率即占空比。

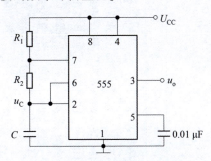

图 5-55　分析与画图 10 题图

附 录

附录 A　半导体器件型号命名方法

第一部分		第二部分		第三部分				第四部分	第五部分
用阿拉伯数字表示器件的电极数目		用汉语拼音字母表示器件的材料和极性		用汉语拼音字母表示器件的类别				用阿拉伯数字表示登记顺序号	用汉语拼音字母表示规格号
符号	意义	符号	意义	符号	意义	符号	意义		
2	二极管	A	N 型，锗材料	P	小信号管	D	低频大功率晶体管 $(f_a < 3\ \text{MHz},\ P_C \geq 1\ \text{W})$		
		B	P 型，锗材料	V	检波管	A	高频大功率晶体管 $(f_a \geq 3\ \text{MHz},\ P_C \geq 1\ \text{W})$		
		C	N 型，硅材料	W	电压调整管和电压基准管	T	闸流管		
		D	P 型，硅材料	C	变容管	Y	体效应管		
		Z	化合物或合金材料	Z	整流管	B	雪崩管		
3	三极管	A	PNP 型，锗材料	L	整流堆	J	阶跃恢复管	—	—
		B	NPN 型，锗材料	S	隧道管	H	混频管		
		C	PNP 型，硅材料	N	噪声管	F	限幅管		
		D	NPN 型，硅材料	U	光电器件				
		E	化合物或合金材料	K	开关管				
				X	低频小功率晶体管 $(f_a < 3\ \text{MHz},\ P_C < 1\ \text{W})$				
				G	高频小功率晶体管 $(f_a \geq 3\ \text{MHz},\ P_C < 1\ \text{W})$				

附录 B　国产硅半导体整流二极管主要参数

部标型号	旧型号	额定正向整流电流 I_F/A	正向压降平均值 U_F/V	反向电流 I_R/μA 125℃	反向电流 I_R/μA 140℃	反向电流 I_R/μA 50℃	不重复正向浪涌电流 I_{SUR}/A	工作频率 f/kHz	最高结温 T_{JM}/℃	散热器规格或面积
2CZ50		0.03	≤1.2	80	—	5	0.6	3	150	—
2CZ51		0.05					1			
2CZ52A~H	2CP10~20	0.10	≤1.0	100			2			
2CZ52C~K	2CP21~28	0.30					6			
2CZ54B~G	2CP33A~1	0.50				10	10			
2CZ55C~M	2CZ11A~J	1					20			60 mm×60 mm×1.5 mm 铝板
2CZ56C~K	2CZ12A~H	3	≤0.8		1 000	20	65		140	80 mm×80 mm×1.5 mm 铝板
2CZ57C~M	2CZ13B~K	5			1 500	30	105			100 cm²
2CZ58	2CZ10	10			1 500	30				200 cm²
2CZ59	2CZ20	20			2 000	40				400 cm²
2CZ60	2CZ50	50			4 000	50				600 cm²

注：部标硅半导体整流二极管最高反向工作电压 U_{RM} 规定：

分挡标志	A	B	C	D	E	F	G	H	J	K	L	M	N	P	Q	R	S	T	U	V	W	X
U_{RM}/V	25	50	100	200	300	400	500	600	700	800	900	1 000	1 200	1 400	1 600	1 800	2 000	2 200	2 400	2 600	2 800	3 000

参 考 文 献

[1] 童诗白. 模拟电子技术基础［M］. 4 版. 北京：高等教育出版社，2006.

[2] 陈梓城. 模拟电子技术基础［M］. 3 版，北京：高等教育出版社，2013.

[3] 胡宴如. 模拟电子技术［M］. 北京：高等教育出版社，2000.

[4] 张有汉. 数字电子技术基础［M］. 北京：高等教育出版社，2008.

[5] 吕国泰，白明友. 电子技术［M］. 5 版. 北京：高等教育出版社，2019.